现代农业粮食绿色增产 规范化生产技术

◎ 庞成民 主编

中国农业科学技术出版社

图书在版编目（CIP）数据

现代农业粮食绿色增产规范化生产技术／庞成民主编.—北京：
中国农业科学技术出版社，2018.3
ISBN 978-7-5116-3459-7

Ⅰ.①现…　Ⅱ.①庞…　Ⅲ.①粮食作物-栽培技术　Ⅳ.①S51

中国版本图书馆 CIP 数据核字（2017）第 322109 号

责任编辑	贺可香
责任校对	贾海霞

出 版 者	中国农业科学技术出版社
	北京市中关村南大街 12 号　邮编：100081
电　　话	(010) 82106638 (编辑室)　(010) 82109704 (发行部)
	(010) 82109709 (读者服务部)
传　　真	(010) 82106650
网　　址	http://www.castp.cn
经 销 者	各地新华书店
印 刷 者	北京富泰印刷有限责任公司
开　　本	787mm×1 092mm　1/16
印　　张	15.25
字　　数	350 千字
版　　次	2018 年 3 月第 1 版　2018 年 3 月第 1 次印刷
定　　价	56.00 元

《现代农业粮食绿色增产规范化生产技术》
编 委 会

前　言

　　"民为帮本，食为政首"。古往今来，保障粮食安全都是治国理政、改善民生的要举。当代许多国家都把保障粮食安全纳入宪法，保障人人都有享受合理粮食消费、保障基本生存的权利。进入 21 世纪以来，我国把农业粮食置于"重中之重"的战略地位，坚持"以人为本""以我为主""两手结合""科技兴粮""对外开放"的基本方针，打破了"二丰、二平、一欠"的粮食生产周期，全国粮食总产量取得连年增产的奇迹。我国人均耕地面积和水资源占有量仅分别为世界人均耕地面积和水资源占有量的 40%（列 126 位）和 25%（列 109 位），而我国生产的粮食总量多年来高居世界首位，保障了占世界人口 22%的国民（列世界第一位）丰衣足食，基本实现了小康生活，谱写了我国粮食产业的辉煌篇章。

　　在看到我国开创出粮食安全的可喜新局面的同时，还要看到我国粮食可持续安全依然是"喜中有忧"，仍然面临着挑战和隐忧。粮食等主要农产品开始进入高成本时代，生态环境和资源要素越来越成为束缚粮食持续发展的两道"紧箍咒"，粮食生产劳动力老龄化、女性化日趋加重，农业兼业化成为常态等严重制约着粮食生产持续协调增长。面对粮食生产的困难和问题，综合考虑促进粮食生产转型升级、提高质量和效益、利民惠民，我们以"创新、协调、绿色、开放、共享"的发展理念为指引，以"一控、两减、三基本"为目标，邀请四川农业大学农学院闫槡博士一道，总结近十几年粮食生产经验，借鉴科研院所的研究成果，共同编写了《现代农业粮食绿色增产规范化生产技术》一书。

　　本书在借鉴吸收国内众多学者对粮食绿色生产技术研究成果和实践经验的基础上，系统介绍了粮食绿色增产规范化生产技术及粮经饲三元结构生产模式，包括优良品种、生长习性、种植模式、绿色栽培、规范化技术、示范应用实例等，还简明扼要地介绍了黄泛平原小麦、玉米、杂粮、粮饲兼用作物、部分中药材绿色增产技术，突出了技术的实用性、先进性及其产品的安全性，适合种植者、基层科研人员参考使用。

　　由于粮食绿色增产具有很强的地域性，加之我们水平有限，书中错误和疏漏在所难免，敬请同行专家和广大读者指正。

编　者
2017 年 10 月

目 录

第四篇 杂粮绿色生产技术与应用

第一篇 总 论

国以民为本，民以食为天，食以粮为源。粮食是一种特殊商品，其生产具有基础性、公益性和弱质性。因此，粮食安全是关乎国计民生的大事，粮食安全是国家安全、政治安全和社会稳定的重要基础和物质保障。各级党政部门高度重视粮食生产，自2004年以来，我国粮食连年增产，为保障国家粮食安全做出了重大贡献，但也来之不易，付出了巨大的物质成本和资源环境代价。粮食高产量伴随的是高投入、高成本、高污染和低效率，未来粮食增产的难度加大。粮食生产面临新挑战，进入新常态。因此，根据我国粮食生产实际，我们剖析粮食生产大区山东省菏泽市粮食生产特点，探讨粮食生产过程中存在的问题，分析粮食生产新常态的特征，编写了转变粮食生产方式的绿色增产技术对策。

菏泽市是国家重要的粮棉油菜生产基地。2016年，全市粮食作物播种面积1 746.66万亩（1亩≈667m²，全书同），比2015年增加49.50万亩，增长2.9%；粮食平均亩产439kg，比上年增加2kg，增长0.5%；粮食总产达到766.51万t，比2015年增加25.44万t，增长3.4%，总产创最好水平。其中全市夏粮播种面积948.6万亩，平均亩产436.82kg，总产41.435亿kg；秋粮播种面积798.02万亩，平均亩产441kg，总产33.7亿kg。

粮食绿色增产的目标任务，就是菏泽市粮食单产水平比上年提高1%，化肥和农药利用率提高1%。粮食绿色增产示范片平均单产比上年提高2%，测土配方施肥比例达到95%，绿色防控技术覆盖率达到50%，化肥和农药使用量实现零增长。

粮食绿色增产技术涵盖以下内容。一是推广优质专用品种。根据生产条件和区位特点，立足"四防"要求，大力推广高产多抗优质专用品种，调整作物品种布局，优化作物品质结构，促进粮食生产挖潜、提质和增效。在菏泽各县区，要选用抗逆性好、抗倒伏、耐病、高产稳产优质专用品种。二是推广科学施肥和节肥技术。遵循"减氮、控磷、稳钾和补硫、锌等中微量元素肥料"施肥原则，开展测土配方施肥，优化氮、磷、钾配比，促进大量元素与中微量元素配合，实行精准施肥。扩大绿色作物配方肥应用，积极推广缓释肥、氮肥增效剂和水溶性肥料、生物肥料等高效新型肥料。推广种肥同播和化肥机械深施技术。合理利用有机养分资源，推广商品有机肥和秸秆还田替代部分化肥技术。三是推广绿色防控和节药技术。推广精细化播种，建立高质量群体，改善作物生长环境，提高作物自身抗逆能力。大力推广健康栽培，消除病害隐患。大力推广应用生物农药、高效低毒低残留农药，替代高毒高残留农药。选用节药增效助剂，推广杀虫灯、性诱剂、黄板等措施杀灭害虫，实现农药减量使用，提高农产品质量。推广自走式喷雾机械常量施药、热雾稳定剂+热雾机低剂量施药、无人机低剂量施药等技术，提高防治效率和效果。综合运用农业防治、生物防治、物理防治、生态控害等技术，扩大粮食绿色防控和专业化统防统治融合，不断提升粮食病虫害绿色防控水平。四是推广节水灌溉技术。坚持抢时趁墒整地，合理利用底墒，适期播种，促进根系下扎，提高苗期抗旱能力。秸秆还田地块、播种或苗期遇旱田块要根据墒情实行定量灌溉，其他时期充分利用自然降水补充土壤水分，严重亏空时进行抗旱灌溉。大力推广喷灌、沟灌或雾喷等灌溉方式，控制大水漫灌，提高水资源利用率。五是推广规模化、标准化、机械化栽培技术。大力推行收获秸秆粉碎匀抛一体化机械作业，集成推广秸秆还田条件下作物一播全苗匀苗技术，加大旋耕整地、施肥、播种、镇压复式作业示范应用。推广科学播种技术，适墒、适期、适量、适法播种，根据播期与整地质量调整播量，着力提高播种质量。抓好以重施关键肥为核心的肥水耦合技术和以防治突发病为重点的综合防治技术落实，加大冻害、倒伏及早衰防御技术推广力度，提高避灾减灾能力，实现高产稳产。

粮食生产主要措施。一是层层开展绿色增产示范创建活动。依托农业部万亩高产创建示范片、国家和省级现代农业示范区、省级美好乡村中心村三大平台，重点建设绿色增产示范片（区）、示范村和示范家庭农场。要依据布局合理、集中连片、规模推进、交通便利的原则，整合资源要素，层层开展粮食绿色增产模式攻关示范创建活动，打造绿色增效的先行区。示范创建实行分级登记备案制度，做到"五有"，即：有示范标志、有创建方案、有责任主体、有扶持政策、有管理台账，切实提升粮食绿色增产模式攻关示范创建水平，真正发挥绿色增产示范典型的宣传、辐射和带动作用。二是积极发展适度规模经营。规范引导农村土地经营权有序流转，鼓励承包农户依法采取转包、出租、互换、转让及入股等方式流转承包地。结合土地承包经营权确权登记，鼓励农民在自愿前提下开展互换并地解决承包地细碎化问题。认真落实农业适度规模经营补贴政策，支持各类新型农业经营主体开展小麦生产全程土地托管或主要生产环节服务托管。创新规模经营方式，在引导土地资源适度集聚的同时，通过农民的合作与联合、开展社会化服务等多种形式，提升粮食生产规模化经营水平。三是扎实推进社会化服务。巩固基层农技推广服务体系建设成果，加强"四情"监测等基础技术服务，做好粮食绿色攻关技术培训，积极推进公益性服务和经营性服务相结合的社会化服务平台建设。有条件乡村可探索建立农业服务超市等平台开展全供应链服务，满足适度规模经营多样化服务需求。扎实开展农业生产全程社会化服务机制创新试点，重点围绕粮食生产，支持服务主体开展粮食病虫统防统治、肥料统配统施、农机代耕代收、产品烘干储藏等专业化服务。创新服务方式，积极推广既不改变农户承包关系，又保证地有人种的托管服务模式，实现粮食统一耕作。鼓励服务主体与生产主体合作，采取服务主体加农户、加基地、加新型生产经营主体等方式，在农业生产各环节开展合作式服务。四是大力发展产业化经营。坚持需求导向，加强粮食市场信息服务，引导农业产业化龙头企业与新型农业生产经营主体对接，推进产需有效衔接。以打造专用品牌粮食为导向，加快培育以粮食加工龙头企业为核心、专业合作社为纽带、种粮大户和家庭农场为基础的现代农业产业化联合体，通过要素、产业和利益的紧密连接，推进粮食生产、加工和服务一体化，形成耕、种、收、管、烘、产品分级（类）等全供应链，通过市场运营，实现全产业链的利益增值，实现全价值链的利益共享。要因地制宜，示范发展粮食良种繁育引领型、加工营销导向型、生产供应服务型、收储延伸保障型等多种类型的联合体，积极探索构建粮食产品生态圈、企业生态圈和产业生态圈三位一体的生态粮食产业化发展模式。五是加强绿色增产技术研发。以抗病、抗逆、高产、稳产为目标，加强抗（耐）病粮食新品种筛选。开展化肥农药高效利用机理与调控途径研究，加强化肥农药替代技术研发及高效施肥用药技术和装备研发，着重突破化肥农药减施与高效利用核心技术。推进中低产田改良试验示范，积极开展秸秆还田及其配套技术研究。六是加强政策扶持和资金投入。落实农机购置补贴政策，整合秸秆还田等专项资金，提高粮食大型播种、植保、收获还田机械保有量。实施好粮食适度规模经营补贴试点政策，加大对粮食生产新型主体的贷款扶持和绿色增产技术推广与服务补助力度。具体是以县、乡为单位，聚焦绿色增产技术应用，加大粮食生产发展专项、良种良法配套技术推广与服务补贴、现代种业发展、高产创建、测土配方施肥、土壤有机质提升、病虫害统防统治、农业产业化、新型职业农民培训、农机化发展等项目资金整合力度，提高资金使用效益。七是切实加强组织领导。在各级农业主管部门成立粮食绿色增产模式攻关示范行动领导组和技术指导组，加强对粮食绿色增产模式攻关示范行动的指挥协调和指导服务。加强农业、财政、国土、水利、农机、粮食、科研、教学等有关部门的密切配合，形成粮食绿色增产模式攻关示范行动的合力。县级农业主管部门还是粮食绿色增产议事协调机构，每项技术措施都要明确牵头单位，落实责任主体。要加大粮食绿色增产模式攻关示范行动宣传力度，营造良好氛围。适时开展督查指导、现场观摩等活动，推动粮食绿色增产技术措施落实。

为配合粮食绿色增产增效全面推进，实现强农、惠农、富农常态化，本书遵循"十三五"规划建议提出"要走产出高效、产品安全、资源节约、环境友好的农业现代化道路"的总体目标。按照农业生产要推进区域布局优化、资源利用高效化、农业投入减量化、生产过程清洁化、废弃物利用资源化，不断提高土地产出率、资源利用率和劳动生产率，提高农业发展质量和效益，促进粮食满仓和绿水青山的良性循环发展方向。本书分小麦绿色生产技术与应用篇、玉米绿色生产技术与应用篇、杂粮绿色生产技术与应用篇和粮经饲作套种技术与应用篇，分别从品种选择、绿色增产技术与应用、技术标准及技术规程等方面详细论述。

第二篇　小麦绿色生产技术与应用

第一章　主栽品种简介

第一节　高肥水品种

一、济麦 22

（一）概述

济麦 22 是山东省农业科学院作物研究所育成的超高产、广适、优质中筋小麦新品种，2006 年 9 月和 2007 年 1 月分别通过山东省和国家农作物品种审定委员会审定，审定编号分别为鲁农审 2006050 号和国审麦 2006018 号。2006 年 7 月由农业部植物新品种办公室公告保护，品种权证书编号：CNA20060015X。

济麦 22 成功解决了我国冬小麦生产中高产与倒伏、高产与早衰、高产与广适应性的矛盾。自审定以来，在山东省及周边省份的种植面积逐年扩大，2009 年、2010 年山东省小麦良种补贴项目中，该品种统计面积分别达 2 325 万亩和 3 000 万亩，成为山东省 30 年来年度种植面积最大、单产最高的"双冠王"小麦品种。

第三方评价，2010 年 6 月 15 日中央电视台一套《新闻联播》报道：一个小麦品种，撑起半壁江山。"与其他小麦品种相比，济麦 22 最大的特点就是产量高"。2010 年 6 月 11 日中央电视台七套《每日农经》报道："小麦新品种济麦 22 经受住干旱和倒春寒的考验，山东省高产攻关实打亩产 789.9kg，创我国冬小麦单产最高纪录。"

（二）该品种的主要特征特性

1. 超高产

2006 年 6 月山东省科技厅和山东省农业厅联合组织的专家组在兖州市小孟镇史王村进行实打验收，实收面积 4.56 亩，平均单产 727.43kg，创造了山东省历年来小麦实打验收面积最大、产量最高的纪录。

2007 年 6 月山东省科技厅和山东省农业厅联合组织的专家组在 8 个示范县中实打 13 块地，9 个品种，其中济麦 22 号是唯一亩产超过 700kg 的品种，在兖州市小孟镇陈王村进行实打验收，实收面积 2.25 亩，平均单产 722.64kg。

2008 年 6 月在山东省承担的国家粮食丰产工程核心区、示范区小麦高产田实打验收过程中，兖州市小孟镇陈王村 4.38 亩，平均单产 737.38kg，创鲁西小麦单产纪录；滕州市级索镇千佛阁村 2.0 亩，平均单产 738.65kg，创鲁南小麦单产纪录；平度市蓼兰镇北张家丘村 4.23 亩，平均单产 726.1kg，创青岛市小麦单产纪录；桓台县索镇睦和村亩产 716kg，创鲁中小麦单产纪录。

2009 年在山东省农业厅组织的小麦十亩高产攻关田专家实打验收过程中，共 23 个试点，济麦 22 在 8 个试点平均单产超过 700kg，其中滕州市级索镇千佛阁村 3.46 亩，平均亩产 789.9kg，创我国冬小麦单产新纪录。

2010 年山东省农业厅组织的小麦高产创建实打验收过程中，有 7 个试点单产超过 700kg。其中滕州市试点平均亩产 765kg，是山东省参试品种中产量最高的品种。在 2009—2010 年度冬季气温持续偏低、灌浆期光照严重不足，不利于冬小麦生长的气候条件下，济麦 22 充分发挥了其高产稳产的潜力。

2. 抗寒

2009—2010 年度，我国北方冬麦区和黄淮麦区冬季气温持续偏低，特别是在河北省、天津市等地，多数小麦品种发生严重冻害，济麦 22 基本没有受到冻害影响，其抗寒能力经受住了考验。

3. 抗倒

株型紧凑，叶片较小，上冲，株高 75cm 左右，茎秆弹性好，抗倒伏能力强。2006—2010 年连续 5 年在山东省及周边省份未发现一例倒伏现象。

4. 抗病

综合抗病性好。2005 年经中国农业科学院植物保护研究所抗病性鉴定，白粉病免疫。

5. 耐热

抗干热风，落黄佳。

6. 品质好

面粉白度好，特别适合制作优质馒头和面条。

7. 适应性广

适宜在山东省、河南省、河北省、天津市、江苏、安徽（北部）、山西省（南部）等省市种植。

（三）栽培技术要点

1. 适期播种，合理密植

济麦 22 播期弹性大，适宜播期 10 月 5—15 日，每亩适宜基本苗 12 万~15 万苗。

2. 科学施肥，加强管理

施足基肥，重施拔节肥，防治好病虫害。

3. 化学除草

冬前小麦三叶期或在春季 3 月上旬，采用"苯磺隆"类成分的除草剂，亩用有效成分 1~1.5g，对水均匀喷雾。请注意：尽量不要采用含有"2,4-D"或"二甲四氯"成分的除草剂，以免出现药害，因畸形穗而影响产量。

4. 预防病虫害

根据近几年来的实践证明，在小麦抽穗后喷施一次"混合药"，对于小麦的增产效果明显。小麦后期也是白粉病、锈病、蚜虫多发期，对小麦产量和品质的负面影响很大。从小麦生长发育的角度来说，这时期的亩穗数虽然已成定局，但每穗粒数尤其是粒重还有较大变化，也就是说，小麦的增产还是有潜力可挖的。小麦的抽穗扬花期正值吸浆虫成虫产卵盛期（4 月下旬至 5 月上旬），此期喷药对除治吸浆虫十分重要。同时，近几年为害渐趋严重的小麦赤霉病，也是在小麦抽穗扬花阶段遇高湿条件得以流行发生的，此期喷药对预防赤霉病的效果理想。

二、良星 77

（一）概述

良星 77 是一个半冬性小麦品种，由山东良星种业有限公司选育，生育期为 238d。品种来源：系济 991102 与济 935031 杂交后系统选育。

（二）特征特性

半冬性，幼苗半直立。两年区域试验结果平均：生育期 238d，与济麦 19 相当；株高 74.0cm，叶色深绿，旗叶上冲，株型紧凑，抗倒伏，熟相较好；亩最大分蘖 107.3 万，有效穗 42.3 万，分蘖成穗率 39.6%；穗型纺锤，穗粒数 33.3 粒，千粒重 44.1g，容重 789.9g/L；长芒、白壳、白粒，籽粒较饱满、硬质。抗病性鉴定结果：中抗条锈病，叶锈病近免疫，中感白粉病和纹枯病，高感赤霉病。2009—2010 年生产试验统一取样经农业部谷物品质监督检验测试中心（泰安）测试：籽粒蛋白质含量 12.9%、湿面筋 38.1%、沉降值 34.5ml、吸水率 63.0ml/100g、稳定时间 3.3min，面粉白度 76.7。在山东省小麦品种高肥组区域试验中，2007—2008 年平均亩产 570.15kg，比对照品种潍麦 8 号增产 4.95%，2008—2009 年平均亩产 589.18kg，比对照品种济麦 19 增产 6.50%；2009—2010 年生产试验平均亩产 564.94kg，比对照品种济麦 22 增产 7.44%

（三）栽培技术要点

适宜播期 10 月 5—10 日，每亩基本苗 15 万~18 万。注意防治赤霉病。

三、良星 66

（一）概述

良星 66 是山东良星种业有限公司选育。品种来源于济 91102/济 935031。2008 年国家农作物品种审定委员会审定（审定编号：国审麦 2008010），2008 年山东省农作物品种审定委员会审定（审定编号：鲁农审 2008057 号）。黄淮南片审定编号：国审麦 2010004。

（二）特征特性

半冬性，中晚熟，成熟期比对照新麦 18 晚熟 1.2d，与周麦 18 同期。幼苗半匍匐，叶细、青绿色，分蘖力较强，成穗率中等。冬季抗寒性较好。春季起身拔节迟，春生分蘖多，两极分化快，抽穗较晚，抗倒春寒能力中等。株高 85cm 左右，株型较紧凑，旗叶深绿色、短宽上冲。茎秆弹性一般，抗倒性一般。熟相较好。穗层较整齐。穗纺锤形，长芒，白壳，白粒，籽粒半角质、均匀、色泽光亮、饱满度一般、腹沟偏深。2008 年、2009 年区域试验结果分别为：平均亩穗数 43.4 万穗、47.2 万穗，穗粒数 32.5 粒、32.2 粒，千粒重 42.2g、39.0g，属多穗型品种。

接种抗病性鉴定：高感叶锈病、赤霉病和纹枯病，慢条锈病，高抗白粉病。区试田间试验部分试点中感白粉病、中感至高感条锈病、高感叶枯病。

2008 年、2009 年分别测定混合样：籽粒容重 802g/L、787g/L，硬度指数 66.0、67.4，蛋白质含量 13.26%、13.77%；面粉湿面筋含量 30.9%、30.5%，沉降值 29.0ml、31.2ml，吸水率 62.2%、62.4%，稳定时间 2.6min、3.2min，最大抗延阻力 187E.U.、322E.U.，延伸性 150mm、144mm，拉伸面积 41cm^2、64cm^2。

产量表现：2007—2008 年度参加黄淮冬麦区南片冬水组品种区域试验，平均亩产 567.4kg，比对照新麦 18 增产 4.0%；2008—2009 年度续试，平均亩产 551.0kg，比对照新麦 18 增产 9.8%。2009—2010 年度生产试验，平均亩产 498.5kg，比对照增产 4.1%。

（三）栽培技术要点

适宜播种期 10 月上中旬，每亩适宜基本苗 15 万~20 万苗。注意防治条锈病、叶锈病、叶枯病、纹枯病、赤霉病。春季水肥管理可略晚，控制株高，防止倒伏。

四、良星 99

（一）概述

良星 99 小麦品种由山东德州市良星种子研究所培育。品种来源：济 91102/鲁麦 14// PH85-16。2004 年通过河北省农作物品种审定委员会审定，审定编号：冀审麦 2004007 号；同时该品种已获得国家新品种植物保护权，品种权保护号为：20040319.2。2006 年国审，审定编号：国审麦 2006016。

（二）特征特性

半冬性，中熟，成熟期与对照石 4185 相当。幼苗半匍匐，叶色深绿，生长健壮，分蘖力强，两极分化快，成穗率高。株高 78cm 左右，株型紧凑，旗叶上举，穗层较厚。穗纺锤形，长芒，白粒，角质。平均亩穗数 41.6 万穗，穗粒数 35.7 粒，千粒重 40.0g。茎秆坚实，弹性好，较抗倒伏。轻度早衰，落黄一般。

抗寒性鉴定：抗寒性好。接种抗病性鉴定：高抗白粉病，中抗至慢条锈病，中感纹枯病，中感至高感叶锈病、秆锈病。

2005 年、2006 年分别测定混合样：容重 804g/L、797g/L，蛋白质（干基）含量 14.24%、14.42%，湿面筋含量 29.5%、31.8%，沉降值 27.6ml、29.8ml，吸水率 63.3%、60.6%，稳定时间 2.6min、3.2min，最大抗延阻力 250E.U.、264E.U.，拉伸面积 52cm²、62cm²。

良星 99 产量表现。该品种荣获河北、山东两省区试 2003 年、2004 年产量 5 个第一，一般亩产 500~600kg，高产潜力可达 751kg。2003 年冀中南水地组冬小麦区域试验结果，平均亩产 483.9kg，比对照石 4185 增产 4.38%，差异极显著，居 15 个参试品种第一位。2004 年同组区域试验结果，平均亩产 549.2kg；2004 年同组生产试验结果，平均亩产 553.4kg，比对照增产 6.48%。2004—2005 年度参加黄淮冬麦区北片水地组品种区域试验，平均亩产 509.13kg，比对照石 4185 增产 4.17%（显著）；2005—2006 年度续试，平均亩产 529.2kg，比对照石 4185 增产 4.40%（极显著）。2005—2006 年度生产试验，平均亩产 498.9kg，比对照石 4185 增产 2.46%。

（三）栽培技术要点

适宜播期 10 月 1—10 日，播种量不宜过大，精播地块每亩适宜基本苗 10 万~12 万苗，半精播地块每亩适宜基本苗 15 万~20 万苗。注意氮、磷、钾配合，防止早衰。

五、鲁原 502

（一）概述

鲁原 502 由山东省农业科学院首次采用航天突变系优选材料 9940168 为亲本选育出的大穗、多抗、高产型小麦新品种，由安徽现代种业有限公司申报，2011 年通过国家国家农作物品种审定委员会审定编号为国审麦 2011016。品种来源 9940168/济麦 19。

（二）特征特性

半冬性中晚熟品种，成熟期平均比对照石 4185 晚熟 1d 左右。幼苗半匍匐，长势壮，分蘖力强。区试田间试验记载冬季抗寒性好。亩成穗数中等，对肥力敏感，高肥水地亩成穗数多，肥力降低，亩成穗数下降明显。株高 76cm，株型偏散，旗叶宽大，上冲。茎秆粗壮、蜡质较多，抗倒性较好。穗较长，小穗排列稀，穗层不齐。成熟落黄中等。穗纺锤形，长芒，白壳，白粒，籽粒角质，欠饱满。亩穗数 39.6 万穗、穗粒数 36.8 粒、千粒重 43.7g。抗寒性鉴定：抗寒性较差。抗病性鉴定：高感条锈病、叶锈病、白粉病、赤霉病、纹枯病。2009 年、2010 年品质测定结果分别为：籽粒容重 794g/L、774g/L，硬度指数 67.2（2009 年），蛋白质含量 13.14%、13.01%，面粉湿面筋含量 29.9%、28.1%，沉降值 28.5ml、27ml，吸水率 62.9%、59.6%，稳定时间 5min、4.2min，最大抗延阻力 236E.U.、296E.U.，延伸性 106mm、119mm，拉伸面积 35cm²、50cm²。产量表现，2008—2009 年度参加黄淮冬麦区北片水地组品种区域试验，平均亩产 558.7kg，比对照石 4185 增产 9.7%；2009—2010 年度续试，平均亩产 537.1kg，比对照石 4185 增产 10.6%。2009—2010 年度生产试验，平均亩产 524.0kg，比对照石 4185 增产 9.2%。

（三）栽培技术要点

适宜播种期 10 月上旬，每亩适宜基本苗 13 万～18 万苗。加强田间管理，浇好灌浆水。及时防治病虫害。

六、菏麦 19

（一）概述

菏泽市农业科学院选育，常规品种。品种来源，烟农 19 为母本，临汾 139 为父本杂交选育而成。

（二）特征特性

冬性，幼苗半直立。株型稍松散，叶色深绿，抗倒伏性一般，熟相好。两年区域试验结果平均：生育期比济麦 22 晚熟近 1d；株高 78.3cm，亩最大分蘖 100.8 万，亩有效穗 42.9 万，分蘖成穗率 42.6%；穗型长方，穗粒数 35.2 粒，千粒重 44.7g，容重 790.0g/L；长芒、白壳、白粒，籽粒饱满度中等、硬质。2015 年中国农业科学院植物保护研究所接种抗病鉴定结果：中抗白粉病，高感条锈病、叶锈病、赤霉病和纹枯病。越冬抗寒性好。2013 年、2014 年区域试验统一取样经农业部谷物品质监督检验测试中心（泰安）测试结果平均：籽粒蛋白质含量 14.5%，湿面筋 33.1%，沉降值 32.8ml，吸水率 59.6ml/100g，稳定时间 4.0min，面粉白度 75.8。产量表现，在 2012—2014 年山东省小麦品种高肥组区域试验中，两年平均亩产 598.68kg，比对照品种济麦 22 增产 5.93%；2014—2015 年高肥组生产试验，平均亩产 586.01kg，比对照品种济麦 22 增产 5.55%。

（三）栽培技术要点

适宜播期 10 月 5—10 日，每亩基本苗 15 万～18 万。注意防治病、虫、草害。其他管理措施同一般大田。

七、菏麦 20

（一）概述

菏麦 20 是 2004 年以"984121"为母本，周麦 18 号为父本，进行有性杂交。母本"984121"（济麦 22 号），为山东省审和国审多穗型小麦品种。2005 年（F_1）混收混脱，当年秋种单粒点播，成熟时选单株收获，2006—2009 年（F_3～F_6）稀播种植株行。按系谱法进行单株选择，于 2009 年（F_6）育成稳定品系，命名为菏麦 0666。2009—2010 年进行品系鉴定试验。2010—2012 年进行品系比较试验，2012—2013 年参加山东省冬小麦预备试验。

（二）特征特性

半冬性，中晚熟，株高 75.0cm 左右，株型紧凑，抗寒性好，抗倒伏，抗干热风，熟相好；分蘖力强，成穗率高；穗长方形，籽粒硬质；穗粒数 36～38 粒，千粒重 42～45g，容重 800g/L 左右。中抗至中感条锈病，中抗白粉病，感叶锈病、赤霉病和纹枯病。籽粒蛋白质 14.3%。湿面筋 33.1%。出粉率 68.0%，吸水率 62.2%，形成时间 4.0min，稳定时间 3.3min。2013—2014 年参加山东省冬小麦第一年高肥组区域试验，平均亩产 603.22kg/亩。比对照品种济 22 号增产 4.24%，居本组参试品种第一位，进入第二年区试，2014—2015 年参加第二年山东省冬小麦高肥组区域试验，平均亩产 599.87kg/亩，比对照种济麦 22 号增产 6.31%，居所有参试品种第一位。两年平均亩产 601.5kg/亩，比对照品种济麦 22 号增产 5.3%，进入生产试验。2015—2016 年山东省冬小麦高肥组生产试验中，平均亩产 625.30kg/亩，比对照品种济麦 22 号增产 4.60%。

（三）栽培技术要点

适期播种，菏麦 20 在菏泽市适宜播期在 10 月上中旬，每亩基本苗为 20 万～30 万。小麦种子播前要药剂拌种，防治地下害虫为害，保证一播全苗。做好肥水管理，适时浇好底墒水、灌浆水，防旱防冻，提高亩穗数、穗粒数和千粒重。追肥宜在拔节期，亩追肥量为尿素 15～20kg，后期喷施叶面肥。搞好虫草害的防治，防治禾本科杂草。

八、山农 20

（一）概述

山农 20（原代号山农 05-066）是由山东农业大学以 PH82-2-2 为母本，以 954072 为父本进行有性杂交，系谱法结合分子标记辅助选择育成的多抗高产小麦新品种。2006—2007 年参加黄淮南片预备试验，2007—2009 年参加国家区试和生产试验，2010 年完成试验程序，通过国家审定（审定编号：国审麦 2010006）。

（二）特征特性

2008 年、2009 年区域试验平均亩穗数 43.2 万穗、45.8 万穗，穗粒数 32.9 粒、31.8 粒，千粒重 43.1g、40.2g，属多穗型品种。接种抗病性鉴定：高感赤霉病，中感条锈病和纹枯病，慢叶锈病，白粉病免疫。区试田间试验部分试点中感白粉病，有颖枯病，中感至高感叶枯病。2008 年、2009 年分别测定混合样：籽粒容重 805g/L、786g/L，硬度指数 66.0、66.8，蛋白质含量 13.57%、13.80%；面粉湿面筋含量 31.4%、30.9%，沉降值 29.6ml、31.4ml，吸水率 61.5%、62.5%，稳定时间 3.2min、3.4min，最大抗延阻力 204E.U.、282E.U.，延伸性 152mm、146mm，拉伸面积 45cm^2、58cm^2。

产量表现：2007—2008 年度参加黄淮冬麦区南片冬水组品种区域试验，平均亩产 564.9kg，比对照新麦 18 增产 3.9%；2008—2009 年度续试，平均亩产 542.3kg，比对照新麦 18 增产 8.9%。2009—2010 年度生产试验，平均亩产 505.1kg，比对照周麦 18 增产 5.5%。2008—2009 年度参加黄淮冬麦区北片水地组区域试验，平均亩产 535.7kg，比对照石 4185 增产 5.3%；2009—2010 年度续试，平均亩产 517.1kg，比对照石 4185 增产 5.1%。2010—2011 年度生产试验，平均亩产 569.8kg，比对照石 4185 增产 3.6%。

（三）栽培技术要点

适宜播种期 10 月上中旬，每亩适宜基本苗 15 万～20 万苗。抽穗前后注意防治蚜虫，同时注意防治纹枯病和赤霉病。春季管理可略晚，控制株高，防倒伏。

九、山农 29

（一）概述

山农 29 号是山东农业大学用临麦 6 号/J1781（泰农 18 姊妹系）作亲本选育的半冬性常规小麦品种。由山东农业大学申报小麦品种，2016 年经第三届国家农作物品种审定委员会第七次会议审定通过，审定编号为国审麦 2016024。

（二）特征特性

山农 29 号全生育期 242d，与对照品种良星 99 熟期相当。幼苗半匍匐，分蘖力中等，成穗率高，穗层整齐，穗下节短，茎秆弹性好，抗倒性较好。株高 79cm，株型较紧凑，旗叶上举，后期干尖略重，茎秆有蜡质，熟相中等。穗近长方形，小穗排列紧密，长芒，白壳，白粒，籽粒角质、饱满度较好。亩穗数 46.1 万穗，穗粒数 33.8 粒，千粒重 44.5g。抗性鉴定：抗寒性级别 1 级，慢条锈病，中感白粉病，高感叶锈病、赤霉病和纹枯病。品质检测：籽粒容重 797g/L，蛋白质含量 13.47%，湿面筋含量 28.6%，沉降值 29.7ml，吸水率 57.6%，稳定时间 4.7min，最大拉伸阻力 300E. U.，延伸性 133mm，拉伸面积 56cm^2。产量表现：2012—2013 年度参加黄淮冬麦区北片水地组区域试验，平均亩产 521.4kg，比对照品种良星 99 增产 4.7%；2013—2014 年度续试，平均亩产 620.0kg，比良星 99 增产 6.4%。2014—2015 年度生产试验，平均亩产 611.5kg，比良星 99 增产 6.9%。

（三）栽培技术要点

适宜播种期 10 月上旬，每亩适宜基本苗 18 万~22 万苗。注意防治蚜虫、叶锈病、赤霉病和纹枯病等病虫害。

十、鑫麦 296

（一）概述

鑫麦 296 是山东鑫丰种业有限公司用 935031/鲁麦 23 号选育而成的半冬性小麦品种。

（二）特征特性

半冬性晚熟品种，平均全生育期 243d，与对照良星 99 相当。幼苗偏直立，冬季抗寒性较好。分蘖力中等偏弱，成穗率较高，亩穗数适中。不耐高温，落黄一般。株高 78cm，茎秆粗壮，弹性较好，抗倒性较好。株型较紧凑，旗叶较上冲，叶色较深，株间透光性好，穗层整齐。穗近长方形，小穗排列紧密，结实性好，长芒，白壳，白粒，角质。两年区域试验，平均亩穗数 42.5 万穗，穗粒数 37.7 粒，千粒重 39.0g。抗寒性鉴定，抗寒性级别 1~2 级，抗寒性较好。抗病性鉴定：中抗条锈病和白粉病、高感叶锈病、赤霉病和纹枯病。品质混合样测定，籽粒容重 792g/L，蛋白质（干基）含量 14.9%，硬度指数 68，面粉湿面筋含量 32.3%，沉降值 40.9ml，吸水率 60%，面团稳定时间 3.5min，最大抗延阻力 263E. U.，延伸性 158mm，拉伸面积 60cm^2。鑫麦 296 产量表现：2011—2012 年度参加黄淮冬麦区北片水地组区域试验，平均亩产 519.6kg，比对照良星 99 增产 3.4%；2012—2013 年度续试，平均亩产 522.6kg，比良星 99 增产 5.5%。2013—2014 年度参加生产试验，平均亩产 597.5kg，比良星 99 增产 7.5%。

（三）栽培技术要点

10 月上旬至 10 月中旬播种，亩基本苗 15 万~20 万；拔节孕穗肥亩施尿素 10kg；注意防治叶锈病、赤霉病和纹枯病。

第二节　旱作品种

菏麦 17

（一）概述

菏麦 17 号于 1997 年以 95-12 为母本，烟 886059 为父本杂交，配制杂交组合，经过 11 年系统选育和 3 年山东省试验，产量和综合性状表现突出。该品种为半冬性，株型半紧凑，株高 70~75cm，长芒，硬质，容重 795.6g/L。抗冻、抗倒伏性好，全生育期耐旱性强，适宜旱肥两用。菏麦 17 号的选育成功，填补了山东省菏泽市 2004 年以来没有自主小麦品种的空白，也是该市历史上的第一个旱作小麦品种。

（二）特征特性

偏冬性，幼苗半直立，叶片深绿色，株型较紧凑，较抗倒伏，熟相较好。两年区域试验结果平均：生育期与鲁麦 21 号相当；株高 71.5cm，亩最大分蘖 91.0 万，有效穗 35.0 万，分蘖成穗率 38.4%；穗型长方，穗粒数 35.1 粒，千粒重 42.0g，容重 795.9g/L；长芒、白壳、白粒、籽粒饱满、硬质。2011 年中国农业科学院植物保护研究所接种抗病鉴定结果：高抗条锈病和叶锈病，中感纹枯病，高感白粉病。抗旱性鉴定等级为中级。2008—2010 年区域试验统一取样经农业部谷物品质监督检验测试中心（泰安）测试：籽粒蛋白质含量 12.1%、湿面筋 33.5%、沉降值 32.2ml、吸水率 62.4ml/100g、稳定时间 3.4min、面粉白度 75.1。产量表现：参加 2008—2010 年山东省小麦品种旱肥地组区域试验，两年平均亩产 447.13kg，比对照品种鲁麦 21 号增产 6.03%；2010—2011 年旱肥地组生产试验，平均亩产 402.34kg，比对照品种鲁麦 21 号增产 5.16%。

（三）栽培技术要点

适宜播期 10 月 5—10 日，每亩基本苗 20 万。注意防治白粉病和赤霉病。其他管理措施同一般大田。

第三节　强筋专用小麦品种

一、济南 17 号

审定编号：鲁种审字第 0262-2 号。1999 年审定。

特征特性：属冬性，幼苗半匍匐，分蘖力强，成穗率高，叶片上冲，株型紧凑，株高 77cm，穗型纺锤、顶芒、白壳、白粒、硬质，千粒重 36g，容重 748.9g/L，较抗倒伏，中感条，叶锈病和白粉病。品质优良，达到了国家面包小麦标准。落黄性一般。

产量表现：1996—1998 年在山东省高肥乙组区域试验中，两年平均亩产 502.9kg，比对照鲁麦 14 号增产 4.52%，居第一位；1998 年生产试验平均亩产 471.25kg，比对照增产 5.8%。

适宜范围：在全市中高肥水作优质面包小麦品种推广利用。

二、藁优 9415

审定编号：冀审麦 2003008、鲁农审 2007043 号。

特征特性：半冬性，幼苗半匍匐。引种试验结果平均：生育期 233d，比济麦 19 晚熟 2d；株高 82.1cm，叶片深绿色，较抗倒伏，熟相中等；亩最大分蘖 88.8 万，有效穗 40.5 万，分蘖成穗率 45.6%；穗型纺锤，穗粒数 38.4 粒，千粒重 34.9g，容重 793.3g/L；长芒、白壳、白粒，籽粒饱满、硬质。2002 年、2003 年河北省农林科学院植物保护研究所抗病性鉴定结果：条锈病 2~3 级，叶锈病 3~4 级，白粉病 3 级。在山东省引种试验中多数试点白粉病发病 4 级。

产量表现：2000—2003 年河北省冀中南优质组冬小麦区域试验结果，平均亩产 432.39kg。2006—2007 年山东省引种试验（中高肥组生产试验），平均亩产 477.73kg，比对照品种济麦 19 增产 4.62%。

栽培技术要点：适宜播期 10 月 1—10 日，适宜基本苗每亩 15 万。注意防治白粉病。

适宜范围：在全市中高肥水地块作为强筋专用小麦品种订单生产利用。

三、洲元 9369

审定编号：鲁农审 2007040 号。2007 年审定。

特征特性：半冬性，幼苗半匍匐。两年区域试验结果平均：生育期 241d，比潍麦 8 号早熟 1d；株高 72.4cm，株型紧凑，叶片上举，较抗倒伏，熟相好；亩最大分蘖 95.1 万，有效穗 35.7 万，分蘖成穗率 37.5%；穗型长方形，穗粒数 48.3 粒，千粒重 35.4g，容重 799.6g/L；长芒、白壳、白粒，籽粒饱满、硬质。2007 年经中国农业科学院植物保护研究所抗病性鉴定结果：中抗条锈病、白粉病、赤霉病和纹枯病，高感秆锈病。

产量表现：该品种参加了 2004—2006 年山东省小麦品种高肥组区域试验，两年平均亩产 544.20kg，比对照品种潍麦 8 号增产 0.54%，2006—2007 年高肥组生产试验，平均亩产 548.75kg，比对照品种潍麦 8 号增产 4.84%。

栽培技术要点：适宜播期 10 月 5—15 日，适宜基本苗每亩 8 万~12 万。

适宜范围：在全市高肥水地块作为强筋专用小麦品种种植利用。

四、烟农 19 号

审定编号：鲁农审字〔2001〕001 号。2001 年审定。

特征特性：该品种冬性，幼苗半匍匐，株型较紧凑，分蘖力强，成穗率中等，株高 84.1cm，叶片深黄绿色，穗型纺锤形，长芒、白壳、白粒、硬质，千粒重 36.4g，容重 766.0g/L，生育期 245d。经抗病性鉴定：中感条锈、叶锈病，高感白粉病。抗倒性一般。

产量表现：在 1997—1999 年全省小麦高肥乙组区域试验中，两年平均亩产 183.6kg，比对照鲁麦 14 号减产 0.3%；1999—2000 年生产试验平均亩产 497.4kg，比对照鲁麦 14 号增产 1.3%。在 2008 年高产创建中实打产量最高达 636kg/亩。

栽培技术要点：适宜播种的高肥水地块，一般每亩基本苗 7 万~8 万苗；中等肥力地块，一般每亩基本苗 12 万~14 万苗。对群体过大地块，春季肥水管理适当推迟，以防倒伏。

适宜范围：可在亩产 400~500kg 地块作为强筋专用小麦品种推广种植。

第四节　晚播早熟品种

科信 9 号

审定编号：科信 9 号是菏泽市菏丰种业有限公司，利用豫麦 18/PH82-2-2，杂交选育。审定编号鲁农审 2009060 号。

特征特性：半冬性，抗冻性一般（2009 年 2 月 26 日在德州试点出现 4 级冻害），幼苗半直立。两年区域试验结果平均：生育期 236d，与对照品种济麦 19 相当；株高 66.8cm，株型半紧凑，抗倒伏，熟相中等；亩最大分蘖 86.9 万，有效穗 37.9 万，分蘖成穗率 43.6%；穗型长方形，穗粒数 38.2 粒，千粒重 39.4g，容重 787.9g/L；长芒、白壳、白粒，籽粒较饱度、硬质。2009 年经中国农业科学院植物保护研究所抗病性鉴定结果：慢条锈病，高抗叶锈病，中感白粉病、赤霉病和纹枯病。2008—2009 年生产试验，统一取样经农业部谷物品质监督检验测试中心（泰安）测试：籽粒蛋白质含量 14.1%、湿面筋 34.4%、沉降值 47.0ml、吸水率 60.3ml/100g、稳定时间 7.8min，面粉白度 77.4，品质指标达到强筋专用粉标准。

科信 9 号产量表现：2008—2009 年山东省小麦品种高肥组生产试验，平均亩产 543.65kg，2010 年菏泽市"科信杯"粮王大赛中亩产 715.8kg，具有较大增产潜力。

栽培技术要点：适宜播期 10 月中旬，每亩基本苗 12 万~15 万。注意防治病虫害。

第二章　绿色生产技术与应用

第一节　精细整地与施肥技术

一、精细整地

衡量一块好地的标准是"厚、足、深、净、细、实、平"，这也是精细整地的基本要求。所谓"厚"，就是土地肥沃，土壤肥料要充分，营养要全面。肥水管理做到因地制宜，配方施肥。"足"就是足墒，使小麦有充分水分发芽，利于实现苗全、苗壮。"深"就是深耕，耕层深度要达到 25~30cm，要打破犁底层，破除板结，有利于养分的输送。农谚讲"深耕加一寸，顶上一遍粪"，说明了深耕的增产作用。深耕不要每年进行，一般要 3 年一次，也就是"旋 3 耕 1"，3 年旋耕，1 年深耕，若只旋不耕，根系难以下扎，不利于养分的吸收利用，从而影响产量。目前多采取机械深松，深松深度一般 25~40cm。"净"就是不要有大的根茬和较长的秸秆，以便于播种和出苗。否则，土壤过于蓬松，水分蒸发过快，不利于保墒和出苗，即使出苗，也不利于根系下扎，易土壤悬空造成"吊苗"而导致缺苗断垄，从而影响产量。"细"就是细耙，做到无明暗坷垃。若坷垃多，影响播种和出苗，农谚有"麦子不怕草，就怕坷垃咬"。"实"就是土壤上松下实，表面不板结，下层不架空。表面板结不利于出苗，下层架空易造成吊苗，直接影响小麦高产。"平"就是地面要平整，灌溉是不冲不淤，寸水棵棵到，利于灌溉，为给小麦提供充足的水分打好基础。

精细整地一般要注重三大环节。一是深松、耕翻。土壤深耕或深松使土质变松软，土壤保水、保肥能力增强，是抗旱保墒的重要技术措施。耕翻可掩埋有机肥料、粉碎的作物秸秆、杂草和病虫有机体，疏松耕层，松散土壤。降低土壤容重，增加孔隙度，改善通透性，促进好气性微生物活动和养分释放。提高土壤渗水、蓄水、保肥和供肥能力。二是少耕、免耕、隔三年深耕或深松。以传统铧式犁耕翻，虽具有掩埋秸秆和有机肥料、控制杂草和减轻病虫害等优点，但每年用这种传统的耕作工序复杂，耗费能源较大，在干旱年份还会因土壤失墒较严重而影响小麦产量。由于深耕效果可以维持多年，可以不必年年深耕。三是耙耢、镇压。耙耢可破碎土垡，耙碎土块，疏松表土，平整地面，上松下实，减少蒸发，抗旱保墒；在机耕或旋耕后都应根据土壤墒情及时耙地。旋耕后的麦田表层土壤疏松，如果不耙耢镇压以后再播种，会发生播种过深的现象，形成深播弱苗，严重影响小麦分蘖的发生，造成穗数不足；还会造成播种后很快失墒，影响次生根的喷发和下扎，造成冬季黄苗死苗。镇压有压实土壤、压碎土块、平整地面的作用，当耕层土壤过于疏松时，镇压可使耕层紧密，提高耕层土壤水分含量，使种子与土壤紧密接触，根系及时喷发与伸长，下扎到深层土壤中，一般深层土壤水分含量较高较稳定，即使上层土壤干旱，根系也能从深层土壤中吸收到水分，提高麦苗的抗旱能力。

二、小麦测土配方施肥技术

小麦测土配方施肥概念。小麦测土配方施肥技术是以测试土壤养分含量和田间肥料试验为基础的一项肥料运筹技术。主要是根据实现小麦目标产量的总需肥量、不同生育时期的需肥规律和肥料效应，在合理施用有机肥的基础上，提出肥料（主要是氮、磷、钾肥）的施用量、施肥时期和施用方法。

小麦需肥量计算。小麦测土配方施肥技术主要是根据实现小麦目标产量的总需肥量、不同生育时期的需肥规律和肥料效应，在合理施用有机肥的基础上，提出肥料（主要是氮、磷、钾肥）的施用量、施肥时期和施用方法。根据研究，每生产100kg籽粒，小麦植株需吸收纯氮3.1kg、磷1.1kg、钾3.2kg左右，三者比例为2.8:1.0:3.0，随产量水平的提高，小麦氮、磷、钾的吸收总量相应增加。冬小麦起身以前麦苗较小，氮、磷、钾吸收量较少，拔节期植株开始旺盛生长，拔节期至成熟期，植株吸氮量占全生育期的56%，磷占70%，钾占60%左右。据调查，菏泽仍有部分麦田严重缺磷，普遍缺氮，钾相对充足，高产田缺钾，部分麦田缺磷。通过测土，了解土壤各种养分供应能力，从而确定小麦合理施肥方案，使小麦均衡吸收各种营养，维持土壤肥力水平，减少肥料流失对环境的污染，达到优质、高效和高产的目的。只有根据上述小麦的需肥量和吸肥特性、土壤养分的供给水平、实现目标产量的需肥量、肥料的有效含量及肥料利用率，配方施肥才能达到小麦需肥与供肥的平衡，获得小麦的高产优质高效。

小麦测土配方施肥技术要点。一是增施有机肥。有机肥和化肥相比较，具有养分全面、改善土壤结构等优点，因此说保证一定的有机肥用量是小麦丰产丰收的基础，一般亩用有机肥2 000~2 500kg，多用更好。二是稳氮、磷，增钾肥。对于菏泽市多数麦田来说，建议稳定现有氮肥用量，适当降低磷肥用量，增加钾肥用量。具体施肥指标是：低产田（亩产150~250kg）：每亩小麦需施肥折合纯氮6.5~7.0kg，五氧化二磷3.0~4.5kg，氧化钾5~6kg。具体施肥时掌握亩用小麦配方肥（18-12-18）40~50kg或亩用尿素20kg，过磷酸钙40~50kg，氯化钾10~15kg。亩产300~500kg，每亩小麦需肥量折合纯氮12~16kg，五氧化二磷5~8kg，氯化钾8~12kg，锌肥1kg，具体施肥掌握氮肥60%作基肥（含种肥），其余均作底肥一次性施入，亩施底肥用量为小麦配方肥（18-12-9）50~60kg，加锌肥1kg或亩用尿素25~30kg，磷酸二铵10~15kg，氯化钾20kg，硫酸锌1kg。三是酌情追肥。小麦一生中吸收的养分虽然前期十分重要，但用量少，其需肥高峰一般在中期偏后，因此说，应酌情追肥，特别是氮肥在土壤中易于流失，有水浇条件地块应分次追施，建议追肥比例为50%。当然无水浇条件地块仍应采用"一炮轰"施肥方法。

小麦测土配方施肥的施肥技术。小麦的施肥技术应包括施肥量、施肥时期和施肥方法。

$$施肥量(kg/亩) = \frac{计划产量所需养分量(kg/亩) - 土壤当季供给养分量(kg/亩)}{肥料养分含量(\%) \times 肥料利用率(\%)}$$

计划产量所需养分量可根据100kg籽粒所需养分量来确定。土壤供肥状况一般以不施肥麦田产出小麦的养分量测知土壤提供的养分数量。在田间条件下，氮肥的当季利用率一般为30%~50%，磷肥为10%~20%，高者可达到25%~30%，钾肥多为40%~70%。有机肥的利用率一般为20%~25%。一般中低产田应增施磷肥、氮磷配合，产量在200kg/亩以下的低产田，氮磷比为1:1左右；产量为200~400kg/亩时，氮磷比以1:0.5为宜；产量在500~600kg/亩时，氮磷比以1:0.4为宜。施肥时期应根据小麦的需肥动态和肥效时期来确定。一般冬小麦生长期较长，播种前一次性施肥的麦田极易出现前期生长过旺而后期脱肥早衰的现象。后期追施氮肥，对提高粒重和蛋白质含量的效果较好。小麦吸收的氮素，约有2/3来自土壤，1/3是当季肥料供给的。所以，小麦目标产量是根据土壤肥力水平和常年高产试验得出的。有条件选用缓控释肥的，可以简化施肥程序，减少施肥次数，实行一次性施肥，减少施肥劳动用工，降低生产成本，提高小麦生产效益。

第二节 小麦宽幅播种技术

一、农机具选择及使用

加强农机具管理，充分发挥其应有的作用，是实现小麦丰产的一项重要措施。一般地块，机耕机播可增产15%~20%。生产上要求在播前15d应完成拖拉机、犁耙和播种机等农机具的检修和适当的调整工作，并备足必要的配件。对播种机械要求在播前试播，保证下种量准确，播深适宜，行距适当，各垄之间下籽均匀一致。机械播种20世纪已经普及，为逐渐改变农民"有钱买种，无钱买苗"播种量偏大的观点，在农机和农技技术人员的指导下，研制生产了半精量播种机，实现了由机械播种到宽幅播种的转变。由于宽幅播种机结构简单、价格低，操作简单，一时风靡全国，山东省成为播种机生产、输出大省，促进了小麦精量半精量播种技术在全国的推广。

合理选用小麦播种机。目前菏泽市使用比较普遍的播种机主要有以下几种类型。

一是2BMB型小麦半精量播种机。结构特点：采用外槽轮式排种器，为解决外槽轮式排种的脉冲性，避免"疙瘩"苗，采用提升排种高度增加种子下落时间，并用塑料褶皱管输种。采用锄铲式开沟器，沟底平滑，播深一致性高。适应于土地平整，无明暗坷垃，土壤中秸秆量少的区域。

二是2BJM型锥盘式小麦精量播种机。根据小麦"精播高产"理论，由中国农机院研发的小麦精量播种机批量生产，将"精播高产"从理论变成现实生产力，推动了我省小麦产量的提高。同时，也将农机农艺结合推向一个新的阶段。结构特点：采用金属锥盘型孔排种器，实现了单粒连续排种。使用条件：精细整地，深耕细耙，上松下实，无明暗坷垃；种子分级处理，籽粒饱满大小一致，拌种包衣区域。

三是耧腿式、圆盘式播种机。结构特点：这两种播种机都采用外槽轮式排种器，属于半精量播种范围，目前是小麦棉花、小麦西瓜间作套种区域应用最多的两种小麦播种机。应用范围：耧腿式主要应用于秸秆还田面积少的地区；圆盘式播种机主要应用于秸秆还田面积大的地区。耧腿改圆盘，为的是适应秸秆还田，解决秸秆堵塞问题。存在的问题：在整地质量不高的土壤中，易播深；缺少镇压装置。

四是双圆盘开沟器式播种机。工作原理：双圆盘刃口在前下方相交于一点，形成以夹角。工作时，靠自重及附加弹簧压力入土，圆盘滚动前进形成种沟。输种管将种子导入沟中，靠回土及沟壁塌下的土壤覆盖种子。优点：由于圆盘有刃口，滚动式可以切断茎秆和残茬，在整地条件差、坷垃多、湿度大地块能稳定工作；适应于较高速工作；开沟时不乱土层，能用湿土覆盖种子。缺点：结构复杂、重量大、造价高、开沟阻力大，播幅窄，不能形成宽幅，播后一条线，苗拥挤。

五是小麦宽幅精量播种机。其结构特点：通过改进外槽轮形状，形成螺旋型窝式槽轮排种器，实现单粒精播；同过双排梁结构，是开沟铲前后排列，提高通过性，避免防堵塞；采用双管下种，开沟器底部凸版实现宽幅播种。整体结构简单，价格低。使用条件：精耕细整，耕地前要将底肥撒施地表；秸秆还田或土壤暄松的地块，播前要全面镇压。使用注意事项：为保证播幅宽度，播种畦面要整理平整，保持播种机左右水平作业；为保证苗幅左右两侧密度均匀一致，前后排种器工作长度要一致；为提高播种精度，将塑料褶皱管改成塑料光管；为保证种子间距，输种管长度要合适，避免弯曲，减少种子在管中的碰撞。目前，这种播种机所占比例最大，高达80%以上。

六是小麦免耕播种机。小麦免耕播种就是在玉米收获秸秆粉碎后，在未耕作的土地上用专用免耕播种机，一次完成开沟、施肥、播种、覆土、镇压等工序的作业。与传统播种机相比，最大差别是没有对土壤全部耕翻，仅耕翻小麦播种地方。秸秆置于未种小麦的地表，起覆盖保墒作用。结构特点：具有小麦播种和耕整地双重功能，播前不必再耕作整地或破茬作业，采用外槽轮式排种器，属于半精量播种。采用燕尾型强制分种板，增加播种幅宽。免耕播种的优点：大量利用了玉米秸秆，培肥地力、蓄水保墒、省工省时、增加肥效。小麦免播的难点：地表玉米秸秆量大、玉米根茬硬，开沟入土困难；地表平整度差，播深控制困难；秸秆量大，机具通过性相对较差。免耕播种机种类比较多，有国外大型被动圆盘式播种机、靠自重切断秸秆开沟播种、多排梁式加强耧腿式播种机。通过耧腿开沟播种，适用于一年一作地区。主动旋刀开沟式播种机。利用旋转的刀具开沟、分草、播种、覆土，适用于一年两作区。因这类播种机械将多次作业程序融为一体，减少田间作业程序，减少机械碾压次数，节约劳动用工和能源消耗，一体机将代替分体机，是小麦播种机的发展方向。

二、小麦宽幅播种技术概况

当前，菏泽市小麦单产已达 400kg/亩，地力水平和技术管理水平在不断提高，但传统的小麦种植制度和种植方式与小麦单产提高和生产发展不相适应，小麦播种机械的发展滞后于小麦生产的发展。目前，传统的小麦播种机有二大类型：一是外槽轮式排种器条播机；二是圆盘式单孔条播机，其共同点是籽粒入土出苗为一条线（2~3cm），无论播种量大小，籽粒都拥挤在一条线上，造成争肥、争水、争营养、根少、苗弱的生长状况。

一种机械能改变传统的种植方式和种植制度。小麦宽幅精播机的示范与应用，打破了自1997年以来小麦单产徘徊不前的局面，试验示范5年来，最高亩产达到789.9kg（2009年），特别是在2010年低温旱、持续时间长的不利条件下，宽幅播种高产麦田单产仍达到765kg/亩，平均亩增产10%以上，得到了各地用户的赞誉，受到业界小麦专家的认可。2013年全国农业技术推广中心组织全国十省小麦主产区小麦专家和农业部小麦专家组到山东省滕州市、岱岳区两地小麦宽幅精播机播种麦田现场考察苗情长势；山东省小麦专家顾问团专门到原牡丹区农作物原种场，集体考察小麦宽幅播种示范效果；所到之处，专家们一致认同小麦宽幅播种对籽粒分散、播种均匀、根系发育、壮苗稳长均起到了良好的效果，彻底解决了缺苗断垄，疙瘩苗的问题，同时也提出许多新的问题和改进意见。全国农业技术推广中心将小麦宽幅精播机及配套的高产高效栽培技术作为提升小麦产量的一项新技术措施在全国冬麦区进行示范推广，目前已有江苏、安徽、河南、河北、山西等省和中国农业大学等单位示范小麦宽幅播种技术。2008年菏泽市获得山东省小麦宽幅精播机示范项目的资助，这对完善和提高小麦宽幅精播高产高效综合栽培技术，服务小麦生产，增加农民收入，均给予了很大的支持。

三、小麦宽幅精播机的研制与创新

小麦宽幅精播机是山东农业大学农学院与郓城工力公司合作研制而成，自1996年以来，山东农业大学先后经过试验、示范、改进、提高四个阶段，已生产了四代产品，第一代为一垄双行无后轮镇压；第二代前二后四楼腿安装后带镇压轮；第三代单楼腿双管式，翻斗清机，换种方便；第四代为8行、9行多功能中大型小麦宽幅精播机。牵引动力50马力拖拉机配套作业，可一次完成筑埂、施肥、播种、镇压等全部工序。其中小麦8行，施肥4行，行距、畦宽可自行调整。小麦宽幅精播机来源于实践，运用到生产，并随着小麦生产的发展和用户对机械要求的逐步提高，在不断地改进、完善和提升。

应用小麦宽幅精量播种机还有以下优点：一是适应现实生产条件。当前小麦生产多数以旋耕为主，造成土壤耕层浅，表层塇，容易造成小麦深播苗弱，失墒缺苗等现象。小麦宽幅精播机后带镇压轮，能较好的压实土壤，防止透风失墒，确保出苗均匀，生长整齐。二是播种均匀。多数地方使用传统小麦播种机播种需要耙平，人工压实保墒，费工费时；另外，随着有机土杂肥的减少，秸秆还田量增多，传统小麦播种机行窄拥土，造成播种不匀，缺苗断垄。使用小麦宽幅播种机播种能一次性完成，质量好，省工省时；同时宽幅播种机行距宽，并且采取前二后四形楼腿脚安装，解决了因秸秆还田造成的播种不匀等现象。三是复沟保苗。小麦播种后形成波浪型沟垄，有利于小雨变中雨，中雨变大雨，集雨蓄水，墒足根多苗壮，也有利于培土压蘖，增根防倒，挡风防寒，确保麦苗安全越冬。

小麦宽幅精量播种机的研制成功，将会推动传统小麦种植制度和种植方式的变革，是小麦生产中一次新的革新和小麦生产水平的又一次新的提高，对小麦生产前期促根苗，中期壮秆促成穗，后期抗倒攻籽粒具有至关重要的作用和效果。

四、小麦宽幅精播机的使用与调整

一是培训播种机手。要认真学习宽幅精播机使用说明书，熟悉播种机性能，可调节的部位，运行中的规律等，只有播种机手熟悉掌握了宽幅精播机机械性能和作业技能，才能有效地掌握播种量，播种深浅度，下种均匀度，才能提高播种质量，实现一播全苗的要求。2009 年某试验点因更换机手，造成播量不准，出苗很差的情况。

二是选择牵引动力。例如第三代 6 行小麦宽幅精播机应用 15～18 马力拖拉机进行牵引。

三是调整行距。行距大小与地力水平、品种类型有直接关系，小麦宽幅精播机应根据当地生产条件自行调整。

四是调整播量。①首先松开种子箱一端排种器的控制开关，然后转动手轮调整排种器的拨轮，当拨轮伸出一个窝眼排种孔时，播种量约为 3.5kg/亩，前后两排窝眼排种孔应调整使数目一致，当播种量定为 7kg/亩时，应调整前后两排二个窝眼排种孔，以此类推。播种量调整后，要把种子箱一端排种控制锁拧紧，否则会影响播种量。②种子盒内毛刷螺丝拧紧，毛刷安装长短是影响播种量是否准确的关键，开播前一定要逐一检查，播种时一定要定期检查，当播到一定面积或毛刷磨短时应及时更换或调整毛刷，否则会影响播种量和播种出苗的均匀度。③确定播种量最准确的方法是称取一定量的种子进行实地播种，验证播种量调整是否符合要求，有误差要重新调整，直至符合播种要求。

五是播种深度。调整播种深度的方法，是先把播种机开到地里空跑一圈，看一看各楼腿的深浅情况，然后再进行整机调整或单个楼腿调整。一般深度调整有整机调整、平面调整和单腿调整。所谓整机调整是在 6 行腿平面调整的基础上，调整拖拉机与播种机之间的拉杆；平面调整就是在地头路上把 6 行腿同落地上，达到各楼腿高度一致，然后固定"U"形螺圈；单腿调整就是单行腿深浅进行调整，特别是车轮后边楼腿要适当调整深些。

六是翻斗清机，更换品种。前支架左右上方有两个控制种子箱的手柄，当播完一户或更换种子时，将两个控制手柄松开，让种子箱向后翻倒，方便清机换种。

五、小麦宽幅精播机田间操作与调整

一是认真检查。播种机出厂经过长途运输，安装好的部件在运输过程中易造成螺丝松

动或错位等现象，机手在播种前应对购买的播种机进行"三看三查"：一看种子箱内 12 个排种器窝眼排种孔是否与播种量相一致，查一查排种开关是否锁紧，毛刷螺丝是否拧紧，排种器两端卡子螺丝是否拧紧；二看行距分布是否均匀，是否符合要求，查一查每腿的"U"形螺栓是否松动，排种塑料管是否垂直，有没有漏出楼腿或弯曲现象等；三看播种深浅度，查一查 6 行腿安装高度是否一致，开空车跑上一段，再一次的进行整机调整和单楼腿调整，以达到深浅一致，下种均匀。

二是控制作业速度。播种速度是播种质量的重要环节，速度过快易造成排种不匀、播量不准，行幅过宽，行垄过高等问题，建议播种时速为 2 档速较为适宜，作业时拖拉机前进速度以每小时 4~5km 为宜。

三是注意环境因素影响。对秸秆还田量较大或杂草多、过黏的地块，播种时间应安排在下午，避免土壤湿度过大，造成拥土，影响正常播种。同时，每到地头要仔细检查楼腿缠绕杂草情况，及时去除缠绕，以免影响播种质量。

六、关于小麦宽幅精播机使用过程中的问题

一是播种量调节幅度过大问题。设计者根据目前小麦生产情况设计的低量（1 个窝眼）小麦精量播种，基本苗在 8 万苗左右；中量（2 个窝眼）小麦半精播，基本苗在 14 万苗左右；高量（3 个窝眼）为传统播量，基本苗在 20 万苗以上。因为小麦生长周期长，自动调节性强，故应根据地力水平、播期时间等来确定适宜的播种量。在地力水平高，适期播种前提下，适当减少播种量，对产量是没有影响的。

二是播种后出现复沟问题。由于当前小麦生产中多以旋耕为主，加上秸秆还田，往往造成播种过深，影响苗全苗壮，而宽幅播种后带有复沟，就解决了生产中深播苗弱的问题。有用户提出浇水垄土下榻埋苗，经过三年实践证明，浇水垄土下榻有压小蘗、培土增根、防倒伏的作用，所以，留有复沟利大于弊。经多年试验，播种时只要楼腿不缠绕杂草，小麦播种复沟不影响小麦正常浇水。

七、宽幅精播机使用注意事项

一是机具严禁倒退，否则将损坏排种器和毛刷。

二是使用前应检查各紧固件是否拧紧，各转动部位是否灵活。

三是工作时排种器端部的锁紧螺母及各个排种器两端的固定卡不许松动，否则会影响播种量。

四是机具在播种期间需重新调整播种量时，一定要把排种器壳内的种子清理干净再进行调整，否则，排种器播轮挤进种子后，将损坏排种器。

五是工作过程中，链轮、链条要及时加油。

六是机具长期不用时，应将楼斗内的种子和化肥清理干净，各运动部件涂上防锈油，置于干燥处，不允许长期雨淋、曝晒。

八、小麦宽幅精播高产高效综合栽培技术

实行小麦宽幅精播机播种旨在："扩大行距，扩大播幅，健壮个体，提高产量"。首先是扩大播幅，改传统密集条播籽粒拥挤一条线为宽播幅（8cm）种子分散式粒播，有利于种子分布均匀，无缺苗断垄、无疙瘩苗，也克服了传统播种机密集条播造成的籽粒拥挤，争肥，争水，争营养，根少苗弱的生长状况。其次是扩大行距，改传统小行距（15~20cm）密集条播为等行距（22~26cm）宽幅播种，由于宽幅播种籽粒分散均匀，扩大小麦单株营养面积，有利于植株根系发达，苗蘖健壮，个体素质高，群体质量好，提高了植株的抗寒性，抗逆性。

第三节 小麦适期适量播种

一、小麦适期播种的一般要求

（一）冬前积温

现有生态条件下，小麦从播种到种子萌动需≥0℃积温22.4℃·d，以后胚芽鞘每生长1cm，约需≥0℃积温13.6℃·d，所以，从种子萌动到出土需≥0℃积温68.0℃·d；第一片真叶生长1cm，约需≥0℃积温13.6℃·d，因此，从出土到出苗又需≥0℃积温27.2℃·d，累积小麦从播种到出苗需要117.6~120℃·d。当日均温为10℃左右时，生长1片叶需≥0℃积温75℃·d，因此，冬前麦苗长出6叶或6叶1心，需≥0℃积温450~525℃·d，长出7叶或7叶1心，需≥0℃积温525~600℃·d。

另据生产实践验证，弱冬性品种冬前壮苗具有5叶一心或6叶，冬性品种冬天壮苗具有6叶或6叶1心，所以，从播种至形成壮苗，弱冬性品种需≥0℃积温550℃·d左右，半冬性品种需≥0℃积温550~650℃·d。积温指标确定以后，再根据当地常年日平均温度的变化资料，从日均温稳定降至0℃之日起向前推算，将≥0℃的温度值加起来，直到其总和达到既定积温指标为止。这个终止日期即为当地弱冬性或冬性品种的适宜播期，这一日的前后3d即为其适宜播期范围。菏泽小麦最佳播期一般在10月8—12日。

（二）品种特性

不同感温、感光类型品种，完成发育要求的温光条件不同。在菏泽现有生产条件下，冬性品种宜早播，半冬性品种次之，偏春性品种可稍晚播种。冬性品种为日平均气温18~16℃，弱冬性品种一般在16~14℃，即在10月上旬至10月中旬播种。

（三）土、肥、水条件

在上述适宜范围内，适宜播期还要根据当地的土壤肥力、地形等进行调整。黏土地质地紧密，通透性差，播期宜早；沙土地播期宜晚；盐碱地不发小苗，播期宜早。水肥条件好，麦苗生长发育速度快，播期不宜早；旱地或墒差时，播期宜早。

二、确定适宜播种量

基本苗数是实现合理密植的基础。生产上通常采取"以地定产，以产定穗，以穗定苗，以苗定子"的方法确定适宜播种量，即以土壤肥力高低确定产量水平，根据计划产量和品种的穗粒重确定合理穗数，根据穗数和单株成穗数确定基本苗数，再根据基本苗和品种千粒重、发芽率及田间出苗率等确定播种量。

播量计算方法。亩播量应根据亩基本苗数、种子净度、籽粒大小、种子发芽率和出苗率等因素来确定，其计算公式是：

$$亩播量(kg) = \frac{亩计划基本苗数 \times 千粒重(g)}{种子净度(\%) \times 发芽率(\%) \times 出苗率 \times 10^6}$$

一般当种子净度在99%以上，可以不考虑"净度"这项因素。如果计划基本苗数为16万苗，所采用的品种千粒重为42g，发芽率为95%，出苗率为85%，那么：

$$亩播种量(kg) = \frac{(160\ 000 \times 42)}{(0.95 \times 0.85 \times 10^6)} = 8.1kg$$

生产实践中，播种量还应根据实际生产条件、品种特性、播期早晚、包衣剂属性、栽培体系类型等加以调整：土壤肥力很低时，播量应低，随着肥力的提高而适当增加播量，当肥力较高时，相对减少播量；冬性强，营养生长期长、分蘖力强的品种，适当减少播量，而春性强、营养生长期短、分蘖力弱的品种，适当增加播量；播期推迟应适当增加播种量；采用粉锈宁等杀菌剂包衣或拌种的要适当加大播种量；不同栽培体系中，精播栽培播量要低，独秆栽培要密等。

第四节　病虫草害综合防治技术

一、麦田有害生物的主要种类

（一）小麦主要病害

麦田病害主要包括：气传流行性病害如小麦条锈病、白粉病、纹枯病和赤霉病；种传、土传病害如小麦黑穗病、根腐病、叶枯病、纹枯病；靠传毒媒介传播的小麦丛矮病、小麦黄矮病。菏泽近几年小麦主要病害集中表现出来的气传流行性的小麦条锈病、白粉病、纹枯病和赤霉病，纹枯病和赤霉病有逐年加重发生的趋势。

小麦赤霉病又叫麦穗枯、烂麦头、红麦头。调查发现：该病在菏泽每年均有发生，尤其是近几年发生较为严重。该病从幼苗到抽穗都可受害，病害严重时，造成病部以上枯黄，甚至不能抽穗；抽穗期感病形成枯白穗，感病严重时可减产50%以上。小麦赤霉病除了影响产量和品质外，还含有致病毒素，人畜食用可出现中毒现象，严重时造成死亡。传播途径是该病菌在我国北部麦区，病菌能在麦株残体、带病种子和其他植物如玉米、大豆等残体上以菌丝体或子囊壳越冬越夏，次年条件适宜时产生子囊壳放射出子囊孢子并散落在花药上，经花丝侵染小穗，几天后产生大量粉红色霉层。在开花至盛花期侵染率最高。赤霉病的发生和流行受气候、菌量、作物生育期、品种的抗病性以及栽培管理措施等多种因素影响，其中气候条件、菌量及作物生育期相互配合程度，对病害的流行起着决定性的作用。如果小麦抽穗至扬花期阴湿多雨，平均气温高于15℃，田间玉米、大豆根茬、秸秆残留量大，且大面积种植感病品种，赤霉病就可能严重发生和流行。温度影响发病，此病的发生与温度密切相关，一般情况下，在春季气温7℃以上，即可形成子囊壳，气温高于12℃形成子囊孢子。平均气温低于13.7℃，一般不会发病。品种的影响，不同品种发病程度差异很大，晚熟以及颖壳较厚的品种发病较重。据观察在菏泽推广的良星系列小麦品种、矮抗58等发病较重。空气湿度影响较大。在小麦抽穗扬花期，在连续降雨2~3d或空气潮湿、土壤含水量大于50%以上时，有利于小麦赤霉病的流行。特别需要指出的是，近年来随着空气质量的逐步恶化，雾霾天气增加，为赤霉病的发生创造了有利条件。最新研究，前茬作物对小麦赤霉病也有较大影响。近年来，由于玉米种植面积增加，伴随着秸秆还田比例的大幅提高，病残体菌量逐年增多，给病害的流行创造了有利条件。地势及土壤条件也影响小麦赤霉病发生发展。据调查，地势低洼、排水不良、黏重土壤的地块发病较重。偏施氮肥、群体高、密度大、田间郁闭的地块发病较重，反之则轻。

（二）小麦种传、土传病害根腐病、叶枯病、纹枯病

以纹枯病发生最普遍，最严重，为害也最大。小麦纹枯病发生程度早茬麦重于稻茬麦，早茬麦重于晚茬麦。据田间调查试验，2011年杜庄，早茬麦冬前11月下旬见病株，稻茬麦2月19日见病株，早于2010年7d，与常年相比略早；早茬麦4月15日见病茎，较常年偏迟，稻茬麦4月20日见病茎，与常年相当；早茬麦5月17日见白穗，早于2010年，较常年略迟；稻茬麦5月18日见白穗，较常年略早；病株率、病茎率、病指高峰分别出现在4月5日、5月1日、5月10日。病情发生前缓后急，持续时间长。从近年来小麦纹枯病发生情况来看，早播小麦纹枯病冬前有一个发病高峰，但并不明显，小麦在3月中下旬开始拔节，病菌再侵染茎秆，进入了小麦纹枯病纵向发展期，也是病害严重度增长期，随着气温的逐渐升高，5月中旬病害严重度将达高峰。从2010—2012年同期大田调查情况看，3月初病田率95%以上，病株率2.27%~4.62%，病指0.52~0.65；3月底病株率9.30%~18.34%，病指1.86~2.72；4月15日病株率12.40%~31.25%，病茎率0.38%~3.20%，病指2.96~5.80；5月15日病株率46.94%~62.65%，病茎率40.20%~53.71%，白穗率0~0.8%，病指16.07~27.38。由于棉花茬小麦面积逐年减少，靠传毒媒介传播的小麦丛矮病、小麦黄矮病局部发生，整体呈明显下降趋势。

（三）小麦主要虫害

虫害主要是小麦蚜虫，小麦吸浆虫、麦叶蜂、麦蜘蛛、蝼蛄、金针虫等地下害虫和灰飞虱以及秋苗期的土蝗、蟋蟀等。小麦蚜虫发生普遍，影响最重，其他虫害是局部发生。

小麦蚜虫是为害我国小麦产量形成的主要害虫之一。小麦抽穗至灌浆期气温偏高，蚜虫生长发育将加快并迅速繁殖，灌浆和乳熟期蚜虫为害达到高峰。小麦蚜虫的种类有：麦长管蚜、麦二叉蚜、黍缢管蚜、无网长管蚜。菏泽市以麦长管蚜和麦二叉蚜发生数量最多，为害最重。一般麦长管蚜无论南北各区县密度均相当大，干旱年份或阶段，麦二叉蚜发生频率也较高。就麦长管蚜和麦二叉蚜来说，除小麦、大麦、燕麦、糜子、高粱和玉米等寄主外，麦长管蚜还能为害水稻等禾本科作物及早熟禾、看麦娘、马唐、棒头草、狗牙根和野燕麦等杂草，麦二叉蚜能取食赖草、冰草、雀麦、星星草和马唐等禾本科杂草。小麦蚜虫以成虫和若虫刺吸麦株茎、叶和嫩穗的汁液。麦苗被害后，叶片枯黄，生长停滞，分蘖减少；后期麦株受害后，叶片发黄，麦粒不饱满，严重时麦穗枯白，不能结实，甚至整株枯死。麦蚜的为害主要包括直接为害和间接为害两个方面：直接为害主要以成、若蚜吸食叶片、茎秆、嫩头和嫩穗的汁液。麦长管蚜多在小麦上部叶片正面为害，抽穗灌浆后，迅速增殖，集中穗部为害。麦二叉蚜喜在作物苗期为害，被害部形成枯斑，其他蚜虫无此症状。间接为害是指麦蚜能在为害的同时，传播小麦病毒病，其中以传播小麦黄矮病为害最大。菏泽以无翅胎生雌蚜在麦株基部叶丛或土缝内越冬，寒冷的年份多以卵在麦苗枯叶上、杂草上、茬管中、土缝内越冬。从发生时间上看，麦二叉蚜早于麦长管蚜，麦长管蚜一般到小麦拔节后为害才逐渐加重。小麦蚜虫为间歇性猖獗发生，这与气候条件密切相关。麦长管蚜喜中温不耐高温，要求湿度为 40%~80%，而麦二叉蚜则耐 30℃ 的高温，喜干怕湿，湿度 35%~67% 为适宜。一般早播麦田，蚜虫迁入早，繁殖快，为害重。

（四）小麦主要草害

麦田杂草种类，主要有麦蒿、荠菜、麦瓶草、王不留行、灰菜、酸廖、繁缕、婆婆纳等；麦田禾本科杂草，主要有雀麦、节节麦、硬草、早熟禾，并呈蔓延趋势。

二、麦田常发性有害生物发生特点及防治

（一）严管播种期

小麦播种期病虫害防治是整个生育期防治的基础，有利于压低小麦全生育期病虫基数。此期防治重点是纹枯病、地下害虫、吸浆虫等种传、土传病虫害。防治措施主要是土壤处理、药剂拌种或种子包衣。用 15% 三唑酮可湿性粉剂 200g 拌种 1 000kg，可有效预防黑穗病、纹枯病、白粉病等。金针虫主发生区，用 40% 甲基异柳磷乳油与水、种子按 1 : 80 : 800~1 000 比例拌匀，堆闷 2~3h 后播种；蛴螬主发生区用 50% 辛硫磷乳油与水、种子按 1 : 50~100 : 500~1 000 比例拌种，可兼治蝼蛄、金针虫、吸浆虫重发区，用 3% 甲基异柳磷颗粒或辛硫磷颗粒剂 30~45kg/hm² 拌砂或煤渣 375kg 制成毒土，在犁地时均匀撒于地面翻入土中。种子包衣也是防治病虫害的一项有效措施，各地应因地制宜，根据当地病虫种类，选择适当的种衣剂配方，如用 2.5% 适乐时悬浮种衣剂 100~200ml，对 1 000kg 种子进行包衣，可预防纹枯病、黑胚病、根腐病等多种病害，若加入适量甲基异硫磷乳油，则可病虫兼治。

1. 小麦丛矮病

小麦丛矮病主要为害小麦，由北方禾谷花叶病毒引起。小麦、大麦等是病毒主要越冬寄主。套作麦田有利灰飞虱迁飞繁殖，发病重；冬麦早播发病重；邻近草坡、杂草丛生麦田病重；夏秋多雨、冬暖春寒年份发病重。

①小麦丛矮病毒不经汁液、种子和土壤传播，主要由灰飞虱传毒。灰飞虱吸食后，需经一段循回期才能传毒，日均温26.7℃，平均10~15d，20℃时平均15.5d。1~2龄若虫易得毒，而成虫传毒能力最强。最短获毒期12h，最短传毒时间20min。获毒率及传毒率随吸食时间延长而提高。一旦获毒可终生带毒，但不经卵传递。病毒随带毒若虫且在其体内越冬。冬麦区灰飞虱秋季从带病毒的越夏寄主上大量迁飞至麦田为害，造成早播秋苗发病。越冬带毒若虫在杂草根际或土缝中越冬，是翌年毒源，次年迁回麦苗为害。小麦成熟后，灰飞虱迁飞至自生麦苗等禾本科植物上越夏。

②染病麦苗植株上部叶片有黄绿相间条纹，分蘖增多，植株矮缩，呈丛矮状。冬小麦播后20d即可显症，最初症状心叶有黄白色相间断续的虚线条，后发展为不均匀黄绿条纹，分蘖明显增多。冬前染病株大部分不能越冬而死亡，轻病株返青后分蘖继续增多，生长细弱，叶部仍有黄绿相间条纹，病株矮化。一般不能拔节和抽穗。冬前未显症和早春感病的植株在返青期和拔节期陆续显症，心叶有条纹，与冬前显症病株比，叶色较浓绿，茎秆稍粗壮，拔节后染病植株只有上部叶片显条纹，能抽穗的籽粒秕瘦。

③防治方法。清除杂草、消灭毒源。一是小麦平作，合理安排套作，避免与禾本科植物套作。二是精耕细作、消灭灰飞虱生存环境，压低毒源、虫源。适期连片播种，避免早播。麦田冬灌水保苗，减少灰飞虱越冬。小麦返青期早施肥水提高成穗率。三是药剂防治。用种子量0.3%的60%甲拌磷拌种堆闷12h，防效显著。出苗后喷药保护，包括田边杂草也要喷洒，压低虫源。小麦返青盛期也要及时防治灰飞虱，压低虫源。

2. 黄矮病

小麦黄矮病主要表现叶片黄化，植株矮化。叶片典型症状是新叶发病从叶尖渐向叶基扩展变黄，黄化部分占全叶的1/3~1/2，叶片基部仍为绿色，且保持较长时间，有时出现与叶脉平行但不受叶脉限制的黄绿相间条纹。病叶较光滑。发病早植株矮化严重，但因品种而异。冬麦发病不显症，越冬期间不耐低温易冻死，能存活的翌春分蘖减少，病株严重矮化，不抽穗或抽穗很小。拔节孕穗期感病的植株稍矮，根系发育不良。抽穗期发病仅旗叶发黄，植株矮化不明显，能抽穗，粒重降低。与生理性黄化区别在于，生理性的从下部叶片开始发生，整叶发病，田间发病较均匀。黄矮病下部叶片绿色，新叶黄化，旗叶发病较重，从叶尖开始发病，先出现中心病株，然后向四周扩展。

病毒只能经由麦二叉蚜、禾谷缢管蚜、麦长管蚜、麦无网长管蚜及玉米缢管蚜等进行持久性传毒。不能由种子、土壤、汁液传播。16~20℃，病毒潜育期为15~20d，温度低，潜育期长，25℃以上隐症，30℃以上不显症。麦二叉蚜在病叶上吸食30min即可获毒，在健苗上吸食5~10min即可传毒。获毒后3~8d带毒蚜虫传毒率最高，可传毒20d左右。以后逐渐减弱，但不终生传毒。刚产若蚜不带毒。冬前感病小麦是翌年发病中心。返青拔节期出现一次高峰，发病中心的病毒随麦蚜扩散而蔓延，到抽穗期出现第二次发病高峰。

防治方法。鉴定选育抗、耐病品种，因地制宜地选择近年选育出的抗耐病品种。治蚜防病及时防治蚜虫是预防黄矮病流行的有效措施。甲拌磷拌种、喷菊酯类农药可减少越冬虫源。加强栽培管理，及时消灭田间及附近杂草。适期迟播，确定合理密度，加强肥水管理，提高植株抗病力。

3. 小麦土传花叶病

受侵染的小麦在秋苗时期退绿条纹症状不明显。但早春发生新叶时，便出现很多褪绿条纹，这种花叶条纹一直可以延伸到叶鞘及颖上。病株一般较正常植株矮，严重的表现矮化，有些病株产生过多的分蘖，形成丛矮症。凡是已成丛簇症的植株，最后变为深绿而条纹症则隐潜。出现这一类症状的称作绿色花叶株系，而褪绿条纹是淡黄色的称作黄色花叶株系。

①病原菌形态特征。病原简称小麦土传花叶病毒，属病毒。病毒粒体为直棒状二分体，长粒体300nm，短粒体92~160nm，病毒粒体直径约22nm。该病毒形态明显区别于弯曲的线条状的小麦梭条斑花叶病毒。致死温度60~65℃，稀释限点100~1 000倍。在低温干燥的组织中可存活10个月左右。

②发病特点。病毒在病株中进行系统增殖，根部细胞中带有大量病毒粒体。这些粒体当根部寄生的多黏菌形成游动孢子囊及休眠孢子时便组合在游动孢子及休眠孢子的原生质内。这些游动孢子释放到土壤中或随病株残根进入土壤中后，才再一次侵入麦苗幼苗根时，将病毒带入寄主体内。由于是土壤带菌，病毒主要通过平整土地、兴修水利、病土垫圈以及移植带菌病土麦苗等使病土搬家；随灌溉水传带带毒介体游动孢子；种子中夹带病残体等途径传播。一般先出现小面积病区，以后面积逐渐增大。

③防治方法。一是选用抗病或耐病的品种；二是轮作。与豆科、薯类、花生等进行两年以上轮作；三是加强肥水管理。施用农家肥要充分腐熟，提倡施用酵素菌或301菌种沤制的堆肥；四是严禁大水漫灌，禁止用带菌水灌麦，雨后及时排水，造成不利多黏菌侵入往年病株残根而传病的条件；五是土壤处理。对零星发病区采用土壤杀菌法，或用40~60℃高温处理15cm深土壤数分钟。

4. 防治小麦虫害

地下害虫。近年来冬季气温偏高，小麦播种后快速出苗，为地下害虫提供了丰富的食料，对部分地区的小麦造成了不同程度的为害。防治小麦地下害虫应立足播种前药剂拌种和处理土壤，部分发生严重的田块可以在冬前或春季采取毒饵法补治。

小麦田发生的地下害虫主要是蝼蛄、蛴螬和金针虫。多以幼虫和成虫咬食小麦种子造成不出苗，或咬食小麦幼苗造成植株死亡，严重的造成缺苗断垄。为害症状，蝼蛄常将麦苗嫩茎咬成乱麻状，断口不整齐；蛴螬常在麦苗根颈处将麦苗咬断，断口整齐；金针虫介于两者之间，与蛴螬危害麦苗的症状有区别。生产上可以根据小麦被害症状判断是受哪种地下害虫为害。

在播种前用药拌麦种和处理土壤是防治小麦地下害虫最有效的措施。拌种处理，可以用甲拌磷拌种堆闷 12～24h 后播种；或者用 50%辛硫磷乳油 100ml 加水 2～3kg 拌麦种 50kg，堆闷 2～3h 后播种。处理土壤，可以每亩用 3%辛硫磷颗粒剂 4kg 或 5%辛硫磷颗粒剂 2kg 拌毒土随播种沟撒施。

随着气温降低，地下害虫逐渐进入越冬状态，为害逐渐减轻，地表气温降至 5℃以下时就不再取食为害，因此冬季气温低时可以不用药防治。较低的气温也不利于药效发挥，用药反而增加种植成本。秋季小麦地下害虫发生严重的田块，可以到春季气温回升后，每亩用 50%辛硫磷乳油 20～50g 加适量水稀释，拌入 30～75kg 碾碎炒香的米糠或麸皮中制成毒饵撒施防治。如果小麦苗期地下害虫为害严重，可以对重发田块用 50%辛硫磷乳油或 40%毒死蜱乳油 1 000～1 500 倍液喷粗雾防治，每亩喷药液 40kg。

5. 金针虫

近几年来，随着农药使用量的减少，大部分麦田金针虫为害普遍呈上升趋势，特别是有机质含量少的疏松沙质土壤发生较重。金针虫主要有沟金针虫和细胸金针虫两种。

沟金针虫约三年一代，以成虫或幼虫在 30～120cm 深的土层内越冬，翌年 3 月中旬当 10cm 土层土温达到 4～8℃时幼虫开始上升活动；3 月下旬土温为 8～12℃时，上升到小麦根际进行为害；4 月上、中旬为害最重；5 月中旬土温升高，幼虫向 13～17cm 土层深处移动，土温为 21～22℃时停止为害。秋季表土温度渐低（6～10cm 土层土温约 18℃）时幼虫又回升到 13cm 以上的土层活动，为害秋播麦苗。沟金针虫适宜的土壤湿度为 15%～18%，较能适应干燥，主要发生在干旱地块。细胸金针虫的生活习性基本上与沟金针虫相同，只不过比沟金针虫更适应低温，适宜在有机质丰富的粉沙黏土或黏土中，适宜土壤含水量为 20%～25%，主要发生在水浇地或潮湿低地。早春为害严重，一般土温超过 17℃时停止为害。防治前要调查虫情，每点取 1/4m²，挖虫深度为：春季 3～17cm，秋季 20cm，如果平均每平方米有虫 2～3 头时要及时防治。一是浇水压虫。当麦田发生金针虫为害时，适时浇水，可减轻金针虫为害，当土壤湿度达到 35%～40%时，金针虫停止为害，下潜到 15～30cm 深的土层中。二是合理密植与施肥。合理密植与施肥，能促进小麦健壮生长，减轻为害程度。三是毒土防治。小麦返青后发现有金针虫为害时，每亩用 2.5%敌百虫粉 1.5～2kg，加细土 75kg 拌匀，在麦垄旁开沟，并顺沟均匀施入地下。春天小麦返青后发现金针虫为害后，可用 90%晶体敌百虫 1 000～1 500 倍液浇灌。小麦起身期用 50%辛硫磷 0.5kg 加水 60～75kg 灌根，可有效预防金针虫。

（二）高度重视返青拔节期

小麦的返青拔节期是其生长发育的重要时期，在此期间的主要病虫害有小麦纹枯病、吸浆虫、麦蜘蛛等地下害虫。近几年来纹枯病的发病率越来越高，也是对小麦产量影响最大的病害之一，所以这个时间的重点防治对象就是纹枯病。如果防治的时间偏晚，就会造成防治效果差，所以防治要把握好时机，在生产过程中可以用相应的化学药剂展开防治工作，我们通常所用的是杀虫剂与杀菌剂混合在一起进行喷施的技术，从而达到科学防治的目的。

1. 小麦白粉病

在春季发病初期（病叶率达到 10% 以上时），可选用 15% 三唑酮可湿性粉剂，每亩用有效成分 8~10g，对水 50kg 进行喷药防治。还可选用烯唑醇、腈菌唑、丙环唑等喷雾防治，一般用药 1~2 次。

2. 小麦纹枯病

小麦返青至拔节初期，病株率达 10% 左右时，叶面喷雾防治。亩用 12.5% 烯唑醇可湿性粉剂 40g，或 15% 三唑酮可湿性粉剂 15g 对水 40kg 喷雾防治，还可选用氟环唑、井冈霉素等药剂，隔 7~10d 喷药 1 次，重发区需连喷 2~3 次。注意施药时要用足水量、对准基部、均匀喷透，提高防治效果。亦可用 5% 井冈霉素 2 250~3 000ml/hm² 对水 1 125~1 500 kg 来对麦茎基部进行喷雾，间隔 10~15d 再喷 1 次来防治纹枯病。

3. 吸浆虫

对于吸浆虫的防治通常可以采用 40% 氧化乐果或 50% 辛硫磷 600~750ml/hm² 喷麦茎基部。

4. 麦蜘蛛

防治麦蜘蛛可用 73% 克螨特乳油 1 500~2 000 倍液喷雾。对于发病重的地区，可以提高药的浓度，达到有效根治的目的，为小麦后期的生长发育打下基础。

（三）及时预防孕穗至抽穗扬花期

小麦孕穗至扬花期是小麦形成产量非常重要的时期，又是多种病虫集中发生为害盛期，一旦病虫危害就可造成不可挽回的损失。因此，此期是小麦病虫草害综合防治的最关键时期，应切实做好病虫害的预防和防治，确保小麦优质丰产。孕穗至扬花期是纹枯病、条锈病、赤霉病、白粉病、麦蚜等多种病虫集中发生期和为害盛期。纹枯病、白粉病在小麦孕穗至灌溉期是再侵染扩散期，条锈病在小麦孕穗至灌溉期是为害适期，赤霉病在小麦开花至灌浆期是赤霉病为害适期，对产量和品质影响最大。因此，也是药剂防治的关键时期。可选用农药戊唑醇、三唑酮、多菌灵、灭菌丹、托布津或甲基托布津，按配比说明施用，可收到理想的防治效果。值得注意的是，在条锈病、赤霉病发生、蔓延的高峰期，正是阴天、多雨、高温高湿的天气，务必抓住雨停间隙的时机，喷药防治 2~3 次，以免违误农时，降低防治效果。

1. 小麦条锈病

落实"发现一点、防治一片"的预防措施，及时控制发病中心。当田间平均病叶率达到 0.5%~1% 时，组织开展大面积应急防治，并且做到同类区域防治全覆盖。防治药剂还可选用烯唑醇、戊唑醇、氟环唑、己唑醇、腈菌唑、丙环唑等。重病田要进行两次喷药，喷药要细致周到，保证足够水量。

2. 小麦赤霉病

在推广种植耐病品种、加强健身栽培的基础上，把握小麦抽穗扬花这一关键时期，主动用药预防，遏制病害流行。一是加强栽培管理，平衡施肥，增施磷、钾肥；控制中后期小麦群体数量，并做到田间沟渠通畅，创造不利于病害流行的环境。二是主动用药预防，在小麦抽穗至扬花期遇有阴雨、露水和多雾天气且持续 2d 以上，应于小麦扬花初期主动喷药预防，要做到扬花一块防治一块；对高感品种，首次施药时间提前至抽穗期。药剂可用多菌灵、氰烯菌酯、烯肟多菌灵、戊唑醇、咪鲜胺等，加水适量，均匀喷雾，1 次用药即可。施药后 3~6h 内遇雨，雨后应及时补喷。如遇病害流行，第一次防治结束后，需隔 5~7d 防治第二次，确保控制流行为害。赤霉病偶发区，可结合其他病虫防治，在抽穗扬花期实行兼治。喷药时最好加对磷酸二氢钾，以提高结实率和粒重。

3. 麦蚜是为害小麦的主要害虫

若虫、成虫聚集在茎秆、穗部汲取汁液，导致叶片、茎秆枯萎，籽粒秕瘦，影响小麦的产量和品质。麦蚜防治重点在小麦抽穗至乳熟期，防治麦蚜药剂应优先选用生物制剂或毒性小的药剂如抗蚜威等，并注意减少用药次数和药量，尽量避开天敌敏感期施药，遇风雨可推迟施药。小麦穗期蚜虫。当田间百株蚜量达 800 头以上，益害比低于 1∶150 时，药剂可选用吡虫啉或啶虫脒喷雾防治。小麦穗期病虫害混合发生时，及时开展"一喷三防"，即杀虫剂、杀菌剂和磷酸二氢钾等各计各量，混合喷洒。其中，吡虫啉和啶虫脒不宜单一使用，要与低毒有机磷农药合理混配喷施。

（四）巧治灌浆期

小麦的灌浆期是小麦营养生长的最后时期，这也是小麦病虫害的高发时期，也是最后防治的关键时期，主要的病虫害有白粉病、锈病、麦穗蚜、叶枯病等。

1. 蚜虫

对于这些病害的防治可以采用以下的措施进行，用 25% 快杀灵乳油 375~525ml/hm^2，加入水 750kg 进行喷雾，可有效地减少麦穗蚜的为害。可以将上面的两种药剂进行混合施用，防治效果更佳。若田间天敌与蚜虫的比例大于 1∶120 时就不必再用防治蚜虫的杀虫剂。小麦黑胚病严重影响小麦品质，发展优质小麦必须注意防治小麦黑胚病。除选用抗黑胚病品种外，还要特别注意搞好小麦扬花灌浆期的防治。用 12.5% 禾果利可湿性粉剂 300~450g/hm^2，对水 750kg 防治效果最好，使用多菌灵、三唑酮、代森锰锌也有一定防治效果。应在灌浆初期和中后期各防治 1 次。

2. 一喷三防技术保叶延衰

小麦抽穗至灌浆期是条锈病、麦蚜、吸浆虫、赤霉病等多种病虫交织发生为害的关键期，选用适合的杀菌剂、杀虫剂和植物生长调节剂或叶面肥等合理混用，既可防病治虫，防早衰，又可抵御"干热风"等自然灾害，达到一喷三防、省工节本和增产保产的目的。吸浆虫重发区，充分利用药剂持效期，适当前移防治时间，在成虫发生始盛期用药。

三、科学用药控制药残

在小麦重大病虫害防治购药时，一定要到三证齐全的正规门店选购，拒绝使用所谓改进型、复方类粉锈宁、三唑酮，以免影响防治效果。在配制可湿性粉剂农药时，一定要先用少量水化开后再倒入施药器械内搅拌均匀，以免药液不匀导致药害。用药量要准确。根据亩用药量及用水量配制药液。配制采用标准计量器，切勿随意加药。田间喷药要选在早晨或下午无露水情况下进行，严格农药操作规程以免不安全事故发生。喷药后6h内遇雨应补喷。防治病虫草害及化学调控时，要严谨使用推介产品，注意间隔期（表2-1、表2-2）。生产中决不能使用禁用农药（表2-3）。

表2-1 推荐农药品种

类别	农药品称	剂型	防治对象（功能）	施用方法（g/次·亩或ml/次·亩）		安全使用（间隔）期
除草剂	异丙隆	25%可湿性粉剂	杂草	250~300g	喷雾	播后苗前或杂草1~2叶
	骠马	6.9%浓乳剂	杂草	50~60ml	喷雾	杂草2~3叶
	使它隆	20%乳油	杂草	30~40ml	喷雾	杂草3~4叶
	巨星	75%悬乳剂	杂草	1g	喷雾	杂草2~3叶
杀菌剂	多菌灵	50%可湿性粉剂	赤霉病	75~100g	喷雾	收获前30d（抽穗扬花期）
	粉锈灵（三唑酮）	15%可湿性粉剂	赤霉病白粉病	20~30g	喷雾	收获前20d
	井冈霉素	5%水剂（可溶性粉剂）	纹枯病	300~400ml	喷雾	收获前14d（3月上旬）
	立克秀	5%可湿性粉剂	纹枯病	每千克种子用药剂1.5~2.0g加少量水，充分混匀	拌种	种子处理
杀虫剂	氧化乐果	40%乳油	蚜虫	100~125ml	喷雾	收获前15d
	蚍虫啉	10%可湿性粉剂	蚜虫	30~50g	喷雾	收获前14d
生长调节剂	多效唑	15%可湿性粉剂	防冻抗倒	每千克种子用药剂1.0g加少量水，充分混匀	拌种	种子处理

表2-2 小麦主要病虫草害推荐使用农药及其安全使用标准

病虫种类	使用药剂	使用方法	使用剂量	安全使用期
地下害虫	50%辛硫磷乳油	拌种	20ml/10kg	播种期
	50%乐斯本颗粒剂	土壤撒施	100~150g/亩	
	2.5%扑力猛 FS	包衣	20ml/10kg	
	2.5%适乐时 FS	包衣	10~20ml/10kg	
	2%立克秀 WG	包衣	10~20g/10kg	
纹枯病	12.5%烯唑醇 WP	拌种	10g/10kg	返青、拔节期
		喷雾	2 000 倍	
	25%纹枯净 WP	喷雾	1 000 倍	
	20%敌力脱 EC	喷雾	2 000 倍	
白粉病	12.5%烯唑醇 WP	喷雾	2 000 倍	抽穗前后，收获前 20d 停止使用
	15%三唑酮 WP	喷雾	1 000 倍	
	25%敌力脱 EC	喷雾	2 000 倍	
	43%戊唑醇 SE	喷雾	4 000 倍	
锈病	40%福星 EC	喷雾	4 000 倍	发病初期，收获前 20d 停止使用
	25%腈菌唑 WP	喷雾	2 000 倍	
	12.5%烯唑醇 WP	喷雾	2 000 倍	
	43%戊唑醇 SC	喷雾	4 000 倍	
赤霉病	50%多菌灵 WP	喷雾	800 倍	扬花末期，收获前 20d 停止使用
蚜虫	10%吡虫啉 WP	喷雾	2 000 倍	收获前 20d 停止使用
	3%啶虫脒 EC	喷雾	2 000 倍	
	5%氯氰菊酯 EC	喷雾	3 000 倍	收获前 7d 停止使用
	2.5%溴氰菊酯 EC	喷雾	2 000 倍	
红蜘蛛	10%浏阳霉素 EC	喷雾	2 000 倍	拔节至抽穗期，收获前 20d 停止使用
	15%哒螨灵 EC	喷雾	15~20ml/亩	
	2%灭扫利 EC	喷雾	20~30ml/亩	
黑胚病	43%麦叶净 WP	喷雾	600~800 倍	扬花后 5~10d，收获前 20d 停止使用
	12.5%烯唑醇 WP	喷雾	1 500 倍	
禾本科杂草	60%丁草胺 EC+25%绿麦隆 WP	土壤喷雾处理	50ml + 150g/亩，加水 750kg	小麦播后苗前
	6.9%骠马 EW	喷雾	60~70ml/亩	杂草二叶—分蘖期
	40%快灭灵 F	喷雾	4~5g+水 40kg/亩	
阔叶杂草	20%使它隆 EC	喷雾	150~60ml/亩	返青期
	10%苯磺隆 WP	喷雾	10~15g/亩	
	75%杜邦巨星 DF	喷雾	1~1.3g/亩	
	20%二甲四氯 AC	喷雾	250~300ml/亩	

注：WP：可湿性粉剂；EC：乳油；FS：悬浮种衣剂；AC：水剂；DF：干悬浮剂；EW：浓乳剂；SC：悬浮剂

表2-3　小麦生产中禁止使用的化学农药种类

农药种类	农药名称	禁用原因
无机砷杀虫剂	砷酸钙、砷酸铅	高毒
有机砷杀菌剂	甲基胂酸锌、甲基胂酸铁铵（田安）、福美甲胂、福美胂	高残留
有机锡杀菌剂	薯瘟锡（三苯基醋酸锡）、三苯基氯化锡、毒菌锡、氯化锡	高残留
有机汞杀菌剂	氯化乙基汞（西力生）、醋酸苯汞（赛力散）	剧毒高残留
有机杂环类	敌枯双	致畸
氟制剂	氟化钙、氟化钠、氟乙酸钠、氟乙酰胺、氟铝酸钠、氟硅酸钠	剧毒、高毒、易药害
有机氯杀虫剂	DDT、六六六、林丹、艾氏剂、狄氏剂、五氯酚钠、氯丹、毒杀芬、硫丹	高残留
有机氯杀螨剂	三氯杀早螨醇	高残留
卤代烷类熏蒸杀虫剂	二溴乙烷、二溴氯丙烷	致癌、致畸
有机磷杀虫剂	甲拌磷、乙拌磷、久效磷、对硫磷、甲基对硫磷、甲胺磷、氯化乐果、治螟磷、蝇毒磷、水胺硫磷、磷胺、内吸磷、甲基异柳磷、甲基环硫磷、杀扑磷	高毒
氨基甲酸酯杀虫剂	克百威（呋喃丹）、涕灭威、灭多威	高毒
二甲基甲脒类杀虫杀螨剂	杀虫脒	慢性毒性致癌
取代苯类杀虫杀菌剂	五氯硝基苯、稻瘟醇（五氯苯甲醇）、苯菌灵（苯莱特）	国外有致癌报导或二次药害
二苯醚类除草剂	除草醚、草枯醚	慢性毒性
其他	乙基环硫磷、灭线磷、螨胺磷、克线丹、磷化铝、磷化锌、磷化钙、硫丹、阿维菌素	药害、高毒

第五节　肥水管理及高效利用技术

当前，我国化肥过量施用严重，常年用量达6 000万t，占世界化肥消费总量的35%，单位耕地面积化肥用量是世界平均水平的3倍，是欧美国家的2倍。我国人多地少，决定了我国高投入高产出的集约化生产体系，要确保粮食持续高产、肥料养分高效、生态环境安全多重目标的实现，必须根据我国国情，研发化肥减施增效关键技术。

一、氮肥后移技术

（一）氮肥后移的含义

氮肥后移延衰技术，就是在小麦高产田中将追施氮肥时间适当向后推迟，一般后移至拔节期（3月下旬或4月初），土壤肥力高的地块若种植的是分蘖成穗率高的品种可以移至拔节期至旗叶露尖时，同时要将氮素化肥做底肥的比例减少到50%，追肥比例增加到50%，土壤肥力高的麦田底肥比例可减至30%~50%，追肥比例为50%~70%。

（二）氮肥后移的增产原理

氮肥后移延衰高产栽培技术，是在小麦高产优质栽培中，氮肥的运筹一般分为两次，第一次为小麦播种前随耕地将一部分氮肥耕翻于地下，称为底肥；第二次为结合春季浇水进行的春季追肥。菏泽市习惯的传统施肥方法为底肥一般占60%~70%，追肥占30%~

40%。追肥时间一般在返青期至起身期,还有的在越冬前浇越冬水时增加一次追肥。让我们来计算一下,菏泽市小麦的生育期一般为230~240d,小麦从播种、出苗到返青、起身期这段时间大约占小麦整个生育期的2/3,而这段时期小麦总的生长量不足小麦生育期内总生长量的1/10,大量氮肥重施在小麦生育前期,造成麦田群体过大,无效分蘖增多,致使小麦到生育中期就田间郁蔽,麦田透光性较差,下部叶片不能有效利用太阳光能,造成早衰,大大增加了小麦后期倒伏的危险性,影响小麦产量和品质。再有,由于小麦生育前期,根系不发达,次生根数量少,很难有效吸收土壤中的氮肥,氮素又难以被土壤固定,会随着降水、灌溉渗入土壤深处,很难再被作物吸收利用,白白的浪费掉。不但如此,多余的氮肥还能污染地下水,从而对人体造成危害。而氮肥后移技术是将施用氮肥的时期和施用量重点放在了小麦生育中后期,由于此时小麦根系发达,生长速度快,需肥量大,因此对氮肥吸收利用率高,并且可以有效地控制无效分蘖过多增生,塑造旗叶和倒二叶坚挺的株型,使单位土地面积容纳较多穗数。小麦开花后,光合产物积累多,向籽粒分配比例大。还能够促进根系下扎,增加土壤深层根系数量和后期根系活力,有利于延缓衰老,延长光合产物向籽粒转移的时间,增加粒重,提高品质,增加产量。

(三) 氮肥后移技术应用

氮肥后移技术是小麦一整套高产栽培技术中的一项,在农业生产中,想靠一个单项技术来提高产量是很难做到的,每一项高产栽培技术都是一整套技术,氮肥后移技术也不例外。首先,它必须在肥力较高的麦田中才能充分发挥其作用(亩产350kg以上),对小麦品种也有一定要求,比较适用于分蘖力强,成穗率高的品种,而对于晚茬弱苗,群体不足的麦田不宜采用。在满足以上条件的同时,还应采用一整套与氮肥后移技术相适应的高产栽培技术来有效发挥氮肥后移技术的增产作用。采用氮肥后移技术时还要根据天气情况,还有苗情、墒情等诸多因素进行综合考虑,要具体情况具体分析,灵活掌握,才能收到好的效果。

(四) 氮肥后移的技术要点

氮肥后移技术适用于中高产田块,晚茬弱苗、群体不足等麦田不宜采用。其技术要点是将氮素化肥的底肥比例减少到50%,追肥比例增加到50%,土壤肥力高的麦田底肥比例为30%~50%,追肥比例为50%~70%;同时将春季追肥时间后移,一般后移至拔节期,土壤肥力高的麦田采用分蘖成穗率高的品种,可移至拔节期至旗叶露尖时。

二、合理灌溉技术

水分在小麦的一生中起着十分重要的作用。据研究,生产1kg小麦需1 000~1 200kg水,其中30%~40%由地面蒸发掉了。在小麦生长期降雨量占需水量的1/4,所以麦田的不同时期灌溉,以及采用抗旱保墒措施,对于补充小麦对水分的需要有十分重要的意义。

(一) 小麦不同时期适应的土壤含水量不同

出苗期:70%~80%。越冬期:55%~75%。返青至拔节期:70%~80%。孕穗至开花期：75%~80%。灌浆期：60%。

（二）小麦不同生育阶段日耗水量和阶段耗水占比也不一样

播种后至拔节前占35%~40%，日耗水0.4m³/亩。拔节至抽穗占20%~25%，日耗水2.2~3.4m³/亩。抽穗至成熟26%~42%，日耗水4m³/亩。

（三）小麦灌溉方式

一是地面灌溉。麦田畦灌是我国劳动人民精耕细作创造的灌溉方法。菏泽一般畦长30~50m，畦宽2~3m，入畦单宽流量3~6L为宜。二是喷灌。比地面灌溉节水20%~40%，且不破坏土壤结构，适用范围广。三是滴灌。优点是节水、节能。用于小麦种植灌溉正在完善之中。四是地下管道输水与管道灌溉。输水速度快、减少蒸发、降低成本、省地、省劳力。

（四）节水灌溉方案

小麦节水灌溉是指麦田中以较少的灌水量获得较高的增产和经济效益。其内容包括防止大水漫灌、限额灌水和控制灌溉次数。

（五）小麦节水灌溉措施

一是播前较大定额地进行灌溉。实践表明，在小麦播前采用大定额灌水，使50~200cm土层土壤湿度达到80%以上，即使全生长期不浇水，菏泽市地区小麦亩产可达400kg以上。二是浇小麦关键水。根据小麦需水特性和不同时期的水分效应，采用灌关键水的方法是有效的节水措施。菏泽市小麦在足墒播种的前提下，浇一水应该是浇拔节水，浇两水应该分别浇拔节水和扬花灌浆水。三是硬化水渠。主要目的就是减少水渗漏，提高灌水利用率。四是采用先进的灌溉技术。利用喷灌、微灌从而达到节水增产的目的。五是灌溉与其他农艺措施结合。麦田灌溉后，采用及时中耕松土、地膜覆盖等保墒措施，也可以起到节水目的。

第六节　化学调控技术

小麦化学调控的含义。利用植物生长调节剂对小麦生长发育的化学调控，简称小麦化学调控。小麦化学控制的技术原理在于主动调节小麦自身的生育过程，不仅使其能及时适应环境条件的变化，充分利用自然资源，而且在个体与群体、营养生长与生殖生长的协调方面更为有效。化控技术的应用，可以充分发挥品种遗传和生理上的潜力，对小麦实行外部形态和内部生理的双重调控，使之向着人们预期的目标发展，最终有利于产量和品质的提高。因此，小麦化学调控是对小麦栽培管理观念的一次革新。

一、小麦化控技术应用

（一）促进萌发和培育壮苗

小麦要高产，培育壮苗是关键。已知小麦种子的发芽力和幼苗生长势与种子萌发时的

GA（赤霉素）浓度和幼苗体内 IAA（生长素）浓度有关。用调节剂浸种能提高小麦种子活力，促进幼苗健壮生长，其主要表现为促进小麦种子发芽、加快根系生长、提高幼苗生长势和增强其生理功能等。比如用浓度为 30mg/kg 稀效唑拌种，可以提高种子的萌发率，促进小麦幼苗次生根，主茎分蘖增多，叶面积增加，单株地上部分根系增重，益于培育壮苗。用 5 种不同浓度的植物生长调节剂浸小麦种子的试验结果表明，用植物生长调节剂浸种可促进种子萌芽和根系生长，提高幼苗生长势和生理功能。综合各生长调节剂的效果，以云大 120 稀释 3 000 倍液、维他灵 800 倍液和利丰收 900 倍液的处理效果较好。其中各调节剂不同浓度处理效果差异较大，在实际应用中需精确把握浓度，以免产生不良影响。

（二）防止小麦倒伏

倒伏作为生产上普遍存在的问题，由于对生产影响严重，历来为人们所重视。20 世纪 70 年代即有用矮壮素（CCC）防止倒伏，生产上更多的是采取农业措施（合理密植、返青期控肥水、起身期镇压等），防倒伏虽有一定效果，但作用远远不足，实际上倒伏问题一直没有真正地解决。近年来，化控技术应用延缓剂类的生长调节剂防止禾谷类作物倒伏，取得较好效果。刘党校等研究表明，用麦业丰作拌种剂拌种后能抑制无效分蘖，降低基部节内长度，增强小麦抗倒伏能力。但是也有学者研究表明，植物生长调节剂在降低株高的同时，也产生了较大的负面作用，使抽穗期和生育期延迟，穗粒数减少，千粒重和容重降低，进而造成减产。因此，在植物生长调节剂的使用上应慎重，应切实掌握好时间和用量。在生产中，通过应用化控技术，再辅以农艺措施，就可以有效地解决小麦倒伏问题。

目前在防止小麦倒伏方面，应用较多的是多效唑（MET），MET 对小麦的生物学效应主要有两方面，一是前期促蘖壮苗，二是年后控高防倒。在小麦起身期，每亩喷洒 200mg/kg 多效唑溶液 30kg，可使植株矮化，抗倒伏能力增强，并能兼治小麦白粉病，提高植株对氮素的吸收利用率。也有研究表明，使用化控剂壮丰安在降低株高、增穗数、增粒数、增产等方面优于多效唑处理。另外对群体大、长势旺的麦田，在拔节初期亩喷 0.15%~0.3% 矮壮素溶液 50~75kg，可有效地抑制节间伸长，使植株矮化，茎基部粗硬，从而防止倒伏。若与 2,4-D 丁酯混用，还可以兼治麦田阔叶杂草。除此之外，在小麦拔节期，每亩用助壮素 15~20ml，加水 50~60kg 叶面喷施，可抑制节间伸长，防止后期倒伏，增产 10%~20%。另外有报道缩节胺（DPC）对小麦也有较好的降高防倒效果，但由于品种间反应差异较大，小麦上一般不提倡使用 DPC。

（三）增加产量和改善品质

化控技术应用延缓剂类调节剂，增加产量的同时还可以调节禾谷类作物后期的氮代谢从而改善品质。研究发现，植物源生长调节剂可通过促进小麦的光合作用，提高小麦叶片中酶的活性，来促进同化物质的转化和积累，为小麦产量和品质的提高奠定良好的基础。朱凤荣等的研究也表明，合理地使用这些植物生长调节剂可以不同方式影响冬前小麦的分蘖能力，提高生育后期叶细胞的自我保护能力、光合能力及对有机物的利用和转运能力，延长叶片的功能期，从而有利于籽粒灌浆，并能较好地协调产量构成因素的关系，提高作物产量。但是，植物生长调节剂在低浓度下可作为促进剂，而在高浓度下却成为抑制剂，抑制小麦产量的增加。因此，在生产中为了能使小麦增产增收，不能喷施过高浓度的植物生长调节剂。

（四）增强抗逆能力，促进早熟

小麦生育后期多阴雨，白粉病、锈病发生严重，有些调节剂，不仅有明显的防倒效果，还可以预防和减轻真菌性病害的发生，如前述多效唑（MET）处理小麦防止倒伏，对白粉病的发生也有较好的预防和控制效果。缩节胺（DPC）对小麦也表现较好的抗病增产效果。在小麦孕穗期，每亩用抗旱剂一号 36g，加水 2.5~10kg，充分溶解后喷雾，可以缩小叶片上气孔的开张角度，提高植株水势，降低蒸腾强度，增强根系活力，延缓叶片衰老，平均增产 16.6%。在缺水地区和旱作麦田应用，效果更好。另外在小麦拔节初期，每亩用植物抗寒剂 100ml，对水 30~40kg 进行叶面喷施，能明显提高小麦的抗寒力，避免"倒春寒"和"晚霜冻"的危害，还能增强光合速率，提早成熟，并能消除和减轻病害，使小麦增产 10%~30%。

在促进小麦早熟方面的化控措施。如施用稀土。稀土又叫稀土微肥或硝酸稀土，在小麦拔节至始穗期，每亩喷 0.08%~0.1%稀土溶液 50~60kg，可使成熟期提前 1~2d，增产 8%~11%。再如喷施植物细胞分裂素。在小麦拔节期或齐穗期，用植物细胞分裂素 50g，加水 200~300kg，搅匀后按常规方法喷雾，可以促进叶绿素的形成和蛋白质的合成，增强光合作用和抗逆能力，有利于早熟、高产。还有喷施"绿风 95"。"绿风 95"迅速进入植物细胞，进行双向调节，有效地促进植物开花、结果和防治真菌引起的多种病害，在小麦返青后、抽穗前和灌浆时各喷一次，麦苗长势明显，拔节后茎秆粗壮，可提前三天齐穗，提前两天灌浆，并能预防白粉病，一般可增产 15%~25%。

（五）小麦全程化控技术

小麦化控栽培中，合理采用化控化调技术，可以提高小麦抗性，促进小麦早熟高产。播种前用 10mg/kg 稀效唑拌种，提高种子萌芽率，促进麦苗次生根生长，主茎分蘖增多，叶面积增加，有利于培育壮苗。拔节初期，用植物抗寒剂，如喷施宝、绿风 95、活力多效素等对水喷施，能避免倒春寒和晚霜冻危害，增强光合速度，减轻病害。拔节前喷施 150~200mg/kg 多效唑，控制株高，促进茎基部粗壮，叶色加深，防止倒伏。小麦孕穗期和灌浆期各喷一次抗旱剂 1 号或多元素硼肥，最好采用超低容量喷雾，可以降低蒸腾强度，增强根系活力，提高千粒重，在缺水及旱作麦田应用效果更佳。小麦孕穗期和灌浆期，每亩用 0.1%硼砂，或 0.5%多元素硼肥，或 0.2%~0.3%锌肥或亩用磷酸二氢钾 150~200g 对水 50~60kg 喷施，可以促进穗部小花发育和正常开花授精，提高结实率，对提高千粒重有显著效果。

二、植物生长调节剂使用技术要点

（一）用量要适宜，不能随意加大用量

植物生长调节剂是一类与植物激素具有相似生理和生物学效应的物质，不能过量使用。要严格按照登记批准标签上标明的使用剂量、时期和方法，使用植物生长调节剂。如果使用上出现不规范，可能会使作物过快增长，或者使生长受到抑制，甚至死亡。对小麦品质会有一定影响，并且对人体健康产生危害。一般每亩用量只需几克或几毫升。有的农户总怕用量少了没有效果，随意加大用量或使用浓度，这样做不但不能促进小麦生长，反而会使其生长受到抑制，严重的甚至导致叶片畸形、干枯失水、整株死亡。

（二）不能随意混用

有的使用者在使用植物生长调节剂时，为图省事，常将其随意与化肥、杀虫剂、杀菌剂等混用。植物生长调节剂与化肥、农药等物质能否混用，必须在认真阅读使用说明并经过试验后才能确定，否则不仅达不到调节生长或抗病抗逆、补充肥料的作用，反而会因混合不当出现药害。

（三）使用方法要得当

在使用植物生长调节剂前，不认真阅读使用说明，将植物生长调节剂直接对水使用。是否能直接对水一定要看清楚，因为有的植物生长调节剂不能直接在水中溶解，若不事先配制成母液后再配制成需要的浓度，药剂很难混匀，会影响使用效果。因此，使用时一定要严格按照使用说明稀释。

（四）生长调节剂不能代替肥料

生长调节剂不是植物营养物质，只能起调控生长的作用，不能代替肥料使用，在水肥条件不充足的情况下，喷施过多的植物生长调节剂反而有害。因此，在发现小麦生长不良时，首先要加强施肥浇水等管理，在此基础上使用生长调节剂才能有效地发挥其作用。

第七节　科学田间管理

一、冬前麦田因苗科学管理

（一）防止缺苗断垄，及时查苗补种或疏密补缺

生产上常因耕作粗放、底墒不足、播种过深或过浅、药害、虫害、土壤含盐量过高等，而发生缺苗断垄，其标准是"三寸缺苗五寸断垄"。缺苗断垄严重地块，一般的缺苗断垄率都在10%~20%，个别地块可达30%。因此，出苗后应及时查苗补种或移栽。对断垄者，在1~2叶期间用小锄开沟，补种同一品种的种子，墒差时顺沟浇少量水，然后盖土踏实。为促进早出苗，可将种子用温水浸3~5h，或用0.2%磷酸二氢钾浸12h，然后捞出保持湿润，待种子萌动时补种。补种措施一般应在出苗后10d以内完成，最晚不超过三

叶期。对局部缺苗者,不便补种,可将疙瘩苗或其他稠苗、地边苗等移来补栽。补栽麦苗应具1~2个分蘖。补栽时,2~3株1墩,补栽深度以"上不压心,下不露白"为宜,并施少量速效氮肥,浇少量水,随后封土压实。对播量大而苗多者或田间疙瘩苗,要采取疏苗措施,即在分蘖期根据计划留苗数,去弱留壮,去小留大,保证麦苗密度适宜,分布均匀。

(二) 中耕镇压,防旱保墒

中耕可以破除板结,粉碎坷垃,切断土壤毛细管,减少水分蒸发损失;使土壤孔隙度增大,阳光照射下土壤温度升高,促进微生物活动,加速有机物质分解,利于根、蘖生长;同时,中耕亦具有消灭杂草的作用。分蘖开始至封冻期间均可进行中耕,尤其是在雨后和灌溉后,田间必须中耕以破除地面板结,弥补土壤裂缝,中耕保墒的作用更加明显。此外,对土壤过湿地块,中耕还具有散墒的作用,因此,涝洼湿地、遇卸楼雨麦地、盐碱地宜早中耕、勤中耕以促壮。

(三) 镇压保墒防寒

播种后未及时进行镇压,土壤悬空的麦田,水浇地如地面有裂缝造成失墒严重的麦田,旋耕而没有浇水条件的麦田,均要适时锄地或镇压,以利安全越冬。

镇压可以压碎坷垃,弥补裂缝,减少土块间的空隙,利于保墒和保证麦苗安全越冬。"小雪"前后镇压,对一般田块具有促根增蘖的作用;对旺长麦田,可以使主茎粗壮,抗寒能力增强,抗旱性提高,抑制大分蘖徒长,缩小大、小分蘖间的差距,促进麦苗健壮生长。但生产上应注意,对土壤过湿、盐碱地、播种过深或麦苗过弱的田块,不宜采用镇压措施。

二、因苗制宜,分类管理

(一) 壮苗管理

对壮苗应以控为主,即合理运筹中耕、镇压等措施,以防止其转弱或转旺。但对不同的壮苗应当采取不同的管理措施:对肥力基础稍差、播期偏早而形成的壮苗,可在冬施少量速效肥料,以防麦苗脱肥变黄,保证麦苗一壮到底;对肥力、墒情都不足,但由于做到了适期播种而形成的壮苗,应及早施肥浇水,以防其由壮变弱;对由于底墒底肥充足,且做到了适期播种而形成的壮苗,冬前一般可不施肥,但要进行中耕镇压。如出苗后长期干旱,可普浇一次分蘖盘根水,如麦苗长势不匀,结合浇分蘖水可点片施些速效肥料,如抢耕抢种土壤悬空,可浇水以踏实土壤或进行碾压,以防止土壤空虚透风。

(二) 旺苗管理

旺苗的成因有两种,其一是由于土壤肥力高、底肥用量大、墒足,且播种过早而形成的旺苗。这类旺苗冬前主茎叶超过6片,上下叶耳间距都在1.0cm以上,叶片肥大,叶色青,越冬时主茎30cm以上;11月下旬亩总茎数达到90万以上,如果任其发展,冬前可超过100万。冬季低温来临,主茎和大分蘖往往冻死,春季反而成弱苗。针对这类麦苗,管理措施是"把旺苗当成弱苗管"，促控结合，即采取镇压与深划锄断根和补肥浇水等措施，以控大蘖促小蘖，争取麦苗由旺转壮。其二是由于土壤以肥力高、底肥施用量大、播种量过多而形成的旺苗。这类麦苗群体大，冬前亩总茎数100万以上，叶大色绿，但主茎第一节间尚未伸长，幼穗分化还未进入二棱期。冬季虽不会遭受冻害，但大群体往往导致后期倒伏。针对这类麦苗，管理措施是，控制肥水供应，结合深中耕6~7cm，进行石磙碾压，以抑制主茎和大分蘖旺长，减少小蘖滋生。

（三）弱苗管理

生产上由于误期播种、土壤水分过多或耕作粗放等多种原因，常出现很多类型的弱苗。针对这些弱苗，应抓住冬前温度较高的有利时机，根据具体情况，因地制宜地加强田间管理。一般是疏松表土、破除板结、结合灌水开沟补施磷、钾肥等，争取使麦苗由弱转壮。

（四）晚播弱苗

误期晚播积温不足，苗小根少、根短。针对这类麦苗，冬前只宜浅中耕以松土、增温、保墒，而不宜施肥浇水，以免地温降低，影响幼苗生长。

（五）涝洼湿地、稻茬麦田弱苗

土壤过湿，通透性较差，幼苗新根迟迟不发，分蘖较少，甚至出现死苗现象。针对这类弱苗，应加强中耕松土和田间排水工作，以散墒通气。

（六）整地粗放造成的弱苗

地面高低不平，明、暗坷垃较多，土壤悬松，麦苗根系发育不良，生长缓慢或停止。针对这类弱苗，应采取镇压、浇水，浇后浅中耕等措施来补救。

（七）播种过深造成的弱苗

播种时由于土壤水不足而播种过深，导致麦苗瘦弱，叶片细长或迟迟不出。针对这类弱苗，应采用镇压和浅中耕等措施以提墒保墒，或用竹箅扒去表土，使分蘖节的覆土深度变浅，从而以保证幼苗健壮生长。

（八）盐碱地弱苗

土壤溶液盐碱浓度较高，形成生理干旱，麦苗瘦弱。针对这类麦苗，应及早灌水压盐碱，并于灌后勤中耕以防盐碱回升。

（九）底肥不足造成的弱苗

缺氮时叶窄、色淡，缺磷时苗小、叶黄、叶尖紫、根系不发达。针对这类弱苗，应在灌水之后趁墒追施氮、磷等速效化肥。

（十）过量秸秆还田、有机肥未腐熟或种肥过多造成的弱苗

幼苗或种子根灼伤，甚至死亡。针对这类弱苗，应采取及时浇水，并于浇后及时中耕松土的措施来补救。

（十一）遭受病虫为害的弱苗

田间发现有由于地下害虫或根腐病为害而形成的黄苗、死苗时，应积极防治病虫害。

三、适时冬灌，冬水春用

菏泽市冬季漫长，日短天寒，干燥多风，蒸发旺盛。浇冬水是保证小麦安全越冬的重要措施，增产效果是十分明显的。灌溉时间在日平均气温稳定3~4℃、夜冻昼消水分得以下渗时。

小麦适时灌浇冬水主要有四大好处：一是保证小麦越冬期有适宜的水分供应，有利巩固冬前分蘖，促进新生分蘖，并兼有冬水春用、预防春旱的效果；二是提高土壤的导热性，可有效地缩小田间温度变幅，防止因温度剧烈升降造成冻害死苗；三是可以塌实土壤，冻融风化坷垃，弥补裂缝，消灭越冬害虫，有利于盘墩分蘖；四是对盐碱地起到压碱保苗作用和减轻土壤发生盐碱化。另外，冬灌还有促进微生物活动、加速有机肥料分解，满足小麦返青后生长需要的效果。

适时浇小麦越冬水的技术环节。掌握浇冬水时期的关键是，要看天、看地、看苗制宜。

（一）看天

在秋雨稀少，冬冷干旱的年份效果最好。冬灌适宜在日平均气温稳定在3℃左右时进行。过早，气温偏高，蒸发旺盛，不能起到蓄水保墒的作用，并会因水肥充足引起麦苗徒长、甚至冬前拔节过旺，冻害严重；过晚，温度偏低，不利水分下渗，地面易积水形成冰壳。农谚说："不冻不消，冬灌嫌早；夜冻日消，灌水正好；只冻不消，冬灌晚了"，这是有科学道理的。20世纪80年代，山东农业大学试验，当地表层对照地温为7.1℃以上时，冬灌处理的地温比对照地温平均低0.6℃，当对照地温为-2℃以下时，冬灌处理的地温比对照地温平均高1.2℃，差异显著。

冬灌的温度效应可用如下方程：

$$y = 0.778\,6 - 0.140\,8x$$

表示：①冬灌至越冬始期，地表层日平均温度（x）>5℃时，温度效应（∧y）呈负值，日平均温度每升高1℃时，冬灌区比对照区降温0.1~0.2℃。②地表层日平均温度（x）<5℃时，温度效应（∧y）为正值，日平均地温每降低1℃时，冬灌区比对照增温0.2℃左右。从一天三时看，早晨、晚上冬灌地温分别比对照高1.1℃、0.5℃，中午比对照低0.8℃，以上数据证实冬灌能平抑地表层温度。地下5cm土层，对照地温无论是0℃以上还是以下，冬灌的温度效应都为正值，平均1.3℃，差异极显著；灌水区早、午、晚的温度分别比对照高1.4℃、1.2℃、1.4℃。说明冬灌能提高该层地温。地下10~20cm处灌与不灌地温无差异。

冬灌对土壤含水量的影响。冬灌使土壤0~100cm深的含水量增加，其作用也较持久。至3月底（拔节），冬灌区比对照区含水量平均高0.9%，差异极显著，此后差异变小，至5月20日后趋向一致。

（二）看地

土壤墒情不足，5～20cm 土层含水量沙土低于 13%、壤土低于 15%、黏土低于 17%，或土壤相对湿度低于 65%，即需进行冬灌，高于上述指标要缓灌或不灌；稻茬麦底层地湿墒足，地温偏低，不宜大水漫灌，以免麦苗发红、发黄，甚至死苗，可采取喷、管灌的方法，以利增温保苗。

（三）看苗

小麦早茬旺苗一般底墒较好，可以缓灌或不灌，水灾、晚茬麦播种迟，冬前生育期短，有效积温不足，单根独苗多，为了充分利用初冬冷暖间隙的有效积温，促进分蘖盘墩，除过于干旱的田块外，一般以不灌为好。

（四）提高冬灌质量

灌水质量不同，效果两样。要防止因大水漫灌造成冲、压、淹淤，伤害麦苗；并在冬灌后适时划锄松土，防止板结龟裂透风，伤根死苗。

第八节　机械化收获技术

人工收获小麦，既劳累又耗费时间。随着现在农业机械化的发展，人们再也不用那么辛苦的去收获小麦了，所有程序交给机械就可以轻松完成。在利用机械收获小麦时，想要获得事半功倍的效果，必须要掌握一些必备的知识和技术。

一、小麦最适宜机械化收获的时间

目前菏泽市采用较多的小麦机械收获方式有两种：一种是用联合收割机一次性完成收割、脱粒、清选等项作业的联合收获方式；另一种是用割晒机和场上作业机械分别完成收割、脱粒、清选等项作业的分段收获方式。无论哪一种收获方式，同传统的人工收获方式相比较，既可以大大提高劳动生产率，减轻劳动强度。又可以抢农时、争积温，提早上市时间，有利于后茬作物生长。同时还减少了收获损失，促进小麦的丰产丰收。

联合收割机收获小麦宜在小麦完熟初期收获。因为小麦籽粒的灌浆成熟过程按照籽粒充实进程一般可分为以下四个时期。即籽粒形成期、乳熟期、蜡熟期和完熟期。蜡熟期：籽粒含水量由 40% 急剧降至 20% 左右，籽粒由黄绿色变为黄色，胚乳由凝胶状变为蜡质状，后期变硬，籽粒干重达最大值。蜡熟期一般为 3～7d。蜡熟末期干物质积累达最大值，生理上已正常成熟，是人工或割晒机带秆收割最适时期。完熟期：小麦籽粒含水量继续下降至 20% 以下，干物质停止积累，体积缩小，籽粒变硬，完熟初期最适宜用联合收割机进行机械收割。

二、小麦收获过程机械种类

收获小麦机械主要有三类。一是收割机械。主要有割晒机，适用于小麦间套其他作物的地块。二是脱粒机。可分为简易式和半复式。其型号较多，使用也很广泛，农机户可根据能配套的动力、小麦的品种及对脱后麦秸的要求、脱粒的场所、人工等因素来选购，一般说来，当脱粒场地较小、人工较少、作业量不大的情况下，宜选用简易式脱粒机；相反，则宜选用半复式脱粒机。三是联合收割机。目前菏泽市用于收割小麦的联合收割机大多数是全喂入式，按其配套动力供给方式又可分为自走式、牵引式和悬挂式三种。全喂入联合收割机是将割下的小麦穗部连同茎秆全部喂入脱粒装置中，这类机型生产率较高，对作物的适应性强。另外还有少数半喂入联合收割机，半喂入联合收割机是将割下的小麦用夹持链夹持着茎秆基部，仅使穗部进入脱粒装置脱粒。因此，脱粒时消耗的功率少，并可保持茎秆的完整。但是这种机型生产率不够高。

三、集中机械化收麦的准备工作

一是田间调查。查看待作业地块的大小形状、小麦产量和品种、自然高度、种植密度、成熟度及倒伏情况等。做到心中有数，充分发挥机械效能、提高作业质量和减少损失。二是填平地块横向沟埂、深沟、凹坑，使之不超过 10cm。清除田间障碍物。若不能清除，应设立明显标记，以免碰坏割刀；若地块中有水井、深坑等，必须事先用人工将其四周小麦割净，其宽度为 1.5m 左右，以免发生危险。三是改善田间通道，便于联合收获机通过。

四、小麦联合收割机使用前要做准备工作

（一）严格操作

按照使用说明书的要求，检查调整联合收割机各组成装置，使之达到可靠状态。特别要以负荷大、转速高及振动大的装置为重点。

（二）试车

对重新安装、保养或修理后的小麦联合收割机要认真做好试运转，试运转过程中要认真检查各机构的运转、传动、操作、调整等情况，发现问题及时解决。正式收割前，选择有代表性的地块进行试割。试割中，可以实际检查并解决试运转中未曾发现的问题。

（三）备件

备足备好常用零配件和易损零配件。

五、小麦机械到了田间如何操作与调整

（一）联合收获机达到正常作业转速

收割机应以低速进入地头，但开始收割前，发动机一定要达到正常作业转速，使脱粒机全速运转。自走小麦联合收获机，进入地头前应选好作业档位，且使无级变速降到最低转速，需增加前进速度时，尽量通过无级变速实现，避免更换档位。收到地头时，应缓慢升起割台，降低前进速度拐弯，但不应减小油门，以免造成脱粒滚筒堵塞。

（二）收割机的调整

自走式联合收获机在收获过程中要随时根据小麦产量、干湿程度、自然高度及倒伏情况等对脱粒间隙、拨禾轮的前后位置和高度等部位进行相应的调整。而背负式联合收获机的此类调整应在进地前进行。

六、收割机作业速度选择

（一）选择大油门作业

联合收获机作业时应以发挥最大效能为原则，在收获时应始终大油门作业，不允许以减小油门来降低前进速度，因为这样会降低滚筒转速，造成作业质量降低，甚至堵塞滚筒。

（二）作业档位的选择

小麦联合收获机在收获过程中，要根据小麦产量、自然高度、干湿程度等因素选择合理的作业档位。通常情况下，小麦亩产 300～400kg 时可选择二档作业；小麦亩产量在500kg 左右时应选择一档作业；当小麦亩产量在 300kg 以下，地面平坦且机手技术熟练，小麦成熟好时，可选三档作业。

（三）作业幅宽的选择

通常情况下联合收获机应满幅作业，但当小麦产量过高或湿度过大时，以最低档作业仍超载时，就应减小割幅，一般割幅减少到 80% 时即可满足要求。

（四）过了适宜收获期小麦机械化收获

应将拨禾轮转速适当调低，以防拨禾轮板击打麦穗造成掉粒损失，同时要降低作业速度。也可安排在早晨或傍晚收割。如果遇到小麦自然高度不高时，可根据当地习惯确定合理的割茬高度，也可把割茬高度调整到最低，但一般不低于 15cm。当小麦自然高度很高，小麦产量也高且潮湿，小麦联合收获机负荷过大时，除可采取不满幅作业外，还可提高割茬高度，以减少喂入量，降低负荷。当小麦茎秆低矮时应把拨禾轮调到较低位置，相反小麦茎秆较高时应将拨禾轮调到较高位置。

七、正确收获倒伏小麦

倒伏的麦田难收割，作业慢，损失大。我们应该因倒向改变收获方法。收获横向倒伏的小麦时，只需将拨禾轮适当降低即可，但一般应在倒伏方向的另一侧收割，以保证小麦分离彻底，喂入顺利，减少麦粒损失。对纵向倒伏小麦的收获，应逆倒伏方向作业，但逆向收获需空车返回，严重降低作业效率。当小麦倒伏不是很严重时应双向来回收获，逆向收获时应将拨禾轮板齿调整到向前倾斜 15°～30° 的位置，且拨禾轮降低并向后。顺向收获时应将拨禾轮的板齿调整到向后倾斜 15°～30° 的位置，且拨禾轮升高和向前。

八、农机手在作业时还需注意以下方面的问题

1. 驾驶员必须经农机管理部门的技术培训，并取得收割机驾驶操作或农田作业证。

2. 出车前要严格按照使用说明书做好机器保养，注意下田部位行走系统的维护和保养，以确保收割机处于良好状态。

3. 作业时，收割机上可乘坐接粮员 1 人（大型机可坐 2 人），不准乘坐与操作无关的人员。

4. 新的或经过大修后的收割机，使用前必须严格按照技术规程进行磨合试运转。未经磨合试运转的，不得投入正式使用。

5. 发动机启动前，应将变速杆、动力输出轴操纵手柄置于空挡位置（履带式机型应将工作离合器置于分离位置）。

6. 收割机起步、接合动力（或工作离合器）转弯，倒车时应事先鸣喇叭或发出信号，并观察机器周边是否有人，接粮员是否坐稳。起步、接合动力挡时速度应由慢逐渐加快。转弯、倒车动作应缓慢。

7. 作业中，驾驶员要集中注意力，观察、倾听机器各部件的运转情况，发现异常响声或故障时，应立即停车，排除故障后才继续作业。

8. 接粮员工作时注意力要集中，如发现出谷口堵塞或其他故障时，应立即通知驾驶员停机并排除故障，在机器未完全停止运转前，严禁用手或工具伸入出粮口，以免造成人身伤亡事故。

9. 严禁在机器运转时排除故障，禁止在排除故障时启动发动机或接合动力挡（工作离合器）。

10. 收割机在较长距离的空行中或运输状态时，应脱开动力挡或分离工作离合器，长距离道路行驶时，应将割台拉杆挂在前支架的滑轮轴上。

11. 机组在转移途中或由道路进入田间时，应事先确认道路、堤坝、便桥、涵洞等能否承受机组重量，切勿冒险通行。

12. 作业过程中，水箱水温过高时，应立即停车，待机温下降后再拧开水箱盖，添加冷却水。如发现发动机工作时断水、严重过热时，应立即怠速运转，降低机温后，再徐徐加入冷水。严禁停车后立即加入冷水，以免机体开裂。

13. 田间固定脱粒时，应事先将拨禾轮上的传动皮带放松卸下，并取下拨禾轮，以便手工喂入作物。喂入时要尽量均匀，防止堵塞。脱粒时，驾驶员应自始至终在驾驶位置上，以免发生意外。

14. 收割机任何部位上不得承载重物。

第三章　小麦绿色增产技术标准及规程

第一节　中高产小麦高产优质高效栽培技术规程

一、范围

本标准规定了山东省中高产小麦高产优质高效栽培的品种选用、种子处理、秸秆还田、耕地耙地、播种、施肥、浇水、病虫草害防治、收获等配套技术规范。

本标准适用于山东省中高产小麦生产。

二、术语和定义

（一）高产
常年产量达到每亩 400~500kg。

（二）中产
常年产量达到每亩 350~400kg。

（三）大穗型品种
单穗粒重 1.9g 及以上，每亩穗数 28 万~35 万。

（四）中穗型品种
单穗粒重 1.1~1.8g，每亩穗数 36 万~45 万。

（五）优质
种植的强筋或中筋小麦品种，品质指标达到国家标准。

（六）高效
与常规技术相比，产量提高 10%，生产成本不增加。

三、群体动态和产量结构指标

（一）群体动态指标
分蘖成穗率低的大穗型品种，每亩基本苗 15 万~18 万，冬前总茎数 70 万~80 万，春季最大总茎数 75 万~90 万；分蘖成穗率高的中穗型品种，每亩基本苗 12 万~16 万，冬前总茎数 60 万~80 万，春季最大总茎数 70 万~90 万。

（二）产量结构指标
分蘖成穗率低的大穗型品种，每亩穗数 28 万~35 万，每穗粒数 45 粒左右，千粒重 45g 左右；分蘖成穗率高的中穗型品种，每亩穗数 36 万~45 万；每穗粒数 30~35 粒，千粒重 40~45g 左右。

四、规范化播种

（一）播前准备

1. 品种选择

选用经过山东省品种审定委员会审定，经当地试验、示范，适应当地生产条件、单株生产力高、抗倒伏、抗病、抗逆性强的冬性或半冬性品种。中产水平条件下，宜选用分蘖成穗率高、稳产丰产的品种；高产水平条件下，宜选用耐肥水、增产潜力大的品种。麦、棉套种地区，选用适宜晚播、早熟的品种。

鲁南、菏泽市地区以临麦 2 号、临麦 4 号、济麦 22、泰农 18、山农 15、泰山 9818、良星 99、济南 17（强筋）、良星 66、聊麦 18 等为主。

2. 种子质量

选用经过提纯复壮的种子，进行精选，大田用种纯度不低于 99.0%，净度不低于99.0%，发芽率不低于 85%，水分不高于 13.0%。

3. 种子处理

用高效低毒的专用种衣剂包衣。没有包衣的种子要用药剂拌种，根病发生较重的地块，选用 2% 戊唑醇（立克莠）按种子量的 0.1%~0.15% 拌种，或 20% 三唑酮（粉锈宁）按种子量的 0.15% 拌种；地下害虫发生较重的地块，选用 40% 甲基异柳磷乳油或 35% 甲基硫环磷乳油，按种子量的 0.2% 拌种；病、虫混发地块用以上杀菌剂+杀虫剂混合拌种。

4. 秸秆还田和造墒

前茬是玉米的麦田，用玉米秸秆还田机粉碎 2~3 遍，秸秆长度 5cm 左右。耕翻或旋耕掩埋玉米秸秆后要浇水造墒、塌实耕层，每亩浇水 40m³。

小麦出苗的适宜土壤湿度为田间持水量的 70%~80%，土壤墒情较好不需要造墒的地块，要将粉碎的玉米秸秆耕翻或旋耕后，用镇压器多遍镇压。

没有造墒的麦田，在小麦播种后立即浇蒙头水，墒情适宜时耧划破土，辅助出苗。

5. 施用底肥

高产条件：0~20cm 土层土壤有机质含量 1.0% 及以上，全氮 0.09%，碱解氮 70~80mg/kg，速效磷 20mg/kg，速效钾 90mg/kg，有效硫 12mg/kg 及以上。每亩生产小麦400~500kg 的施肥量为：纯氮（N）12~14kg，磷（P_2O_5）7.5kg，钾（K_2O）7.5kg，硫（S）3~4kg，提倡施有机肥。上述施肥量中，全部有机肥、磷肥、钾肥，氮肥的 50% 作底肥，第二年春季小麦拔节期追施 50% 的氮肥。硫素采用硫酸铵或硫酸钾或过磷酸钙等形态肥料施用。施用的化肥质量要符合国家相关标准的规定。

中产条件：0~20cm 土层土壤有机质含量 0.8% 左右，全氮 0.06%~0.08%，碱解氮60~70mg/kg，速效磷 10~15mg/kg，速效钾 60~80mg/kg，有效硫 12mg/kg 及以上。为不断培肥地力，中产条件要适当增施肥料。每亩生产小麦 350~400kg 的施肥量为：纯氮

（N）12~14kg，磷（P_2O_5）6.0~7.5kg，钾（K_2O）6.0~7.5kg，硫（S）3~4kg，提倡增施有机肥。上述施肥量中，全部有机肥、磷肥、钾肥，氮肥的50%~60%作底肥，第二年春季小麦起身拔节期追施50%~40%的氮肥。硫素采用硫酸铵或硫酸钾或过磷酸钙等形态肥料施用。施用的化肥质量要符合国家相关标准的规定。

6. 土壤处理

地下害虫严重的地块，每亩用40%辛硫磷乳油或40%甲基异柳磷乳油0.3kg，对水1~2kg，拌细土25kg制成毒土，耕地前均匀撒施地面，随耕地翻入土中。

7. 耕地耙地

采用旋耕的麦田，应旋耕3年，深耕翻1年，耕深23~25cm，破除犁底层；或用深松机深松，深度30cm，也可破除犁底层。

耕翻或旋耕后及时耙地，破碎土块，达到地面平整、上松下实、保墒抗旱，避免表层土壤疏松播种过深，形成深播弱苗。

8. 畦面规格

在整地时打埂筑畦，畦宽2.5~3.0m，畦长50~60m，畦埂宽40cm。

（二）播种

1. 播种期

小麦从播种至越冬开始，有0℃以上积温600~650℃为宜。鲁南、菏泽市为10月5—15日，其中最佳播期为10月7—12日。

2. 播种量

在适宜播种期内，分蘖成穗率低的大穗型品种，每亩基本苗15万~18万；分蘖成穗率高的中穗型品种，每亩基本苗12万~16万。在此范围内，高产田宜少，中产田宜多。按照以下公式计算播种量。晚于适宜播种期播种，每晚播2d，每亩增加基本苗1万~2万。

3. 播种方式、行距、深度

用小麦精播机或半精播机播种，行距21~23cm，播种深度3~5cm。播种机不能行走太快，每小时5km，以保证下种均匀、深浅一致、行距一致、不漏播、不重播。

4. 播种后镇压

用带镇压装置的小麦播种机械，在小麦播种时随种随压；没有浇水造墒的秸秆还田地块，播种后再用镇压器镇压1~2遍，保证小麦出苗后根系正常生长，提高抗旱能力。

五、冬前管理

（一）查苗补种

小麦出苗后及时查苗补种，对有缺苗断垄的地块，选择与该地块相同品种的种子，开沟撒种，墒情差的开沟浇水补种。

（二）防除杂草

于11月上中旬，小麦3~4叶期，日平均温度在10℃以上时及时防除麦田杂草。阔叶杂草每亩用75%苯磺隆1g或15%噻磺隆10g，抗性双子叶杂草每亩用5.8%双氟磺草胺（麦喜）悬浮剂10ml或20%氯氟吡氧乙酸（使它隆）乳油50~60ml，对水30kg喷雾防治。单子叶杂草每亩用3%甲基二磺隆（世玛）乳油30ml，对水30kg喷雾防治。野燕麦、看麦娘等禾本科杂草每亩用6.9%精噁唑禾草灵（骠马）水乳剂60~70ml或10%精噁唑禾草灵（骠马）乳油30~40ml，对水30kg喷雾防治。

（三）防治地下害虫

每亩用50%辛硫磷或48%毒死蜱乳油0.25~0.3L，对水10倍，喷拌40~50kg细土制成毒土，在根旁开浅沟撒入药土，随即覆土，或结合锄地施入药土。也可用50%辛硫磷乳油或48%毒死蜱乳油1 000倍液顺垄浇灌，防治蛴螬、金针虫等地下害虫。

（四）浇冬水

在11月下旬，日平均气温降至3~5℃时开始浇冬水，夜冻昼消时结束，每亩浇水40m³。浇过冬水，墒情适宜时要及时划锄。

对造墒播种，越冬前降雨，墒情适宜，土壤基础肥力较高，群体适宜或偏大的麦田，也可不浇冬水。

（五）禁止麦田放牧

（六）冬季冻害的补救措施

发生冬季冻害、主茎和大分蘖冻死的麦田，在小麦返青初期追肥浇水，每亩追施尿素10kg，缺磷地块可将尿素和磷酸二铵混合施用。小麦拔节期，再结合浇拔节水施肥，每亩施尿素10kg。

一般受冻麦田，仅叶片冻枯，没有死蘖现象，早春应及早划锄，提高地温，促进麦苗返青，在起身期追肥浇水，提高分蘖成穗率。

六、春季管理

（一）划锄镇压

小麦返青期及早进行锄划镇压，增温保墒。

（二）防除杂草

冬前没防除杂草或春季杂草较多的麦田，应于小麦返青期，日平均温度在10℃以上时防除麦田杂草。防除药剂同冬前期。

（三）化控防倒

旺长麦田或株高偏高的品种，应于起身期每亩喷施壮丰安30~40ml，对水30kg喷雾，抑制小麦基部第一节间伸长，使节间短、粗、壮，提高抗倒伏能力。

（四）追肥浇水

高产条件下，分蘖成穗率低的大穗型品种，在拔节初期（基部第一节间伸出地面1.5~2cm）追肥浇水；分蘖成穗率高的中穗型品种，在拔节初期至中期追肥浇水。中产条件下，中穗型和大穗型品种均在起身期至拔节初期追肥浇水。浇水量每亩40m³。

（五）防治纹枯病

起身期至拔节期，当病株率 15% ~ 20%，病情指数 6% ~ 7% 时，每亩用 5% 井冈霉素水剂 150 ~ 200ml，或 40% 戊唑双可湿性粉剂 90 ~ 120g，对水 75 ~ 100kg 喷麦茎基部防治，间隔 10 ~ 15d 再喷 1 次。

（六）防治麦蜘蛛

可用 1.8% 阿维菌素乳油 4 000 倍液喷雾防治。

（七）早春冻害（倒春寒）的补救措施

小麦拔节期，出现倒春寒天气，地表温度降到 0℃ 以下，发生的霜冻危害为早春冻害。发生早春冻害的麦田，立即施速效氮肥和浇水，促进小麦早分蘖、小蘖赶大蘖、提高分蘖成穗率、减轻冻害损失。

（八）低温冷害的补救措施

小麦孕穗期，遭受 0 ~ 2℃ 低温对幼穗小花发生的危害为低温冷害。发生低温冷害的麦田应及时追肥浇水，保证小麦正常灌浆，提高粒重。

七、后期管理

（一）浇水

小麦开花期至灌浆初期浇水，浇水量每亩 40m³。不要浇麦黄水，以免降低小麦粒重和品质。

（二）病害防治

1. 小麦条锈病

当地菌源病叶率 5%，外来菌源病叶率 1% 时，每亩用 15% 三唑酮可湿性粉剂 80 ~ 100g 或 20% 戊唑醇可湿性粉剂 60g，对水 50 ~ 75kg 喷雾防治。

2. 小麦赤霉病

开花期遇阴雨，每亩用 50% 多菌灵可湿性粉剂或 50% 甲基托布津可湿性粉剂 75 ~ 100g，对水稀释 1 000 倍，于开花后对穗喷雾防治。

3. 小麦白粉病

当病情指数 1.83，病叶率 10% 时，每亩用 40% 戊唑双可湿性粉剂 30g 或 20% 三唑酮乳油 30ml，对水 50kg 喷雾防治。

（三）虫害防治

1. 麦蚜

小麦开花至灌浆期间，百穗蚜量 500 头，或蚜株率达 70% 时，每亩用 10% 吡虫啉 10 ~ 15g 或 50% 抗蚜威可湿性粉剂 10 ~ 15g，对水 50kg 喷雾防治。

2. 小麦红蜘蛛

当平均每 33cm 行长小麦有螨 200 头时，每亩用 20% 甲氰菊酯乳油 30ml 或 40% 马拉硫磷乳油 30ml 或 1.8% 阿维菌素乳油 8 ~ 10ml，对水 30kg 喷雾防治。

3. 小麦吸浆虫

在抽穗至开花盛期，每亩用 4.5%高效氯氰菊酯乳油 15～20ml 或 2.5%溴氰菊酯乳油 15～20ml，对水 50kg 喷雾防治。

（四）叶面喷肥

灌浆期叶面喷施 0.2%～0.3%磷酸二氢钾+1%～2%尿素，延长小麦功能叶片光合高值持续期，提高小麦抗干热风的能力，防止早衰。

（五）一喷三防

为提高工效，减少田间作业次数，在孕穗期至灌浆期将杀虫剂、杀菌剂与磷酸二氢钾（或其他的预防干热风的植物生长调节剂、微肥）混配，叶面喷施，一次施药可达到防虫、防病、防干热风的目的。山东省小麦生育后期常发生的病虫害有白粉病、锈病、蚜虫，一喷三防的药剂可为每亩用 15%三唑酮可湿性粉剂 80～100g、10%吡虫啉可湿性粉剂 10～15g、0.2%～0.3%磷酸二氢钾 100～150g 对水 50kg，叶面喷施。

（六）收获

用联合收割机在蜡熟末期至完熟初期收获，麦秸还田。优质专用小麦单收、单打、单贮。

第二节　小麦机械化生产技术规范

一、技术要点

1. 耕作应适时。前茬作物收获后，必须适时灭茬，在土壤宜耕期内进行耕作。对需进行秸秆还田或灭茬的田块，应选择秸秆还田机或反转旋耕灭茬机先进行秸秆还田或灭茬作业。

2. 要便于机具操作，并合理选择耕地方式（内翻法、外翻法、套耕法）。

3. 斜坡地耕作方向应与坡向垂直，尽可能进行水平耕作。

4. 确定作业耕深，一般在 16～25cm。原来耕层较浅的应结合增施有机肥料熟化土壤，适当增加耕深，最大耕深以 25cm 左右为宜。

5. 对土层薄、底土肥力低、熟化慢的土壤，可采取上翻下松，分层耕作。

6. 随犁深施的化肥，施肥量要满足作物栽培的农艺要求，施肥应连续均匀无断条。

7. 原则上耕地后在土壤含水量适宜情况下，必须紧接着耙地，也可耕耙联合作业。特别松软的土壤要用镇压器镇压，使土壤保持适当的紧密度。

8. 合理使用耙地方法（梭形耙法、套耙法、交叉耙法）及耙地次数。先重耙，破碎垡片，后轻耙平地。重耙耙深 16～20cm，轻耙耙深 10～12cm。

9. 耙地时相邻两行间应有 10～20cm 的重叠量，避免漏耙。

10. 采用少免耕技术时，通常用旋耕作业代替犁耕和耙地作业，旋耕深度视土壤墒情而定，一般为 8~12cm。实行浅旋耕条播联合作业时，用浅旋耕条播机在前茬地上一次完成旋耕灭茬、碎土、播种、盖籽、镇压等多道工序作业，旋耕深度为 3~5cm。

11. 浅旋耕条播作业旱地宜选择土壤含水率 20% 左右，稻茬地宜选择土壤含水率 20%~30% 时进行，播后及时开沟（视播种期天气影响，可播前开部分墒沟），开沟深度一般为 25~35cm，间隔 3~4m，做到沟沟相通，横沟与田外沟渠相通。

12. 从麦田灌溉的角度考虑，需要进行作畦的田块，要根据土地平整的程度来确定畦地的长宽与腰沟的多少。在既便于麦田灌溉，又能提高土地利用率的情况下，一般要求畦宽 3~4m。

13. 深耕深松技术应用在同一田块，宜 2~3 年进行一次。"三漏田"不宜进行深松。

二、机具检查与调整

1. 铧式犁、旋耕机、圆盘耙技术要求应分别符合 GB—16151.6、GB—16151.7、GB—16151.8 的规定。

2. 铧式犁应检查调整犁铧、犁壁、犁侧板等工作部件安装位置，要求接缝严密，犁体上埋头螺钉与安装件表面光滑。犁尖、犁刃应保持锐利，磨损严重应修理或更换。

3. 悬挂犁要按要求进行入土角、耕深、正位、横向水平、纵向水平的调整。正式耕地前进行试耕调整。对犁架水平、耕深、耕宽、正牵引调整必须反复多次进行，并按要求进行限位。

4. 旋耕机的左右弯刀三种安装方法（交错、向外、向内）根据农艺要求选择。安装旋耕刀应顺序进行，刀口应与刀轴的转向一致。同一回转平面内，若配置两把以上的弯刀，应保证每把刀进距相等；轴向相邻弯刀的间距，以不产生实际的漏耕带为原则。

5. 在能够达到农业技术对碎土要求的指标时，尽量降低刀辊转速，加大切土进距或尽量减少刀辊半径使之与耕深的两倍接近。浅层旋耕与深层旋耕可采用两种直径的刀辊。

6. 机具安装调整后，需进行试运转，其中包括发动机无负荷运转，整机原地空运转或整机负荷试运转。旋耕机及旋耕联合作业机械装配后，应在刀辊工作转速范围内进行不少于 1h 的空运转试验，运动中传动系统不得有异常响声。

7. 圆盘式耕作机械用调整偏角大小来改变圆盘切土、碎土、翻土性能和耕深。偏角不宜过大或过小，偏角合适耕深不够可采用加配重的方法。

8. 夜间作业，照明设备应良好。

三、田间作业操作规程

1. 机械作业中，不得对犁及其他机具进行检修，检修时应停车进行。

2. 机械作业中，犁、耙上不能坐人或放置重物。如犁耙入土性能不好，应加配重并固定牢固。

3. 机具作业速度应根据土壤条件和秸秆还田量合理选定。

4. 作业到地头转弯或转移过地埂时，应将机具提起，减速行驶。

5. 夜间作业严禁在田头睡觉。

四、质量要求

1. 地头整齐、到边到拐，实际耕幅与犁耕幅一致，耕幅误差≤5cm，无漏耕重耕现象。

2. 犁耕深浅均匀一致、与规定耕深误差≤±5%。犁沟平直，犁底平整，每50m弯曲度≤10cm。

3. 翻垡覆盖良好，埋覆在8cm以下的植被占80%以上，立垡、回垡率≤3%。

4. 开闭垄少，闭垄高度≤10cm，开垄宽度≤35cm，深度≤10cm。

5. 整地要耙细、整平，表面无杂物，少重耙、无漏耙，不得将耕翻在土壤中的肥料耙出地面。

6. 实际耙深与规定耙深误差≤±1cm。耙后地表平坦，平整度≤10cm。表土细碎、松软，符合农艺要求。

7. 镇压作业压后土层紧密，地表平整，无重压、漏压，播后镇压不得将种子带出地面。

8. 采用少免耕技术时，旋耕作业表层土壤松碎，根茬、杂草被粉碎后均匀地混于表土层中。

9. 旋耕机作业耕深稳定性≥85%，植被覆盖率≥55%，碎土率≥50%，耕后地表平整度≤5cm，旋耕灭茬作业根茬粉碎率≥70%。

10. 机械开沟沟底平整，沟壁坚实，田边沟略低于腰沟，腰沟略低于畦沟，沟沟相通。

11. 深耕整地作畦必须地平土碎，畦田规范，宽窄一致，埂直如线，土壤上虚下实，适宜机械播种。

五、机械播种

（一）技术要点

1. 在适播期内播种。选择适宜本地区种植的小麦优良品种，根据品种发育特性适时播种。冬性品种适播期平均气温为16~18℃；半冬性品种适播期平均气温为14~16℃；春性品种适播期平均气温为12~14℃。

2. 确定适宜播种量。高产田块播种量为90~120kg/hm²；中等肥力田块播种量为135~150kg/hm²；肥力较差的旱薄地播种量为180kg/hm²左右。如果不能在适播期内播种，随播期的推迟，播量必须适当增加。

3. 精量播种应选用分蘖能力强、穗大、籽粒饱满的优质高产小麦品种，在土壤足墒，保证一次全苗的情况下，适期早播的播量应控制在60~90kg/hm²，保证基本苗达到每公顷120万~150万株。

4. 提倡宽行播种，行距宜控制在 23~25cm。

5. 播种深度以 3~4cm 较为适宜，水分不足时可以加深至 4~5cm。沙壤土表层易干，可稍深，最深不宜超过 6cm。

6. 侧位深施的种肥应施在种子的侧下方 2.5~4cm 处，肥带宽度大于 3cm。正位深施的种肥应施在种床的正下方，肥层与种子之间的土壤隔离层应大于 3cm，肥带宽度略大于种子播幅的宽度。肥条均匀连续，无明显断条和漏施。

7. 土壤墒情较差时，播后应镇压，以增加土壤的紧密程度，使下层水分上升，利于种子发芽出苗。

（二）机具检查与调整

1. 播种作业前，应对播种机进行全面细致的技术状态检查调整，使播种机各装置连接牢固，转动部件灵活、可靠，润滑状况良好，悬挂升降装置灵敏。

2. 播种机的技术要求应符合 GB—16151.9 的规定，谷物条播机的排种、排肥性能应符合 JB/T 6274.1—2001 的要求。

3. 精量播种机应排种稳定，播深、粒距准确，不损伤种子，符合精量播种的要求。

4. 调整播种机悬挂状态至水平。通过调整拖拉机下拉杆的高度调节杆，使左右两个悬挂杆位于同一水平高度，使机具主梁呈左右水平状态；通过调整拖拉机悬挂机构上拉杆来调整播种机的纵向水平，使播种机主梁上平面在工作状态时处于水平，而平行四连杆机构的前支架在工作转头时垂直于地面。

5. 检查传动齿轮或链轮是否在同一平面、齿轮间全齿啮合状况，保证间隙合适、链条张紧度适当。

6. 排种器应牢固安装在种箱底部，不应松动，两者间隙不大于 3mm。对于外槽轮式排种器，其齿轮不得有损坏，各排种器有效工作长度应相等，偏差不大于 0.3mm，清种毛刷与槽轮重叠 1mm 左右为宜。如不符合要求，应调整到正确位置。

7. 根据当地小麦种植农艺要求进行行距、播深调整。方法是：将开沟器固定螺栓松开，沿横梁左右移动，以播种机中轴线为基准向两边伸展。松开开沟器固定螺旋，上下移动开沟器柄，量好深度后将螺栓固定，各开沟器安装高度应一致。

8. 牵引式播种机按播幅调整好划印器位置。

9. 锥盘式排种器应检查锥面型孔盘是否符合播量范围，调整限量刮种器橡胶板的豁口半径为 2mm，限量铁板通道的豁口半径为 2.5mm，刮种器下缘至锥盘表面的间隙为 1mm。

10. 进行各行播种量均匀一致性和播量调整。向种子箱添加种子至种子箱容积 1/3 以上，当机组通过拖拉机驱动轮传动控制播种方式，测定播量时应将拖拉机后驱动轮和播种机同时架起，并使播种机处于水平状态，按相当于实际作业速度均匀转动拖拉机驱动轮，回转圈数以相当于播种作业行进长度 50m 折算而定，对每个排种器种子排出量称重，测量各行排量，并调整使之一致；当机组通过播种机地轮传动控制播种方式时，则只需将播种机架起，使之处于水平状态，均匀转动地轮，其测量方法同上。重复 3~5 次，计算出单位面积播种量。

$$Q = 10q / [\pi Dnbm(1 \pm \delta)] \tag{1}$$

式中：Q 为单位面积播种量（kg/hm²）；q 为各次排种口总排量的平均值（g）；n 为驱动轮转动圈数；D 为驱动轮直径（m）；b 为播种机工作幅宽（m）；m 为排种器个数；δ 为地轮滑移系数（正值）或驱动轮打滑系数（负值）。

11. 播种同时进行种肥深施的要按机具检查的方法同时对深施种肥进行调整，并计算施肥量。

12. 正式作业前还需对播种机进行实地测定，每隔一定距离选取 3 个点，计算平均值，检查行距、株距、播深等，并调整到符合要求。

（三）田间作业操作规程

1. 田头应留有一个播幅宽度最后播。

2. 播种机作业速度以二档为宜，在不影响播种质量的前提下，可适当提高，但一般不超过三档，以免打滑系数增加，播种质量下降，播种机宜匀速前进，检修调整宜在地头进行，中途不宜停车，以免造成种子断条。

3. 地头转弯前后应注意起落线，及时、准确地起落播种机。

4. 播种时不应倒退，机器需倒退时应将开沟器和划印器升起。

5. 带有座位或踏板的悬挂式播种机，在作业时可站人或坐人，但运输时严禁站人或坐人。

6. 严禁在划印器下站人和在机组前后来回走动。

7. 工作中经常注意排种器、输种管、种子（肥料）箱的下种下肥情况，及时清除杂物及开沟器，覆土器上的杂草、土块等。

8. 播种机应进行班次保养，清除杂物，向润滑点注润滑油。

9. 播拌药种子时，工作人员应戴手套，风镜和口罩等防护用具，工作完毕，及时清洗，剩余种子要妥善处理。

（四）质量要求

1. 播种完成后应根据种子消耗量和播种面积，检查实际播种量是否和计划播种量一致，误差控制在计划播种量的±4%以内。

2. 在整地质量符合播种要求时，播种深度合格率≥75% ［以当地农艺要求播深为 h，$(h\pm1)$ cm 为合格］。

3. 播种粒距均匀，无断条、漏播、重播现象，在整地质量符合播种要求时，断条率≤5%。

$$\Sigma = [(L_1 + L_2 + \Lambda\Lambda L_n) - ni] / L \times 100\% \tag{2}$$

式中：Σ 为断条率（%）；L 为检查总长度（cm）；L_1，$L_2 \cdots L_n$ 为断条长度（cm）；n

为断条次数；i 为计划穴距的 1.5 倍（cm）。

注：①条播时，两粒（穴）种子间距大于 10cm 为断条；②凡种籽粒距大于 1.5 倍理论粒距离的称为漏播；③凡种籽粒距小于 0.5 倍理论粒距的称为重播。

4. 各行播量应均匀一致，误差不超过 5%。

5. 播种行距一致，播行笔直，地头整齐。播种机组内相邻两行行距误差<1.5cm，播种机两个机组相邻两播幅之间的行距误差<2.5cm。

6. 种肥深施符合质量标准的要求。

六、机械灌溉

（一）技术要点

1. 根据小麦品种、栽培模式、产量目标和当地水源情况，在满足小麦不同生长期需水的基础上，宜选择采用喷灌、沟畦灌等节水灌溉技术。

2. 根据当地自然条件、地形、水源、土壤、经济状况等，拟定灌溉制度及计算灌溉用水量、用水过程。

3. 选择确定水泵和动力机的类型、数量，以及两者之间的合理匹配。水位浅、多雨易涝地区首选低扬程、大流量、易移动的轴流泵、混流泵；丘陵地区则需扬程较高，以离心泵、多级泵和多级泵站提水为主；平原少雨，地下水位较深的地区则以长轴井泵、潜水泵为主。

4. 电力供应有保证，优先选用潜水电泵。以池塘、河沟为水源，则对泵的限制较少；以井为水源，则应充分考虑井对泵的限制。

5. 管路及附件应本着经济、实用、安全的原则，根据泵的类型、台数、大小、安装地点的具体条件等因素，合理选定。

6. 根据小麦不同生育期根系活动层的深度和土壤含水量确定每次灌水定额，实行适量灌水。灌水定额宜小不宜大，防止灌后遇雨。

$$W = 667 \times (q_1 - q_2) \times d \times h \times 15 \tag{3}$$

式中：W 为定额灌水量（m³/hm²）；q_1 为田间最大持水量（%）；q_2 为灌前的土壤含水量（%）；d 为土壤容重（g/cm³）；h 为计划灌水土层深度（m）。

7. 应用喷灌技术需尽量避免在二级风以上开机作业，减少水滴受风吹漂移而造成喷灌不匀或水的浪费；天气炎热时，宜错开太阳直射的中、下午，避免高温和直射的阳光对喷灌带来的蒸腾损失。

8. 一般喷灌强度要小于或等于土壤入渗速度。砂土 20mm/h，砂壤土 15mm/h，壤土 12mm/h，壤黏土 10mm/h，黏土 8mm/h。

9. 畦灌要流量适中。黏土或壤土麦地，入畦流量为每秒 3~4L，沙土入畦流量可稍大一些；凡地面开裂，流量宜大，反之则小。灌水入渗时间一般以 20min 左右为宜。亦可采用波涌灌溉。

10. 采用软管移动式灌溉的，应在出水口加装节雨器，严禁大水量冲浇灌溉。

（二）机具检查与调整

1. 检查水泵转动是否灵活、均匀，泵内有无杂物、碰撞。

2. 检查轴承有无杂音或松紧不匀现象，填料松紧是否适宜，皮带松紧是否适度，如有异常，应先进行调整。检查轴承中的润滑油是否纯净，检查并紧固各个部件螺丝。

3. 清除拦污栅和进水池的杂物。检查管道有无堵塞物，发现堵塞及时清除。

4. 检查各连接处和管道有无破损漏水处，如有破损应更换管件。

5. 新安装或检修后重新安装的离心泵，应开机检查其旋转方向是否正确，如转向相反，应及时停机，将电动机引入导线的任意两根换接位置即可。

6. 加强水泵的日常维护工作，经常擦拭机组设备，定时更换轴承内的润滑油，经常检查并紧固各部件螺丝，按时进行拆卸保养。

7. 水泵机组的安全要求应符合 GB—10395.1 和 GB—10395.8 中的规定。

（三）田间作业操作规程

1. 离心泵（除自吸泵外）启动前要先向泵内充满水或用真空泵等附属装置抽气、引水，关闭出水管上的闸阀启动，关闸时间一般不得超过 3~5min。

2. 轴流泵要避免在偏离设计点的小流量下运行，决不允许在关死的零流量下启动和运行。

3. 混流泵无需关阀、充水，只要在橡皮轴承中加注一些润滑水即可启动。启动时转速应逐步升高，直到达到额定转速。

4. 水泵运行中，操作人员要严守岗位，加强检查，查看各仪表工作、水泵出水量是否正常，注意水泵的响声和振动感，注意水泵进、出水管路是否有进气漏水地方，随时检查轴承的温升是否正常等，发现异常情况，立即停机检查排除。

5. 喷灌中发现喷头停摆时，要迅速排除影响喷头摇摆的故障。

（四）质量要求

1. 畦灌灌水均匀，无上冲下淤或畦首水过多，畦尾灌不上等现象。

2. 沟灌灌水至沟深的 2/3 或 3/4，待畦面中间土壤湿润变色时即可排水。

3. 喷灌所形成的水滴应细小、均匀地落在麦地上。在设计风速下，喷灌均匀度 Cu≥75%（行喷机 Cu≥85%）。

七、机械植保

（一）技术要点

1. 了解小麦不同生长期病虫草害发生特点，密切关注病虫害的预测预报，在准确预报的前提下，选择合适的农药品种，对症下药，并按标准用药量用药。

2. 根据小麦病虫草害特点及药剂的剂型、物理性质及用量，确定喷洒（撒）作业方式，选择植保机械。植保机械的安全性能应符合 GB—10395.1—1999 和 GB—10395.6—

1999 的规定。

3. 植保机械在田间移动喷药时, 应有良好的通过性能, 不损伤作物。

4. 植保作业中的安全防护应严格按照有关行业规定执行。施药人员打药时必须戴防毒口罩, 穿长袖上衣 (扎紧袖口)、长裤和鞋、袜。在操作时禁止吸烟、喝水、吃东西。每日工作后吸烟、喝水、吃东西之前要用肥皂彻底清洗手、脸和漱口。

5. 施药人员每天喷药时间一般不得超过 6h。使用背负式机动药械要 2~3 人轮换操作, 每人连续操作不超过 0.5h。连续施药 3~5d 后应停休 1d。

(二) 机具检查与调整

1. 新机械使用前的安装要读懂使用说明书, 按说明书上的图示连接顺序, 检查各部分零件是否齐全, 各接头垫圈是否完整无损, 然后连接各部件。旧机械要检查各部件是否完好, 重点检查油路和电路, 使用多年的药液桶应查看药桶的腐蚀情况, 损坏部件要及时更换。

2. 检查发动机各部分零件是否齐全, 安装是否正确、牢固可靠。如果是新的或封存的机器, 必须排除发动机气缸内的机油, 然后将汽油和机油的混合油按规定比例 (说明书要求) 配好, 装入油箱。

3. 仔细检查药械开关、接头、喷头等处螺丝是否拧紧, 药桶有无渗漏。

4. 喷粉机械使用前, 装好摇柄, 试摇数转, 查看喷粉器工作是否正常, 有无碰撞、敲击声, 风扇转动是否轻快, 风力大小, 开关盘是否活动自如等, 并按照说明书的规定加注润滑剂。

5. 喷细雾机具要加强药液输送系统清洗; 要定期检查喷孔尺寸, 超差要及时更换喷片。

6. 喷雾机械一般应加清水试喷, 察看各连接处是否漏气漏水, 若有漏气漏水现象, 需要重新安装, 直到调试正常为止。加水盖上的气孔应畅通, 防止药液桶内形成真空。

(三) 田间作业操作规程

1. 配药时, 配药人员要戴胶皮手套, 必须用量具按照规定的剂量称取药液或药粉, 不得任意增加用量。严禁用手拌药。

2. 配药应选择远离饮用水源、居民点的安全地方, 要有专人看管, 严防农药丢失和被人、畜、家禽误食。

3. 药粉必须干燥, 无结块和杂物; 装药粉时, 喷粉机开关应处在关的位置, 避免药粉进入风机造成积粉; 装入的药粉量不得超过药粉箱直径的 3/4, 以便于空气流通。

4. 配制药液并将药液装入箱内, 药液不得超过药液箱的安全水位线。配制药液应严格按照农药使用说明或在植保人员的指导下进行。

5. 喷药过程中发生堵塞时, 应先用清水冲洗后再排除故障, 绝对禁止用嘴吹吸喷头和滤网。

6. 喷撒农药时, 待机器各部件运行正常后, 操作人员先行走, 再打开输液 (或粉门)

开关，同时要始终保持步行速度一致；停止喷药时，要先关闭输液（或粉门）开关，然后关机。

7. 注意风向。喷药时，应从下风向开始，喷雾（粉）方向要尽量与自然风向一致，操作者的行走方向与风向夹角不小于45℃，操作时喷头务必置于操作者的下风头。

8. 使用手动喷雾器喷药时应隔行喷。当第一个喷幅结束后，操作者应逆风向上行走一个喷幅的距离，再进行下一个喷幅的作业。手动或机动药械均不能左右两边同时喷。

9. 田间喷雾应用侧喷技术。喷管喷口不能对着作物，对作物要有一定高度和角度，喷头距离作物高度通常为 0.6~1m，角度大小要视自然风速大小来定。其原则是风速大时，高度低、角度小，风速小时，高度大、角度大。

10. 田间施药应在风力较小时进行，3 级以上风速或风向不定时禁止施药；高温季节喷撒农药最好在早、晚进行，一般宜在 8:00~10:00、16:00~20:00；粉剂农药应在早晨露水未干前施撒，易于黏附。

11. 作业中发现机械运转不正常或其他故障，应立即停机检查、排除，正常后继续工作。

12. 施用过高毒农药的地方要竖立标志，在一定时间内禁止放牧、割草、挖野菜，以防人、畜中毒。

13. 用药工作结束后，要及时将药械清洗干净。清洗药械的污水应选择安全地点妥善处理，不准随地泼洒。装过农药的空箱、瓶、袋要集中处理。

14. 植保作业结束，在收藏保管机械前，除将油箱、药箱内残余物倒干净外，还要全面清洗，金属部件要涂抹防锈油，然后保存在通风阴凉干燥处；机器上的塑料、橡胶软件应分类保管，不能挤压和曝晒。

（四）质量要求

1. 喷洒（撒）覆盖均匀，无漏喷、重喷现象，覆盖密度适中。

2. 雾化性能良好，雾滴直径大小适宜，穿透、附着性能好，药剂应能很好地黏附在作物茎叶上。

3. 靶标的药剂沉积量高，雾量分布均匀，漂移少。

4. 严格按技术操作规程作业，安全防护措施到位，无中毒事件发生。

5. 植保作业质量的评定可参照 GB/T 15404—1994 和 JB/T 9782—1999 中田间生产试验的规定进行。

八、机械联合收获

（一）技术要点

1. 联合收割机驾驶人员必须经过正规收获机械作业技术培训，并通过考试取得相应驾驶证件。

2. 严禁驾驶员在酒后或身体疲劳状态下驾驶收获机械。驾驶员在作业时要穿适宜的服装，以免被牵挂引起伤害，孕妇和未满 18 周岁的人不得进行操作。

3. 新机或大修后的联合收割机，应按说明书的要求，加满相应牌号的燃油、机油、液压油、齿轮油和冷却水。机器未加油和水之前，严禁启动发动机。

4. 新机或大修后的联合收割机必须进行试运转，使各运动件的摩擦表面得到很好磨合。新机试运转按以下四个程序进行：发动机空运转不少于 15min，原地空载试运转 20~25h，行走空载试运转 20~25h，带负荷试运转 15h。

5. 联合收割机（含大修后的收割机）检查调整后，要进行发动机无负荷运转、整机原地空运转、整机负荷试运转，使其达到良好的技术状态。

6. 机械试运转后，正式收获前 2~3d，应在小麦生长较好的地块中试割，以检验机械质量，并进一步调整好机械，使其适应大面积收获的要求。

7. 试割开始时应使用 1 档，割幅用正常割幅的 1/3，并逐渐加大达到正常速度和割幅，试割过程中要经常检查各部位是否正常，必要时进行调整。

8. 联合收获应在小麦黄熟的中、后期进行。雨后或早晨露水大时不能作业，收割时籽粒含水率应为 20%~26%。

9. 联合收割机适合收割作物高度为 70~120cm。高度大于 120cm，割茬应尽量留高；高度小于 70cm 时，割茬应尽可能留低，并可酌情加快收割速度。

10. 作物穗幅高差大于 25cm 时，应使用全喂入联合收割机。

11. 在麦地套播其他作物的地块收割作业时，应适当调高割茬，以不割伤玉米苗为准；如下茬种绿肥以不丢小穗为原则；如下茬种大豆，麦茬不超过 25cm。

12. 联合收割机的行驶速度应根据自身的喂入量和作物的品种、高度、产量和成熟度确定，以脱粒机构满负荷（不超负荷）工作，清选机构工作正常为度。

13. 联合收割机收割倒伏小麦，通过运用扶禾装置、选择相宜的收割方向、速度等手段和方法来协调解决。

14. 提倡实行秸秆还田，小麦秸秆还田量以 2 250~3 000 kg/hm² 为宜。直接粉碎还田翻埋前要补施氮肥。禁止田间焚烧秸秆。

（二）机具检查与调整

1. 检查燃油管是否有渗漏油现象，油箱盖是否盖紧。若油管破损，应及时更换；渗油现象应及时排除，机体表面残留的燃油和润滑油应擦拭干净。

2. 在检查蓄电池时，要严禁烟火。蓄电池装卸必须按正确顺序操作：装蓄电池时，先装正极，再装负极；拆卸时，先拆负极，再拆正极。更换蓄电池时，务必更换使用说明书中指定容量的蓄电池。

3. 检查电线的连接和绝缘情况，尤其是电瓶线的搭铁线不得有松动和虚接触，电路导线上不得粘有油污，以免电路引起火灾。

4. 清除发动机、消声器和皮带传动部分附近的灰尘、草屑和油污。空气滤清器必须有较强的滤清、去尘能力。

5. 给发动机排气管安装火星收集器，并清理积炭。按规定配备消防器材。

6. 检查联合收割机的各个部分是否处在正常的技术状态，如不符合要求，应按说明书规范进行调整。作业前后，特别要注意检查各操纵手柄、制动器、行走机构（履带张紧度、转向机构等）的技术状态。

7. 切草装置的锤爪或甩刀磨损，必须成组更换，以保持刀轴平衡。

8. 检查保养割刀、切草刀时，勿用手触摸，以免造成伤害。

9. 检查保养时拆下的面板、罩盖等，务必在检查调整结束后，按规定重新装好。

10. 联合收割机的安全性能必须符合 GB—10395.7 和 GB—16151.12 的要求。

（三）田间作业操作规程

1. 驾驶员在启动发动机前，必须检查变速杆、割台和脱粒离合器、卸粮离合器、操纵杆等是否都在空档和分离位置，否则不予启动。

2. 驾驶员必须确认联合收割机周围无人靠近时，并在发出警示信号后才能启动收割机。

3. 收割机下田一般应从田块的右角进入，正确开好割道。机械作业时的行走路线应考虑到卸粮方便并注意使割刀传动装置靠在已收割过的空地一边。

4. 作业中因超负荷造成堵塞或其他原因需要排除故障时，必须断开行走离合器、断开割台和脱粒离合器等，必要时立即停止发动机工作。

5. 只有在收割台得到安全可靠的支承（用安全锁定部件固定或用升降锁止手柄固定后，再垫上木块）后，才能在割台下面工作。发动机未熄火，不允许排除故障。

6. 联合收割机作业时，发动机油门必须保持额定转速位置，注意观察仪表和信号装置，严禁非司乘人员搭乘和攀缘机器。

7. 在作业中转向、倒车时，要充分注意周围安全，并严禁接粮。

8. 大中型全喂入自走式联合收割机粮箱装满后行驶速度不得超过 8km/h，并严禁急刹车。

9. 收割机工作时，地面允许最大坡度随机型不同而异（详见各类型使用说明书）。上下坡不宜停车或停车换档。在斜坡作业必须停车时，应先踩离合器踏板，后踩刹车踏板，然后用斜木或可靠的石块等垫住（亦可不摘档熄火）。

10. 粮箱卸粮时，禁用铁器推送粮箱里的粮食，也不允许人跳进粮箱里用脚推送。卸粮工作应一次完成，如因故中断卸粮，必须将斜搅龙和过渡搅龙中的籽粒排除干净后，再卸粮。严禁在堵塞状况下二次卸粮。

11. 收割机切割器堵塞时，必须停机切断动力后才能进行清理，并禁止用金属工具或手直接清理，清理时严禁转动滚筒。

12. 水箱开锅，发动机过热时，应停车冷却，要将冷却风扇皮带的张紧度调整好，并清除防尘罩和散热器上的尘土和堆积物，严禁用冷水浇泼机体降温。

13. 在过田埂时应以低速垂直越过。半喂入履带式联合收割机进入田块、越沟和过田埂，以及通过松软地带时，要有适当宽度、长度和强度的跳板辅助。

14. 联合收割机行驶转向时，不能操纵液压提升和无级变速控制，以防转向失灵造成意外。

15. 联合收割机作业区严禁烟火，夜间作业不准用明火照明。

（四）质量要求

1. 适时收获。收净、脱净、不丢穗、不撒粮。

2. 收获总损失率 ≤ 3%，漏割率 ≤ 1%，破碎率 ≤ 1.5%，脱净率 ≥ 98%，清洁度 ≥ 95%。

3. 割茬高度一致，一般情况下不超过 15cm，留高茬还田最高不宜超过 25cm。

4. 带秸秆切碎喷撒装置的联合收割机，粉碎后的麦秸长度 ≤ 15cm，抛撒均匀，不漏切。

5. 联合收获作业质量的评定可参照 GB/T 8097—1996 中的相关规定进行。

第三节　小麦田杂草综合治理技术规程

一、范围

本标准规定了小麦田杂草综合治理技术措施和注意事项等。本标准适合于山东省冬小麦田杂草的综合治理。

二、规范性引用文件

下列文件中的条款通过本标准的引用而成为本标准的条款。凡是注日期的引用文件，其随后所有的修改单（不包括勘误的内容）或修订版均不适用于本标准，然而，鼓励根据本标准达成协议的各方研究是否可使用这些文件的最新版本。凡是不注日期的引用文件，其最新版本适用于本标准。GB/T8321（所有部分）农药合理使用准则。

三、主要防除对象

（一）禾本科杂草（野麦子）

雀麦、节节麦、多花黑麦草、野燕麦、棒头草、碱茅、看麦娘、日本看麦娘、蜡烛草、硬草、菵草、早熟禾等。

（二）阔叶杂杂

播娘蒿、荠菜、猪殃殃、藜、小藜、阿拉伯婆婆纳、麦瓶草、小花糖芥、麦家公、王不留行、泽漆、刺儿菜、田旋花、打碗花、宝盖草、荸荠、泥胡菜、野老鹳草、荔枝草、大巢菜、风花菜、篇蓄、繁缕、牛繁缕、通泉草等。

四、综合治理技术

以植物检疫为前提，因地制宜地采用生态、农业、化学等措施，相互配合，经济、安全、有效地控制杂草发生与危害。

（一）植物检疫

小麦引种时，经过严格检疫，防止危险性杂草种子传入。

（二）生态措施

采用秸秆覆盖法，即利用作物秸秆，如粉碎的玉米秸秆、稻草等覆盖，有效控制杂草的萌发和生长。一般每亩可覆盖粉碎的作物秸秆150~200kg。

（三）农业措施

以农业措施防除杂草，是小麦田综合防除体系中不可缺少的途径之一。在小麦栽培过程中要贯穿于每一生产环节。

1. 综合措施

采用精选种子、施用腐熟有机肥料、清除田边沟边杂草等措施，减少杂草种子来源。

2. 机械除草

主要有播种前耕地、适度深耕、苗期机械中耕等。配合增施肥料，适当深耕，耕深可30~50cm。

3. 人工除草

人工或利用农机具拔草、锄草、中耕除草等方法，直接杀死杂草。

4. 合理轮作

采用种植春棉花或春花生与小麦、玉米二年三作，种植春棉花或春花生的年份采用秋耕或4月杂草出齐后、结实前将其翻耕在土壤中，可有效减少杂草基数，控制杂草危害。

5. 适当密植

小麦播种量适当增大10%~20%，因品种而异，一般控制在亩苗数12万~15万，后期有效分蘖35万穗左右，不宜超过40万穗。适当密植，提高小麦的地面覆盖率，减轻杂草危害。

（四）化学措施

利用小麦和杂草的土壤位差和空间位差选择性，通过化学除草剂土壤处理或茎叶处理杀死杂草。

1. 喷药时间

可以在小麦田杂草基本出齐后，10月下旬至11月上中旬，气温10℃以上，选用茎叶处理除草剂防除田间杂草，均匀喷施于杂草茎叶。11月下旬至翌年2月上旬气温较低时，小麦和杂草均处于越冬期，不适宜喷施除草剂。小麦播种晚的地块，冬前杂草未出齐，不适宜冬前用药。冬前未进行杂草防除的地块，可以在气温回升后，小麦返青初期，即2月下旬至3月上旬，进行施药处理。防除春季一年生杂草及打碗花等多年生杂草，可以在这些杂草出苗后，选择对小麦安全的除草剂喷雾防除。

2. 除草剂的选择

选用在小麦田登记使用的除草剂。根据田间优势杂草，选择合适除草剂。除草剂使用之前应详细阅读使用说明书，按说明书中规定的除草剂使用剂量、施药时期等执行。不同年份，除草剂应轮换使用。除草剂的使用应符合 GB/T8321 的规定。车载喷雾机械喷施除草剂对水量一般为每亩用 15~30kg。人工背负式喷雾器喷施除草剂对水量一般为每亩用 30~50kg。

针对田间不同草相，推荐选用以下除草剂及用量进行防除。

免耕小麦田，可在小麦播种前或播后苗前每亩用 20%百草枯水剂 150~300ml，或 41%草甘膦水剂 200~250ml，或 200g/L 百草·敌快水剂 150~200ml，对田间杂草进行喷雾处理。

（1）阔叶杂草防除措施。

①以播娘蒿、荠菜、小花糖芥、麦瓶草、阿拉伯婆婆纳、蚤缀、麦家公、风花菜、碎米荠、通泉草、泥胡菜等为主的麦田，每亩可选用 75%苯磺隆干悬剂 1.0~1.5g，或 15%噻吩磺隆可湿性粉剂 10~15g，或 72% 2,4-滴丁酯乳油 45~75ml，或 999g/L 2,4-滴异辛酯乳油 36~44ml，或 56% 二甲四氯钠可溶性粉剂 100~120g，或 75%苯磺隆干悬剂 0.8~1.0g 加 20%氯氟吡氧乙酸乳油 30~40ml；或 10%噻吩·苯磺隆可湿性粉剂 10~15g，或 35%苯磺·滴丁可湿性粉剂 50~70g，或 50% 二甲·苯磺隆可湿性粉剂 50~60g，或 30%苄嘧·苯磺隆可湿性粉剂 10~15g，20%氯吡·苯磺隆可湿性粉剂 30~40g。以抗性播娘蒿、荠菜等为主的麦田，每亩可选用 75%苯磺隆干悬剂 1.0~1.5g 加 56% 二甲四氯钠可溶性粉剂 90g，或 490g/L 双氟+滴辛酯悬乳剂 40ml。

②以猪殃殃为主的小麦田，每亩可选用 10%苄嘧磺隆可湿性粉剂 40~50g，或 48%麦草畏水剂 15~20ml，或 20%氯氟吡氧乙酸乳油 50~70m，或 5.8%双氟·唑嘧胺悬浮剂 10~15ml，或 490g/L 双氟+滴辛酯悬乳剂 40ml，或 40%唑草酮干悬浮剂 4~5g，或 30%苄嘧·苯磺隆可湿性粉剂 10~15g，20%氯吡·苯磺隆可湿性粉剂 30~40g。

③春季 3 月下旬至 4 月上旬，以猪殃殃、打碗花等为主的麦田，每亩可选用 20%氯氟吡氧乙酸乳油 50~60ml。

（2）禾本科杂草防除措施。

①以雀麦为主的小麦田，每亩可选用 7.5%啶磺草胺水分散粒剂 12.5g+专用助剂，或 70%氟唑磺隆水分散粒剂 3~4g，3%甲基二磺隆油悬浮剂 20~30ml。

②以野燕麦、看麦娘、硬草、茵草为主的小麦田，每亩可选用 15%炔草酸可湿性粉剂 15~20g，或 69g/L 精噁唑禾草灵悬乳剂 50~60g，或 3%甲基二磺隆油悬浮剂 20~30ml+专用助剂，或 50%异丙隆可湿性粉剂 100~150g。这些禾本科杂草与阔叶杂草混合发生时，可选用 3.6%二磺·甲碘隆水分散粒剂 15~25g+专用助剂，或 70%苄嘧·异丙隆可湿性粉剂 100~120g，或 30%异隆·氯氟吡可湿性粉剂 180~210g，或 50%苯磺·异丙隆可湿性粉

剂 125~150g，或 72% 噻磺·异丙隆可湿性粉剂 100~120g。

③以多花黑麦草、野燕麦为主的小麦田，每亩可选用 50g/L 唑啉草酯乳油 60~80ml。

④以节节麦为主的小麦田，每亩可选用 3% 甲基二磺隆油悬浮剂 20~30ml，或 3.6% 二磺·甲碘隆水分散粒剂 15~25g+专用助剂。

3. 注意事项

（1）环境条件 喷药时气温 10℃ 以上，无风或微风天气，植株上无露水，喷药后 24h 内无降雨；注意风向。喷施 2,4-D 丁酯、2,4-滴异辛酯、2 甲 4 氯及含有它们的复配制剂时，与阔叶作物的安全间隔距离最好在 200m 以上，避免飘移药害的发生，并严格控制施药时间为冬后小麦 3 叶 1 心后至拔节前使用。

（2）土壤条件 小麦田土质为砂土、砂壤土时，除草剂宜选用较低剂量，土壤处理除草剂宜先进行试验再大面积使用。土地应平整，如地面不平，遇到较大雨水或灌溉时，药剂往往随水汇集于低洼处，造成药害；土壤墒情是土壤处理除草剂药效发挥的关键，可选择雨后或浇地后，土壤墒情在 40%~60% 时喷药。

（3）器械选择 选择生产中无农药污染的常用喷雾器，带恒压阀的扇形喷头。喷药前应仔细检查药械的开关、接头、喷头等处螺丝是否拧紧，药桶有无渗漏，以免漏药污染；喷施过 2,4-滴丁酯、2,4-滴异辛酯及含有它们的复配制剂的喷雾器，应专用。

（4）科学施药 喷头离靶标距离不超过 50cm，要求喷雾均匀、不漏喷、不重喷。药液配制时注意有些药剂需要二次稀释，应先在小容器中加少量水溶解药剂，待充分溶解后再加入喷雾器中，加足水，摇匀。干悬剂、可湿性粉剂尤其要注意。

（5）安全防护 在施药期间不得饮酒、抽烟，施药时应戴口罩、穿工作服，或穿长袖上衣、长裤和雨鞋；施药后要用肥皂洗手、洗脸，用净水漱口，药械应清洗干净，以防喷雾器残余除草剂对其他作物产生药害。

第三篇 玉米绿色生产技术与应用

第四章 主栽品种简介

第一节 高肥水夏玉米品种

一、郑单 958

审定编号：国审玉 20000009，2000 年审定，河北、山东、河南等多省审定。

育种单位：河南省农业科学院粮食作物研究所。

选育过程：郑 58/昌 7-2（选）杂交选育的一代杂交种。

特征特性：幼苗叶鞘紫色，叶色淡绿，叶片上冲，穗上叶叶尖下披，株型紧凑，耐密性好。夏播生育期 103d 左右，比掖单 4 号长 7d，株高 250cm 左右，穗位 111cm 左右，穗长 17.3cm，穗行数 14～16 行，穗粒数 565.8 粒，千粒重 329.1g，果穗筒形，穗轴白色，籽粒黄色，偏马齿形，经生产试验点 1999 年调查，大斑病为 1 级，小斑病为 0.5 级，粗缩病为 0.6%，青枯病为 0.2%，抗病性较好。

产量表现：1998—1999 年参加了国家玉米杂交种黄淮海片区域试验，两年产量均居第一位，其中山东省四处试点两年平均亩产 681.0kg，比对照鲁玉 16 号增产 11.57%；1999 年参加山东省玉米杂交种生产试验，7 处试点平均亩产 691.2kg，比对照掖单 4 号增产 14.8%。

栽培要点：5 月下旬麦垄点种或 6 月上旬麦收后足墒直播；密度 3 500 株/亩，中上等肥水地 4 000 株/亩，高肥水地 4 500 株/亩为宜；苗期发育较慢，注意增施磷钾肥提苗，重施拔节肥；大喇叭口期防治玉米螟。

二、浚单 20

审定编号：国审玉 2003054。2003 年审定。

育种单位：河南省浚县农业科学研究所。

选育过程：母本为 9058，来源为在国外材料 6JK 导入 8085 泰（含热带种质）；父本为浚 92-8，来源为昌 7-2/5237。

特征特性：幼苗叶鞘紫色，叶缘绿色。株型紧凑、清秀，株高242cm，穗位高106cm，成株叶片数 20 片。花药黄色，颖壳绿色。花丝紫红色，果穗筒型，穗长 16.8cm，穗行数 16 行，穗轴白色，籽粒黄色，半马齿形，百粒重32g。出苗至成熟97d，比农大 108 早熟 3d，需有效积温 2 450 ℃。经河北省农林科学院植物保护研究所两年接种鉴定，感大斑病、抗小斑病，感黑粉病，中抗茎腐病，高抗矮花叶病，中抗弯孢菌叶斑病，抗玉米螟。经农业部谷物品质监督检验测试中心（北京）测定，籽粒容重为758g/L，粗蛋白含量10.2%，粗脂肪含量 4.69%，粗淀粉含量 70.33%，赖氨酸含量 0.33%。经农业部谷物品质监督检验测试中心（哈尔滨）测定，籽粒容重 722g/L，粗蛋白含量 9.4%，粗脂肪含量 3.34%，粗淀粉含量 72.99%，赖氨酸含量 0.26%。

产量表现：2001—2002 年参加黄淮海夏玉米组区域试验，42 点次增产，5 点减产，两年平均亩产 612.7kg，比农大 108 增产 9.19%；2002 年生产试验，平均亩产 588.9kg，比当地对照增产 10.73%。

栽培要点：适宜密度为 4 000~4 500 株/亩。

三、金海 5 号

审定编号：鲁农审字〔2003〕005 号。2003 年审定。

育单单位：莱州市金海作物研究所有限公司。

选育过程：组合为 JH78-2/JH3372，母本 JH78-2 选自 78599，父本 JH3372 是以沈 5003/自 330 为基础材料，连续 8 代自交选育。株高 245cm，穗位 92cm，较抗倒伏。全株叶片 19~20 片，叶色浓绿，花丝红色，花药黄色，果穗长筒形，穗行数 14~16 行，果穗穗长 20.7cm，穗粗 4.9cm，穗粒数 581 粒，秃顶 1.3cm，穗轴红色，籽粒黄色、半马齿形，千粒重 327g。2000—2001 年田间调查自然发病情况：大斑病 0~2 级，小斑病 0~3 级，弯孢菌叶斑病 0~1 级，锈病 0~0.5 级，青枯病 0~4.3%，粗缩病 0~4.8%，黑粉病 0~6.5%。2002 年委托河北省农业科学院植物保护研究所（国家黄淮海夏玉米区域试验抗病性指定鉴定单位）进行抗病性鉴定，结果为：中抗大斑病、小斑病，抗弯孢菌叶斑病、青枯病，高抗玉米黑粉病、矮花叶病。经农业部谷物品质监督检验测试中心（北京）分析，该品种粗蛋白含量 10.0%，粗脂肪含量 4.31%，赖氨酸含量 0.32%，粗淀粉含量 70.36%，容重760g/L。

产量表现：该杂交种在 2000—2001 年山东省杂交玉米区域试验中，两年 26 处试点中 23 点增产 3 点减产，平均亩产 618.3kg，比对照鲁单 50 增产 7.8%；2002 年参加生产试验，8 处试点均增产，平均亩产 611.2kg，比对照鲁单 50 增产 8.4%。

栽培技术要点：适宜密度 3 000~3 500 株/亩，高肥水地块可增至 4 000株/亩，足墒播种，一播全苗，施好基肥，重施攻穗肥，酌施攻粒肥，浇好大喇叭口期至灌浆期丰产水，及时防治病虫害。

制种要点：父母本行比为 1：3 或 1：4，母本播种密度 4 000~4 500 株/亩，父本播种密度 1 200~1 500 株/亩，春播制种时，先播母本，父本比母本晚播 3~4d，夏播时父母本同期播。

四、聊玉 22 号

审定编号：鲁农审 2008009 号。

育种者：聊城市农业科学研究院。

品种来源：一代杂交种，组合为 20-89-2/昌 7-2。母本 20-89-2 为 135 系-3-3 与 90-37-3-1 杂交后自交选育，父本昌 7-2 为外引系。

特征特性：株型紧凑，全株叶片数 20 片，幼苗叶鞘红色，花丝黄色，花药黄带红。区域试验结果：夏播生育期 103d，株高 242cm，穗位 106cm，倒伏率 11.1%、倒折率 2.8%，抗倒（折）性一般，大斑病、小斑病和锈病最重发病试点发病均为 5 级。果穗筒形，穗长 15.0cm，穗粗 4.9cm，秃顶 0.2cm，穗行数平均 15.0 行，穗粒数 512 粒，白轴、黄粒、半马齿形，出籽率 87.3%，千粒重 309.2g，容重 733.4g/L。2005 年经河北省农林科学院植物保护研究所抗病性接种鉴定：抗小斑病，感大斑病，中抗弯孢菌叶斑病，感茎腐病，高抗瘤黑粉病，抗矮花叶病。2005 年经农业部谷物品质监督检验测试中心（泰安）品质分析：粗蛋白含量 10.4%，粗脂肪 4.6%，赖氨酸 0.20%，粗淀粉 69.32%。

产量表现：在 2005—2006 年山东省夏玉米新品种区域试验中，两年平均亩产 568.7kg，比对照郑单 958 增产 4.3%，17 处试点 16 点增产 1 点减产；2006 年生产试验平均亩产 611.2kg，比对照郑单 958 增产 2.4%。

栽培技术要点：适宜密度为每亩 4 500 株，注意防倒伏（折），其他管理措施同一般大田。

五、登海 605

审定编号：国审玉 2010009。

选育单位：山东登海种业股份有限公司。

品种来源：DH351×DH382。

特征特性：在黄淮海地区出苗至成熟 101d，比郑单 958 晚 1d，需有效积温 2 550 ℃左右。幼苗叶鞘紫色，叶片绿色，叶缘绿带紫色，花药黄绿色，颖壳浅紫色。株型紧凑，株高 259cm，穗位高 99cm，成株叶片数 19~20 片。花丝浅紫色，果穗长筒形，穗长 18cm，穗行数 16~18 行，穗轴红色，籽粒黄色、马齿形，百粒重 34.4g。经河北省农林科学院植物保护研究所接种鉴定，高抗茎腐病，中抗玉米螟，感大斑病、小斑病、矮花叶病和弯孢菌叶斑病，高感瘤黑粉病、褐斑病和南方锈病。经农业部谷物品质监督检验测试中心（北京）测定，籽粒容重 766g/L，粗蛋白含量 9.35%，粗脂肪含量 3.76%，粗淀粉含量 73.40%，赖氨酸含量 0.31%。

产量表现：2008—2009 年参加黄淮海夏玉米品种区域试验，两年平均亩产 659.0kg，比对照郑单 958 增产 5.3%。2009 年生产试验，平均亩产 614.9kg，比对照郑单 958 增产 5.5%。

栽培技术要点：在中等肥力以上地块栽培，每亩适宜密度 4 000~4 500 株，注意防治瘤黑粉病，褐斑病、南方锈病重发区慎用。

六、淄玉 14 号

审定编号：鲁农审 2008007 号。

育种单位：淄博鲁中农作物研究所。

品种来源：一代杂交种，组合为 Lz912/Lz809。母本 Lz912 为黄 331 与 478 杂交，再与 A13-2-5 杂交后自交选育；父本 Lz809 为 H21 与昌 7-2 杂交，再与黄糯杂交后自交选育。

特征特性：株型半紧凑，全株叶片数 19 片，幼苗叶鞘紫色，花丝绿色，花药黄色。区域试验结果：夏播生育期 102d，株高 279cm，穗位 115cm，倒伏率 0.2%、倒折率 1.7%，大斑病最重发病试点发病为 5 级、锈病最重发病试点发病为 9 级。果穗圆锥形，穗长 17.6cm，穗粗 4.8cm，秃顶 0.3cm，穗行数平均 14.4 行，穗粒数 508 粒，白轴、黄粒、马齿形，出籽率 84.8%，千粒重 318.9g，容重 707.0g/L。2006 年经河北省农林科学院植物保护研究所抗病性接种鉴定：感小斑病、大斑病、弯孢菌叶斑病和茎腐病，感瘤黑粉病，抗矮花叶病。2006 年经农业部谷物品质监督检验测试中心（泰安）品质分析：粗蛋白含量 9.6%，粗脂肪 4.0%，赖氨酸 0.26%，粗淀粉 76.20%，粗淀粉含量达到高淀粉玉米 1 级标准。

产量表现：在 2006—2007 年山东省夏玉米新品种区域试验中，两年平均亩产 594.2kg，比对照郑单 958 增产 3.6%，22 处试点 17 点增产 5 点减产；2007 年生产试验平均亩产 554.8kg，比对照郑单 958 增产 0.1%。

栽培技术要点：适宜密度为每亩 4 000~4 500 株，其他管理措施同一般大田。

七、先玉 335

审定编号：国审玉 2006026。

选育单位：铁岭先锋种子研究有限公司。

已往审定情况：2004 年国家、河南省农作物品种审定委员会审定，2005 年辽宁省农作物品种审定委员会审定。

品种来源：母本 PH6WC，从 PH01N×PH09B 杂交组合选育而成，来源于 Reid 种群；父本 PH4CV，从 PH7V0×PHBE2 杂交组合选育而成，来源于 Lancaster 种群。

特征特性：在东华北地区出苗至成熟 127d，比对照农大 108 早熟 4d，需有效积温 2 750 ℃左右。幼苗叶鞘紫色，叶片绿色，叶缘绿色，花药粉红色，颖壳绿色。株型紧凑，株高 320cm，穗位高 110cm，成株叶片数 19 片。花丝紫色，果穗筒型，穗长 20cm，穗行数 14~16 行，穗轴红色，籽粒黄色、半马齿形，百粒重 39.3g。区域试验中平均倒伏（折）率 3.9%。

经辽宁省丹东农业科学院两年和吉林省农业科学院植物保护研究所一年接种鉴定，高抗瘤黑粉病、抗灰斑病、纹枯病和玉米螟，感大斑病、弯孢菌叶斑病和丝黑穗病。经农业部谷物品质监督检验测试中心（北京）测定，籽粒容重 776g/L，粗蛋白含量 10.91%，粗脂肪含量 4.01%，粗淀粉含量 72.55%，赖氨酸含量 0.33%。

产量表现：2003—2004 年参加东华北春玉米品种区域试验，44 点次全部增产，两年区域试验平均亩产 763.4kg，比对照农大 108 增产 18.6%；2004 年生产试验，平均亩产 761.3kg，比对照增产 20.9%。

栽培技术要点：每亩适宜密度 3 500~4 500 株，注意防治丝黑穗病。

八、鲁单 818

审定编号：鲁农审 2010005 号。

育种者：山东省农业科学院玉米研究所。

品种来源：一代杂交种，组合为 Qx508/Qxh0121。母本 Qx508 是 295M/郑 58//郑 58 为基础材料采用药物诱导孤雌生殖方法选育，父本 Qxh0121 是以 Lx9801 为核心与 K12、吉 853 和武 314 组配成小群体后选育。

特征特性：株型紧凑，全株叶片数 20~21 片，幼苗叶鞘紫色，花丝红色，花药青色。区域试验结果：夏播生育期 104d，株高 274cm，穗位 109cm，倒伏率 0.9%、倒折率 1.3%，大斑病和锈病最重发病试点病级均为 7 级、茎腐病最重发病试点病株率为 18.9%、粗缩病最重发病试点病株率为 26.0%。果穗筒形，穗轴红色，穗长 18.2cm，穗粗 4.9cm，秃顶 0.8cm，穗行数平均 14.6 行，穗粒数 494 粒，籽粒黄色、半马齿形，出籽率 87.3%，千粒重 356g，容重 716g/L。2008 年经河北省农林科学院植物保护研究所抗病性接种鉴定：中抗小斑病，感大斑病和弯孢菌叶斑病，高抗茎腐病，抗瘤黑粉病，高抗矮花叶病。2008 年经农业部谷物品质监督检验测试中心（泰安）品质分析：粗蛋白含量 11.8%，粗脂肪 4.2%，赖氨酸 0.36%，粗淀粉 71.2%。

产量表现：在 2007—2009 年山东省夏玉米品种区域试验中，三年 37 处试点 26 点增产 11 点减产，平均亩产 662.9kg，比对照郑单 958 增产 4.2%；2009 年生产试验平均亩产 618.4kg，比对照郑单 958 增产 5.9%。

栽培技术要点：适宜密度为每亩 5 000 株。其他管理措施同一般大田。

九、德利农 988

审定编号：鲁农审 2009002 号。

育种者：德州市德农种子有限公司。

品种来源：一代杂交种，组合为万 73-1/明 518。母本万 73-1 是以郑 58/掖 478 为基础材料选株自交选育，父本明 518 是以 Lx9801/昌 7-2 变异株为基础材料自交选育。

特征特性：株型紧凑，全株叶片数 22 片，幼苗叶鞘绿色，花丝浅红色，花药黄色。区域试验结果：夏播生育期 105d，株高 260cm，穗位 107cm，倒伏率 0.5%、倒折率 0.6%，锈病最重发病试点发病病级为 7 级。果穗筒形，穗长 16.3cm，穗粗 5.0cm，秃顶 0.4cm，穗行数平均 15.1 行，穗粒数 533 粒，白轴，黄粒、半马齿形，出籽率 87.7%，千粒重 330g，容重 731g/L。2008 年经河北省农林科学院植物保护研究所抗病性接种鉴定：感小斑病、大斑病和弯孢菌叶斑病，中抗茎腐病和瘤黑粉病，高抗矮花叶病。2008 年经农业部谷物品质监督检验测试中心（泰安）品质分析：粗蛋白含量 10.4%，粗脂肪 4.6%，赖氨酸 0.37%，粗淀粉 72.32%。

产量表现：在 2007—2008 年山东省夏玉米新品种区域试验中，两年 26 处试点 22 点增产 4 点减产，平均亩产 660.2kg，比对照郑单 958 增产 5.7%；2008 年生产试验平均亩产 627.4kg，比对照郑单 958 增产 4.2%。

栽培技术要点：适宜密度为每亩 4 500 株，其他管理措施同一般大田。

十、菏玉 127

审定编号：鲁农审 2014005 号。

育种者：山东科绿农林科技有限公司、山东省菏泽市科源种业有限公司。

品种来源：一代杂交种，组合为 HX5173/昌 7-2。母本 HX5173 选自国外杂交种。

特征特性：株型半紧凑，夏播生育期 106d，与郑单 958 相当，全株叶片 19~20 片，幼苗叶鞘紫色，花丝红色，花药紫色，雄穗分枝 7~9 个。区域试验结果：株高 270cm，穗位 115cm，倒伏率 2.0%、倒折率 2.0%。果穗长筒形，穗长 17.0cm，穗粗 4.9cm，秃顶 0.7cm，穗行数平均 14.9 行，穗粒数 529 粒，白轴，黄粒，马齿形，出籽率 88.8%，千粒重 337g，容重 720g/L。2012 年经河北省农林科学院植物保护研究所抗病性接种鉴定：抗小斑病、大斑病，中抗弯孢叶斑病，高感茎腐病，感瘤黑粉病，高抗矮花叶病。2012 年经农业部谷物品质监督检验测试中心（泰安）品质分析：粗蛋白含量 9.1%，粗脂肪 4.5%，赖氨酸 0.19%，粗淀粉 74.9%。

产量表现：在 2011—2012 年山东省夏玉米品种区域试验中，两年平均亩产 656.1kg，比对照郑单 958 增产 6.1%，19 处试点 16 点增产 3 点减产；2013 年生产试验平均亩产 597.1kg，比对照郑单 958 增产 6.2%。

栽培技术要点：适宜密度为每亩 4 000~4 500 株，其他管理措施同一般大田。

十一、菏玉 157

审定编号：鲁农审 2015005 号。

育种者：山东省菏泽市科源种业有限公司。

品种来源：一代杂交种，组合为 HXN180/LG3472。母本 HXN180 是丹 988/郑 58 为基础材料自交选育，父本 LG3472 是昌 7-2/丹 340//昌 7-2 为基础材料自交选育。

特征特性：株型紧凑，全株叶片 19~20 片，幼苗叶鞘紫色，花丝红色，花药浅紫色，雄穗分枝 7~10 个，2014 年生产试验点调查夏播生育期平均 109d，与郑单 958 相当。区域试验结果：株高 250cm，穗位 106cm，倒伏率 0.9%、倒折率 2.4%。果穗长锥形，穗长 16.4cm，穗粗 4.9cm，秃顶 0.5cm，穗行数平均 15.6 行，穗粒数 561 粒，红轴，籽粒黄色、马齿形，出籽率 89.1%，千粒重 316g，容重 752g/L。2013 年经河北省农林科学院植物保护研究所抗病性接种鉴定：中抗小斑病、大斑病，感弯孢叶斑病，抗茎腐病，高感瘤黑粉病，抗矮花叶病。2014 年经农业部谷物品质监督检验测试中心（泰安）品质分析：粗蛋白含量 10.9%，粗脂肪 3.3%，赖氨酸 0.21%，粗淀粉 73.6%。

产量表现：在 2012—2013 年山东省夏玉米品种区域试验中，两年平均亩产 676.8kg，比对照郑单 958 增产 7.4%，18 处试点 16 点增产 2 点减产；2014 年生产试验平均亩产 705.6kg，比对照郑单 958 增产 6.6%。

栽培技术要点：适宜密度为每亩 4 000~4 500 株，其他管理措施同一般大田。

十二、菏玉 138

审定编号：鲁审玉 20170014。

育种者：山东科源种业有限公司。

品种来源：一代杂交种，组合为 S305/H28。母本 S305 是国外杂交种为基础材料自交选育，父本 H28 是昌 7-2/9801//92-6 为基础材料自交选育。

特征特性：株型紧凑，夏播生育期 106d，比郑单 958 早熟 1d，全株叶片 19~21 片，幼苗叶鞘紫色，花丝红色，花药紫色，雄穗分枝 5~7 个。区域试验结果：株高 278.2cm，穗位 105.0cm，倒伏率 4.1%、倒折率 0.8%。果穗长筒形，穗长 18.0cm，穗粗 4.8cm，秃顶 0.9cm，穗行数平均 16.7 行，穗粒数 594 粒，红轴，黄粒、半马齿形，出籽率 89.1%，千粒重 324.4g，容重 754.4g/L。2015 年经河北省农林科学院植物保护研究所抗病性接种鉴定：中抗弯孢叶斑病、茎腐病，抗小斑病、矮花叶病，感大斑病、瘤黑粉病，高感褐斑病。2015 年经农业部谷物品质监督检验测试中心（泰安）品质分析：粗蛋白含量 11.65%，粗脂肪 3.6%，赖氨酸 2.62ug/mg，粗淀粉 71.33%。

产量表现：2014—2015 年参加山东省夏玉米品种普通组（4 500 株/亩）区域试验，两年平均亩产 740.8kg，比对照郑单 958 增产 8.1%，26 处试点 22 点增产 4 点减产；2016 年生产试验平均亩产 653.1kg，比对照郑单 958 增产 7.3%。

栽培技术要点：适宜密度为每亩 4 500 株，其他管理措施同一般大田。

十三、登海 618

审定编号：鲁农审 2013010 号。

育种者：山东登海种业股份有限公司。

品种来源：一代杂交种，组合为521/DH392。母本521是81162/齐319为基础材料自交选育，父本DH392选自国外杂交种。

特征特性：株型紧凑，全株叶片数19片，幼苗叶鞘深紫色，花丝紫色，花药紫色。

区域试验结果：夏播生育期106d，株高250cm，穗位82cm，倒伏率1.1%、倒折率0.7%。果穗筒形，穗长16.2cm，穗粗4.5cm，秃顶1.1cm，穗行数平均14.7行，穗粒数458粒，红轴，黄粒、半马齿形，出籽率87.5%，千粒重328g，容重721g/L。

2011年经河北省农林科学院植物保护研究所抗病性接种鉴定：中抗小斑病，感大斑病、弯孢叶斑病，高抗茎腐病，感瘤黑粉病，高抗矮花叶病。

2010—2012年试验中茎腐病最重发病试点病株率87.0%。

2011年经农业部谷物品质监督检验测试中心（泰安）品质分析：粗蛋白含量10.5%，粗脂肪3.7%，赖氨酸0.35%，粗淀粉72.9%。

产量表现：在2010—2011年山东省夏玉米品种区域试验中，两年平均亩产585.5kg，比对照郑单958增产2.0%，20处试点12点增产8点减产。2011—2012年生产试验平均亩产636.2kg，比对照郑单958增产7.9%。

2012年10月7日，莱州市科技局邀请国内有关专家组成专家组进行测产验收，10亩高产田平均产量1105.10kg/亩。

2013年9月，实打验收，亩产达1 511.74 kg，刷新我国玉米高产纪录。

栽培要点：宜密度为每亩4 500~5 000株，其他管理措施同一般大田。

十四、机玉3号

审定编号：鲁农审2015002号。

育种者：新乡市天宝农作物新品种研究所。

品种来源：组合为H3519/H25。母本H3519是PH6WC/齐319为基础材料自交选育，父本H25是LX9801/昌7-2//LX9801为基础材料自交选育。

特征特性：2014年生产试验点调查夏播生育期平均110d，比对照郑单958长1d。区域试验结果：株高250cm，穗位107cm，倒伏率0.4%、倒折率1.1%。果穗筒形，穗长17.2cm，穗粗5.0cm，秃顶0.4cm，穗行数平均16.1行，穗粒数557粒，白轴，籽粒黄色、马齿形，出籽率87.7%，千粒重337g，容重723g/L。2013年经河北省农林科学院植物保护研究所抗病性接种鉴定：中抗小斑病、大斑病，感弯孢叶斑病、茎腐病，高感瘤黑粉病，抗矮花叶病。

产量表现：在2012—2013年山东省夏玉米品种区域试验中，两年平均亩产682.2kg，比对照郑单958增产8.2%，18处试点17点增产1点减产；2014年生产试验平均亩产706.1kg，比对照郑单958增产6.8%。

栽培技术要点：适宜密度为每亩4 000~4 500株，其他管理措施同一般大田。

十五、五岳 88

审定编号：鲁农审 2015010 号。

育种者：泰安市五岳泰山种业有限公司。

品种来源：组合为 A936/A162。母本 A936 是 PH6WC/郑 58 为基础材料自交选育，父本 A162 是昌 7-2/吉 853 为基础材料自交选育。

特征特性：2014 年生产试验点调查夏播生育期平均 108d，比郑单 958 短 1d。区域试验结果：株高 251cm，穗位 104cm，倒伏率 0.5%、倒折率 1.9%。果穗筒形，穗长 16.6cm，穗粗 4.6cm，秃顶 0.3cm，穗行数平均 14.1 行，穗粒数 505 粒，白轴，籽粒黄色、半马齿形，出籽率 88.7%，千粒重 338.4g，容重 758.5g/L。2013 年经河北省农林科学院植物保护研究所抗病性接种鉴定：中抗小斑病、大斑病，高感弯孢叶斑病，感茎腐病，高感瘤黑粉病，抗矮花叶病。

产量表现：在 2012—2013 年全省夏玉米品种区域试验中，两年平均亩产 668.2kg，比对照郑单 958 增产 6.1%，18 处试点 16 点增产 2 点减产；2014 年生产试验平均亩产 708.1kg，比对照郑单 958 增产 6.3%。

栽培技术要点：适宜密度为每亩 4 500 株左右，其他管理措施同一般大田。

十六、连胜 208

审定编号：鲁农审 2015015 号。

育种者：山东连胜种业有限公司。

品种来源：组合为 LS1112/LV4。母本 LS1112 是郑 58/L1087//L1087 为基础材料自交选育，L1087 为自育瑞德群选系；父本 LV4 是国外杂交种选系。

特征特性：2014 年生产试验点调查夏播生育期平均 109d，与郑单 958 相当。区域试验结果：株高 286cm，穗位 103cm，倒伏率 0.4%、倒折率 1.1%。果穗筒形，穗长 18.0cm，穗粗 4.5cm，秃顶 0.8cm，穗行数平均 15.0 行，穗粒数 500 粒，红轴，籽粒黄色、马齿形，出籽率 87.0%，千粒重 336g，容重 750g/L。2013 年经河北省农林科学院植物保护研究所抗病性接种鉴定：中抗小斑病，抗大斑病，中抗弯孢叶斑病，感茎腐病，高感瘤黑粉病，中抗矮花叶病。

产量表现：在 2012—2013 年全省夏玉米品种区域试验中，两年平均亩产 640.0kg，比对照郑单 958 增产 5.0%，21 处试点 17 点增产 4 点减产；2014 年生产试验平均亩产 687.9kg，比对照郑单 958 增产 3.8%。

栽培技术要点：适宜密度为每亩 4 000~4 500 株，其他管理措施同一般大田。

第二节　高淀粉品种

一、京科 968

审定编号：国审玉 2011007。

品种来源：以自选系京 724 为母本，京 92 为父本杂交育成。京 724 是以美国杂交种 X1132X 的 F_1 代植株混粉杂交后形成的群体为基础材料，经自交 8 代选育而成；京 92 是以昌 7-2 为母本，京 24 为父本杂交得到 F_1，再以其为母本，LX9801 为父本杂交后，在高密度条件下连续自交 8 代选育而成。

特征特性：在东华北春玉米区出苗至成熟 128d，与对照郑单 958 相当，属高淀粉玉米品种。幼苗绿色，叶鞘淡紫色，叶缘淡紫色，花药淡紫色，颖壳淡紫色。株型半紧凑，株高 296.0cm，穗位 120.0cm，成株叶片数 19 片。花丝红色，果穗筒形，穗长 18.6cm，穗行数 16~18 行，穗轴白色。籽粒黄色、半马齿形，百粒重 39.5g。经人工接种抗病（虫）害鉴定，高抗玉米螟，中抗丝黑穗病、茎腐病、大斑病、灰斑病和弯孢菌叶斑病。经农业部谷物及制品质量监督检验测试中心（哈尔滨）测定，籽粒容重 767g/L，粗蛋白含量 10.54%，粗脂肪含量 3.41%，粗淀粉含量 75.42%，赖氨酸含量 0.30%。

产量表现：2009—2010 年参加东华北春玉米组品种区域试验，平均每公顷产量 11 566.5 kg，比对照品种增产 7.1%；2010 年生产试验，平均每公顷产量 10 744.5 kg，比对照郑单 958 增产 10.5%。

栽培要点：选中等肥力以上地块种植，4 月中下旬至 5 月上旬播种，一般每公顷保苗 6.0 万株左右。注意及时防治丝黑穗病。

二、农华 205

审定编号：国审玉 2015006。

品种来源：2008 年以自选系 H985 为母本，B8328 为父本杂交选育而成。H985 是 2005 年在北京以国外杂交种 mL06-6（引自德国）为基础材料自交得 F_1 种子，经海南、东北、北京多环境连续选优自交 7 代选育而成。

特征特性：在东华北春玉米区出苗至成熟 124d，比对照郑单 958 早 2d，属高淀粉玉米品种。幼苗绿色，叶鞘紫色，叶缘绿色，花药浅紫色，颖壳绿色。株型半紧凑，株高 283.0cm，穗位 100.0cm，成株叶片数 20 片。花丝浅紫色，果穗筒形，穗长 19.4cm，穗行数 14~16 行，穗轴红色。籽粒黄色、半马齿形，百粒重 37.0g。经人工接种抗病（虫）害鉴定，高抗穗腐病，中抗大斑病、灰斑病、茎腐病、弯孢菌叶斑病和丝黑穗病。籽粒容重 748g/L，粗蛋白含量 9.40%，粗脂肪含量 3.05%，粗淀粉含量 75.90%，赖氨酸含量 0.28%。

产量表现：2013—2014 年参加东华北春玉米品种区域试验，平均每公顷产量 12 756.0 kg，比对照品种增产 2.9%；2014 年生产试验，平均 hm² 产量 12 640.5 kg，比对照郑单 958 增产 6.9%。

栽培要点：选中等肥力以上地块种植，4 月下旬至 5 月上旬播种，每公顷保苗 6.0 万~6.75 万株。

选育单位：北京金色农华种业科技有限公司

第三节　鲜食品种

一、鲁糯 6 号

审定编号：鲁农审字〔2001〕008 号。

育种单位：山东省农业科学院玉米研究所新育成的一个糯玉米优良新品种。

特征特性：该品种高产、优质，风味独特，是宾馆餐厅作为特色蔬菜或果穗鲜食的首选品种，是农民朋友种玉米致富的一条捷径。2001 年通过山东省品种审定，生物学特性：该杂交种株型紧凑，果穗大小均匀，结实到顶，无空秆。在济南夏播生育期 95d，采收期 76~85d。株高 250cm，穗位高 80cm。果穗筒型，穗长 17~20cm，穗粗 4.5cm，穗行数 12，行粒数 35~43。籽粒黄色、半硬粒型，千粒重 328g，出籽率 86%。经群众品尝，普遍反映该杂交种果穗外形好、品质佳、风味独特。该杂交种高抗倒伏、高抗玉米产区主要病害，活秆成熟。地区适应性广，可在全国主要玉米区种植推广。

产量表现：1998—2000 年，在济南、诸城、仲宫夏播玉米杂交种多点品比试验中，该糯玉米杂交种的平均小区产量折亩产 600kg，平均比对照种增产 16.5%。

主要栽培措施：该杂交种适宜麦田套种和夏直播，每亩种植密度 3 500~4 400 株。小面积种植时，应与普通大田玉米隔离。

二、西星黄糯 6 号

审定编号：鲁农审字〔2005〕020 号。

育种单位：系山东登海种业股份有限公司西是种子分公司选育的糯玉米一代杂交种。

品种来源：组合为 HN8972-2-2/HN196-3，母本 HN8972-2-2 是用 BN12-2（亲缘为东北糯玉米×4021 后代的白粒糯质自交系）作母本，用常规黄粒自交系 8972-12-1（亲缘为 3189×陕 8972（K11）二环系）作父本组成基本材料选育的黄粒糯质型自交系；父本 HN196-3 是用 196 作母本，用早黄糯优良单株作父本组成基本材料选育的黄改类型糯质自交系。

特征特性：该杂交种株型半紧凑，幼苗叶鞘紫色，生育期平均 99d，株高平均 241cm，穗位平均 101cm，试点调查：平均倒伏率 0.1%、无倒折。全株叶片数 20 片，花丝红色，花药淡紫色。果穗中间形，穗长 17.4cm，穗粗 4.6cm，秃顶 1.1cm，穗行数平均 15.8 行，穗粒数 563 粒，红轴，黄粒、硬粒型，出籽率 83.5%，千粒重 302.8g。2001—2002 年试点田间自然发病调查结果（两年 11 处试点）最大值为：大斑病 1 级，小斑病 3 级，弯孢菌叶斑病 3 级，青枯病 1.5%，粗缩病 3.1%，黑粉病 2.1%，锈病 0 级。2002 委托河北省农业科学院植物保护研究所（国家黄淮海夏玉米区试抗病性指定鉴定单位）进行抗病性鉴定，结果为：抗小斑病，中抗大斑病和弯孢菌叶斑病，高感青枯病，高抗玉米黑粉病和矮花叶病。经农业部谷物品质监督检验测试中心（北京）分析，粗蛋白含量 10.9%，粗脂肪含量 5.07%，赖氨酸含量 0.33%，粗淀粉含量 70.62%。

产量表现：该杂交种参加了 2001—2002 年全省特种玉米区域试验，两年 11 处试点 6 点增产 5 点减产，籽粒平均亩产 551.6kg，比对照鲁糯 6 号增产 1.1%；2004 年生产试验，4 处试点 3 点增产 1 点减产，籽粒平均亩产 563.4kg，比对照鲁糯 6 号增产 3.6%。

栽培技术：为保证产品的糯性和商品性，应与其他类型玉米品种隔离种植；适宜密度 3 500~5 000 株/亩，生产力水平越高，种植密度相应增大；其他田间管理同一般大田管理措施。制种技术要点：父母本行比 1∶4，第一期父本与母本同期播种，春播制种时在母本播种 7d 后再播第二期父本，夏播制种时在母本播种 3~4d 后再播第二期父本，母本每亩留苗 5 000 株左右，父本 1 200 株左右。在全省适宜地区作为支链淀粉专用黄糯玉米品种推广利用。

三、烟单 5 号

审定编号：烟单 5 号 1983 年通过山东省农作物品种审定委员会认定，是国内第一个通过审（认）定的白粒糯质玉米杂交种。

育种单位：烟台市农业科学院。

品种来源：烟台市农业科学院 1978 年用衡白 522 作母本，白 525 作父本杂交育成的白粒中间型糯质玉米杂交种。

特征特性：烟单 5 号生长特点夏播时，播种到成熟的生育期为 90~95d，青果穗采收期为 80~85d。全株叶数 20 片左右。株高 230cm，第一和第二果穗的穗位高分别为 89cm 和 75cm。稀植条件下双穗率一般可达 70% 左右，高者可达 96.5%。穗长 20cm 左右，粗 4.5cm 左右，穗行数 10~14 行，一般为 12 行。籽粒白色，品质好。秸秆坚硬，根系发达，抗倒伏。高抗大、小斑病。糯性强，营养丰富，适于鲜食，风味独特。

栽培技术：烟单 5 号播种特点一般授粉后 25d 即可采收鲜食。如做罐头加工，采收时间为授粉后 20~25d。春季地膜覆盖早播，能提早上市，且一年可种两茬。要选用肥水条件较好的地块。严格与大田玉米隔离种植，防止串粉降低品质。种植密度以 4 000 株/亩为宜。也可与其他作物和蔬菜间套种。施肥可分两次进行，即种肥或苗肥和穗肥，苗肥宜早不宜迟，早施有利于培育壮苗。一般亩施尿素 10kg；可见叶 15~16 片时，结合浇水追施穗肥，一般亩施尿素 15kg，以促进穗大粒多。同时要注意氮、磷、钾三要素的配合，磷肥和钾肥一般用作种肥或苗肥。制种时先播母本，春配母本要早播 5~7d，再播父本。

第四节 青贮品种

一、屯玉青贮 50

审定编号：国审玉 2005033。

选育单位：山西屯玉种业科技股份有限公司。

品种来源：屯玉青贮 50 母本为 T93，来源为齐 319×T92；父本为 T49，来源为 F349×T45。

特征特性：在晋东南地区出苗至成熟 127~133d，需 ≥10℃ 活动积温 3 000 ℃ 左右，属青贮玉米品种。幼苗绿色，叶鞘紫色，叶缘紫红色，花药黄色，颖壳浅红色。株型半紧凑，株高 280.0cm，穗位高 118.0cm，成株叶片数 20 片。花丝紫红色，果穗筒形，穗轴红色。籽粒黄色，半马齿形。平均倒伏（折）率 7.4%。经人工接种抗病（虫）害鉴定，抗小斑病和丝黑穗病，中抗大斑病，感纹枯病。经北京农学院两年测定，全株中性洗涤纤维含量 38.29%~42.62%，酸性洗涤纤维含量 19.85%~20.52%，粗蛋白含量 8.58%~8.66%。

产量表现：2003—2004 年参加国家青贮玉米品种区域试验，平均每公顷生物产量（干重）18 873.0 kg，比对照品种增产 4.5%。

栽培要点：每公顷保苗 5.25 万株左右，适时收获。

二、京科青贮 301

审定编号：国审玉 2006053。

品种来源：以自选系 CH3 为母本，外引系 1145 为父本杂交选育而成。CH3 来源于地方种质长 3×郑单 958，1145 引自中国农业大学。

选育单位：北京农林科学院玉米研究中心。

特征特性：出苗至青贮收获 110d 左右，比对照品种晚 2d，属青贮玉米品种。幼苗深绿色，叶鞘紫色，叶缘紫色，花药浅紫色，颖壳浅紫色。株型半紧凑，春播株高 287.0cm，穗位 131.0cm，成株叶片数 19~21 片；夏播株高 250.0cm，穗位 100.0cm。花丝淡紫色，果穗筒形，穗轴白色。籽粒黄色、半硬粒型。经人工接种抗病（虫）害鉴定，抗小斑病，中抗丝黑穗病、矮花叶病和纹枯病，感大斑病。经北京农学院测定，全株中性洗涤纤维含量平均 41.28%，酸性洗涤纤维含量平均 20.31%，粗蛋白含量平均 7.94%。

产量表现：2004—2005 年参加青贮玉米品种区域试验，平均每公顷生物产量（干重）19 597.5 kg，比对照品种增产 10.3%。

栽培要点：每公顷保苗 6.0 万株左右。京科青贮 301 适应区域北京、天津、河北北部、山西中部、吉林中南部、辽宁东部、内蒙古自治区（以下称内蒙古）呼和浩特春玉米区和安徽北部夏玉米区做专用青贮玉米品种种植，大斑病重发区慎用。

第五章　绿色生产技术与应用

第一节　玉米"一增四改"粮食增产技术

玉米是 C4 植物，生育期短，对光热资源利用率高，是一种经济、高效的高产作物，在适宜条件下增产潜力很大。为提高玉米产量，我们总结了夏玉米"一增四改"高产栽培技术的应用方法，即合理增加种植密度，改种耐密型高产品种，改套种为直播，改粗放用肥为配方用肥，改人工种植为机械化作业。通过近几年的实施和推广，取得了良好的增产增收效果。继续加大玉米"一增四改"技术的推广应用，对进一步提高夏玉米产量水平，仍具有十分重要的意义。

一、品种选择

除选择本篇第一章介绍的品种外，还可以选用伟科 702、隆平 206、中单 909、先玉 336 等耐密型优质高产品种，并做好新品种的示范推广。

二、"一增四改"粮食增产栽培技术的内容

（一）合理增加种植密度

根据品种特性和自然生长条件，因地制宜地将现有品种的种植密度在原栽培密度基础上，每亩普遍增加 100~500 株。一般耐密紧凑型玉米品种，高产田每亩留苗 4 500~5 000 株，中低产田每亩留苗 4 000~4 500 株；大穗型品种每亩留苗 3 500~3 700 株。

（二）改种耐密型高产品种

加大耐密型高产品种的推广力度，加快品种更新步伐，再如选用蠡玉 37、滑玉 15、浚单系列、先玉系列等高产耐密型品种。

（三）改套种为直播，适时晚收，抢时播种

麦收后，实行玉米铁茬直播，提高夏玉米播种质量，最迟不晚于 6 月 20 日。每亩播种量为 2~3.5kg。如遇干旱，玉米播种后应及时浇水确保出苗整齐。

（四）改粗放用肥为配方用肥

每亩用磷酸二铵 2.5kg 作种肥，做到肥种隔离，覆土盖严；每亩也可用生物有机肥 10kg 作种肥。施肥应遵循"底肥足、苗肥早、穗肥重、粒肥补"的原则。每亩目标产量 600~800kg 施肥参考：生物有机肥 200kg，尿素 35~50kg，磷酸二铵 20~30kg，硫酸钾 30~35kg，硫酸锌 1~1.5kg。有机肥、磷酸二铵、硫酸钾和锌肥全部底施。苗肥占 30%，孕穗肥占 50%，攻粒肥占 20%。

（五）改人工种植为机械化作业

发挥农机在玉米生产中的作用，逐步扩大机耕、机种、机收等玉米全程机械作业比例，减轻劳动强度，提高播种质量，简化作业环节。通过玉米机械收获，秸秆粉碎还田培肥地力，避免焚烧秸秆污染环境。

三、田间管理措施

（一）播种期管理

造墒整地，足墒播种，确保一播全苗。同时要通过秸秆还田、增施有机肥等途径培肥地力，提高土壤有机质含量和保蓄肥水能力。

（二）苗期管理

首先是要抓好化学除草。可以在播后苗前，用50%乙草胺乳油1 500~1 800 ml/hm² 或40%乙莠水2 250~3 000 ml/hm² 对水450~750kg喷地面，进行芽前封闭。也可以苗后茎叶处理，用4%玉农乐胶悬剂1 125 ml/hm²，茎叶喷雾，或用20%克芜踪水剂1 800~2 250 ml/hm² 对水450~750kg，在玉米苗高30cm以上时定向喷雾防治，注意不要喷到玉米上。

（三）早间定苗，去除弱株

对于没有采用单粒精播的地块，要在3叶期间苗，5~6叶期定苗，去弱留壮，去小留大，去病留健；缺苗的要带土坨补栽，对个别缺苗地块，可在临近留双株。

（四）拔节期管理

首先科学运筹肥水。拔节期是玉米一生中需肥最多的时期，此期氮素吸收量占全生育期的76%，磷素和钾素吸收量占全生育期的60%以上，是玉米追肥的重要时期。应根据土壤底肥施用量和苗期长势来确定追肥时间和追肥量，结合土样化验结果，确定施用玉米专用配方肥600kg/hm²（氮、磷、钾比例为6:1:2）。

（五）特殊年份注意预防玉米高温灾害

玉米拔节期对高温敏感，特别是7月上中旬，若连续出现35℃以上高温天气，对高温敏感品种雌穗分化将受不同程度的影响。2017年一些地方出现玉米高温灾害。高温热害是玉米生产中会遭遇到的一种自然灾害。因7月下旬到8月上旬，是一年中平均气温最高的时间段，常出现日最高气温35℃以上的极端高温天气。据李少昆等编著的《玉米抗逆减灾栽培》，遭遇到33℃以上中度热害，可导致减产52.9%；遭遇36℃以上严重热害，可导致绝产。高温首先是影响光合作用，降低光合蛋白酶的活性，叶绿体结构遭到破坏，并引起气孔关闭，降低光合效率。同时高温会加大呼吸作用，使营养消耗加快，不利于光合产物的积累。另外，高温还会影响生育进程和果穗发育等，导致果穗小花分化数量减少，果穗变小。气温持续高于35℃，会影响花粉形成和花粉活力，受害程度随温度升高和持续时间延长而加剧。高温还会影响玉米雌穗发育，致使果穗各部位分化发育异常，如影响花丝伸长、完全不能够吐丝或吐丝困难迟滞，造成雌雄不调，授粉不良，导致空秆、空穗、严重秃尖、果穗结实满天星等情况。

在 7 月下旬到 8 月上旬时常出现 35℃ 以上高温天气的时段，也是影响菏泽市玉米在孕穗至吐丝授粉出现异常的关键时期，这时期是玉米生长发育对光、温、水、肥等环境因子条件要求极高、最为敏感的阶段。更是玉米果穗发育器官建成的关键时期。如在吐丝散粉之前的孕穗期遇到高温，常导致果穗发育严重迟缓滞后障碍，出现空秆或多种形式的畸形穗，如弯曲的"香蕉穗"、状如手掌的复穗、苞叶不能正常伸长的露尖穗甚至裸穗等情况。

（六）抽雄吐丝期管理

这个时期还是优先抓肥水管理。注意该时期是高温多雨季节，又是玉米需水临界期，对水分敏感，合理浇水，应做到遇旱浇水，遇涝排水，以确保玉米健壮生长的需要。还要注意病虫害防治。此时期为玉米多种病虫害的盛发期，主要有玉米蚜、三代黏虫、叶斑病、茎基腐病、锈病等。防治指标：玉米蚜百株 1.5 万头；三代黏虫直播玉米百株 120 头，套播玉米百株 150 头；玉米穗虫百株 30 头；大斑病、小斑病和弯孢菌叶斑病均为抽穗前后病叶率 10%~20%。防治弯孢菌叶斑病可用 50% 百菌清、50% 多菌灵、70% 甲基托布津 500 倍液喷雾防治；大斑病可用 40% 克瘟散、50% 多菌灵、75% 代森锰锌等药剂 500~800 倍液喷雾防治；褐斑病可用 50% 多菌灵、70% 甲基托布津 500 倍液喷雾防治。此外还可摘除老叶病叶，以减少菌源和降低田间湿度。在玉米锈病发病初期，可用 20% 粉锈宁乳油 1 125~1 500 ml/hm^2 喷雾防治。玉米穗虫可用 90% 敌百虫 800 倍液滴灌果穗防治。玉米蚜可用 50% 辟蚜雾 120~150g/hm^2 或 10% 吡虫啉 150~225g/hm^2 对水 675kg 喷雾防治。三代黏虫可用 50% 辛硫磷 1 000 倍液喷雾防治。

（七）注意预防玉米授粉期高温灾害

如在吐丝散粉期遇上高温天气对玉米危害更大，会导致花粉和花丝活力严重下降，不能正常授粉结实，常导致花粒满天星，甚至完全不能结实的空秆或空穗。如高温热害再与干旱以及菏泽市另一种常遇到的寡照天气相连或叠加，将使危害更大更严重。因此需要特别注意采取相应的应对措施以避免或减轻高温热害的不利影响。

高温热害的防范：①选育和推广耐热品种。针对菏泽夏玉米高温热害频发、在某些局部区域甚至常态化的形势下，应特别重视耐高温品种的选育、鉴定和选择推广。不同品种之间耐热性还是有较大差异的。在选择品种时要看其在特殊年份的多点表现，应重视耐热性。②调节播期，使吐丝散粉期避开高温。根据中长期天气预报，采取提前播种或推迟播种等措施，使吐丝散粉期避开 7 月下旬至 8 月上旬这段最容易发生高温热害的时间。③合理密植，适当降低密度。同一个品种，通过适当降低密度，可以减少群体内个体之间的水肥竞争矛盾，使个体发育更健壮，同时采取宽窄行的种植方式，有利于改善田间通风透光条件，增强抵御高温热害能力。④及时灌溉喷施叶面肥。在高温出现或之前及时灌溉，可改善田间小环境，降低温度。喷施适宜的叶面肥，既可以减低植株温度，也可以增强对高温的抵抗能力。⑤加强田间管理，增强耐热性。秸秆还田、深松蓄水保墒、培肥地力、科学施肥等田间管理措施，既可以改善田间小气候，也可以提高植株对高温的抵御能力，都可以在不同程度上避免或减轻高温热害的危害。

（八）防止后期倒伏

防止倒伏的根本途径是适当降低基本苗和运用氮肥后移技术。倒伏也与后期浇水不当有关，浇水时土壤松软，中上等肥力田易发生倒伏。因此，后期浇水要特别注意天气预报，掌握无风抢浇，大风停浇。

（九）成熟期管理

玉米茎秆黄枯，叶子枯萎，苞叶干枯，籽粒已完全硬化并显现出本品种固有的色泽为适收期，若收获过早则严重影响玉米产量。据试验，玉米从苞叶发黄到成熟还需 10~15d，苞叶发黄时就收获，将减产 10%~15%。因此，要适当晚收，最佳收获时间为玉米包叶变松、籽粒变硬、乳线消失，但又要保证下茬小麦有适宜播期，实现玉米、小麦双增产。

四、直播与晚收结合

当植株苞叶变黄、变松，籽粒变硬，出现光泽，乳线消失，基部黑层出现时收获。

第二节　玉米精量播种高产配套栽培技术

一、玉米精播技术发展

20 世纪 60 年代，发达国家已经普遍采用玉米机械化单粒播种。80 年代，中国农业词语里开始出现"精量播种"，意思是"将种子按一定距离和深度，精确地播入土内，达到苗全、苗齐、苗壮。此法要求较高的播种质量和种子质量"。但在玉米生产实践中鲜有应用且难以推广。新世纪，"单粒播种"概念引进中国，开始实行玉米精致包装、种子包衣、单粒播种，确保"一粒种子一棵苗"。特别是杜邦——先锋种子公司培育的先玉 335 玉米种子，在中国首推按粒包装、单粒播种技术，种子有良好的发芽率、发芽势和纯度，并率先以企业行为补贴小型气吸式播种机，创造了适宜中国农村组织形式的新型营销与售后服务模式，通过现场会形式向农民开展播种期、管理期、收获期技术服务——良法跟着良种，全程服务到位。在今天农村经济大变革时期，多数青壮农民外出务工，高质量品种和单粒播种配套技术，受到越来越多农民的欢迎，在菏泽已经成为一项重要的栽培技术。

二、玉米单粒播种技术要点与优势

玉米单粒播种技术推广近十年来，目前已经全面普及，省工增效，很受农民欢迎。尽管如此，受各种因素的影响，广大农民朋友在生产过程中具体运用该项技术时，仍然存在不少问题。这里归纳如下几点，以期对广大农民朋友有所裨益。

（一）关于良种的质量问题

种子质量优良是实现玉米单粒播种的前提。常规的种子质量指标包括纯度、发芽率、净度和水分。玉米单粒播种对种子质量的要求很高，除上述四项指标外，还要求种子活力、发芽势、叶鞘出苗顶土能力和种籽粒形、粒重、粒色的一致性（即播种性能）要高。单粒播种要求种子：纯度≥98%、发芽率≥95%、发芽势≥90%、净度≥99%。种子发芽率低播种后容易缺苗，发芽势低导致出苗整齐度和幼苗大小均匀度差。硬粒型玉米种子叶鞘顶土力强，马齿形种子则顶土力弱，所以马齿形玉米种子对整地、土壤墒情、播种质量的要求更加苛刻，这类种子作为单粒播种，购买时要慎重。

目前玉米种子市场比较混乱。小公司甚至个体种子经销商私繁滥制、作坊式生产的套包种子充斥市场，品种名称五花八门，质量良莠不齐，且都按粒包装，冠以单粒播种。加之经销商和经纪人为了经济利益，不负责任的夸大宣传，使农民购买种子时眼花缭乱、无所适从。

建议农民选购自主产权品种。自主产权品种和种子质量有保障，农民用起来放心，万一出现质量问题，农民也索赔有门。证照齐全、口碑好、实力雄厚的正规门店一般都有授权代理销售的自主知识产权品种的种子。套包种子（其实就是假冒伪劣产品）质量无法得到保障，是法律打击的对象。购买种子不要轻信夸大宣传，不要被小恩小惠所诱惑。

购买种子前首先要看该门店是否具有所需品种的正规授权代理证书，以及证书是否还在有效期限内。购买种子前要认认真真看清种子标签，不要急着付款。购种时必须索要加盖公章的正规发票，发票各项要求填写全面、准确、清晰，并完好保存至玉米成熟没有问题之后。买回的种子尽早按包装袋上的防伪说明，通过电脑、电话等查询真伪，或直接打电话到公司进行详细咨询。有条件的，可首先登陆中国种业信息网，对种子标签信息（包括品种名称、审定编号、特征特性）进行核对，如果种子标签标注的信息和中国种业信息网不相符或差距过大，很可能就是问题种子。另外在网上查找农业部《农作物种子标签管理办法》，对照检查种子标签。种子包装袋标注项和内容应完全按《农作物种子标签管理办法》规定标注，如果标签标注有漏项或内容模糊、不全面或不规范，有可能是问题种子。

正规种子的粒形、粒重、粒色和大小的一致性非常好，如果一致性较差，表明种子质量不好。优质的种子色泽鲜艳光亮、籽粒饱满、纯净度好、水分低。

买回的种子要立即做好发芽试验。农户简易玉米种子发芽试验方法：随机取样300粒完好种子，放在18~20℃的温水中浸泡4~6h后取出，每百粒为一组，分为3组，每组均匀地摆在湿润的新毛巾上，毛巾要求浸湿拧掉多余水分，种籽粒与粒间距为种子直径1倍以上，用毛巾把种子卷起，毛巾卷要松紧适度，两端扎紧，外套不扎口的塑料袋，放在25℃左右的温度下，毛巾卷保持湿润，逐日挑出并记载发芽粒数。3d后计算发芽势，7d后计算发芽率。玉米发芽标准：当幼芽达到种子长度的一半、幼根相当于种子长度时才算发芽。单粒播种要求：发芽率≥95%、发芽势≥90%。

种子要放在阴凉、干燥、通风、没有烟熏的地方保存，不能挨地，与化肥等化学品分开存放。

播完种后，要把种子包装袋完整保存好，并妥善保留少许种子样品，以备一旦种子出现问题作为证据。农户一旦遇到种子出现问题，不管是春、夏、秋，务必完整保留现场，直到问题得到解决。有些农民缺少自我保护的法律意识，轻易毁地或收割，把现场完全破坏，失去农业事故鉴定和索赔的证据，结果有理拿不出证据，官司很难打赢。

靠增加密度提高产量、机械直接收粒是今后玉米生产发展的方向。这就要求缩短玉米品种的生育期，减少植株叶片数，降低植株高度，株型清秀。玉米生产发达的美国1979—2005年的26年间，玉米单产提高接近50%，但玉米品种的生育期却从125d缩短到了115d。这些经验将对我们选择品种时有所启迪。

（二）关于整地质量问题

玉米单粒播种，一粒种子保一棵苗，所以对整地的质量要求极高。菏泽玉米几乎全是麦后贴茬直播，没有时间精细整地。播种前要先看土壤墒情，土壤墒情不足时播种后3d内要浇蒙头水，确保玉米出苗。

（三）关于种衣剂的选择和种子包衣问题

最好直接购买包衣种子。单粒播种杜绝白籽下地，防止种、苗遭受病虫危害。单粒播种对种衣剂的质量要求极高，种衣剂的安全性和成膜性要好，包衣后的种子表面必须光滑，如果包衣种子表面发涩，机械播种将导致排种困难，严重的甚至播种机将种子咬碎，造成田间缺苗断条。一般大品牌的种衣剂质量较为有保障，严格按照标签标明的用量和方法使用，当前种衣剂使用上的突出问题是超量，造成抑芽或粉种。推荐使用先正达噻虫嗪和咯菌·精甲霜悬浮种衣剂，用量为噻虫嗪10g/5kg种子+咯菌·精甲霜悬浮种衣剂10ml/5kg种子。这两种种衣剂混配可兼防地下害虫和茎基腐病，并有一定的壮苗作用。种子包衣前必须进行2~3d的充分晾晒，晒种能起到杀菌、提高发芽率、增强发芽势的作用，可大大降低二、三类苗比例。晒种的作用不可小觑，这一点很容易被忽视。种子包衣前要严格手工精选：剔除过大和过小粒、杂粒、病虫粒、穗尾粒，选留粒形和大小均一、色泽鲜亮的做种。

（四）关于播种质量问题

玉米单粒播种栽培技术"七分靠种，三分靠管"。播种环节在现代玉米单粒播种栽培中占有非常重要的地位。影响玉米单粒播种保"四苗"（即苗全、苗齐、苗壮、苗匀）的核心外界因素就是土壤墒情问题。玉米单粒播种，对土壤墒情的要求相当严格，底墒必须足够充足才可下种。土壤墒情不足盲目急于播种或干播等雨都不可取，极易粉种瞎地。

（五）严防地下害虫

玉米田间对缺苗的自然调节能力不强，所以单粒播种对玉米钻心虫、金针虫等地下害虫和鼠害要引起足够的重视。地下害虫除种子包衣防虫外，还需用5%辛硫磷颗粒剂混拌在化肥里随播种施入，每公顷辛硫磷颗粒剂用量为25kg。在鼠害重灾区，老鼠能把种粒带药膜的表皮嗑掉后取食。灭鼠工作宜在玉米播种后立即投放溴敌隆等毒饵防治鼠害，包括：①鼠洞外一次性饱和投饵或田间封锁带式投饵。宜量少堆多，每堆 5g 左右。②毒饵站投药。每公顷放置 30 ~ 45 个毒饵站，每个毒饵站内放置 50g 左右毒饵。

（六）关于合理密植和播种量问题

自郑单 958 被大范围推广以后，耐密型品种已被广大农民认可，有的农民甚至只种耐密型品种。且现在又出现了另一种倾向，即不论是高密度，还是中密度品种，一律 20cm 左右的株距。近几年玉米倒伏的情况较多，跟盲目密植也不无关系，结果出现产量不高或不同程度的减产。具体密度范围可按照种子标签标注的要求或登录中国种业信息网或通过每年的山东省主导品种和主推技术给出的密度范围，再综合当地的土壤肥力、降雨和灌溉水平、施肥量、温度等因素确定具体的计划留苗密度。

肥料施用量是影响密度的主要因素之一。增加密度需相应增加肥料的施用量。没有充足的肥料支撑不了较大的密度，否则最终将导致玉米后期枯黄早衰，造成减产。干旱年份对密植玉米也将产生不利影响。

（七）适当增加播种密度问题

玉米单粒播种公顷计划保苗株数不等于播种粒数。因为没有玉米种子的发芽率会达到 100%，而且田间出苗率还要低于发芽率，所以播种粒数必须留有足够的余地，不能指望播多少粒种子就会出多少苗，这是根本不可能的。另外由于追肥封垄等田间作业机械打断，病、虫、鼠、鸟等危害，三类苗等因素也会造成一些损失。为了保障实收穗数，要考虑在计划保苗株数之外留出一定量的预备苗，以弥补玉米生长过程中由于各种原因造成的损失。综合以上各种因素，单粒播种实际播种粒数应较计划留苗株数增加 10% 左右。

（八）玉米单粒播种技术优势

1. 简化工序

传统的玉米播种方式单一，在"有钱买种、无钱买苗"的传统观念下，农民习惯于大把撒种、大把间苗，既原始粗放，又浪费种子。玉米单粒播种"一穴一粒、一籽一苗"，出苗后不再像传统条播或点播那样进行间苗、定苗等田间作业，节省劳力、降低成本。在规模化种植下，单粒播种节本增效优势更为明显。

2. 节省种子

传统的条播、穴播、点种，因种子发芽率多在 85% 左右，为了保全苗，一般每穴播 3~4 粒或每亩播 3~4kg。单粒播种要求种子发芽率在 95% 以上，每亩播种 1.5kg 左右，用种量大幅度减少。

3. 株匀苗壮

单粒播种的种子经过精选和分级，粒型一致，粒重一致，按照该品种最适宜种植密度确定行距和株距，出苗整齐，分布均匀，水肥集中，通风透光良好。

4. 保护除草剂药效

由于单粒播种无须间苗和定苗，减少了田间作业对田间喷施苗前除草剂药层的破坏，保证除草剂的药效。

第三节 玉米种肥异位同播绿色增产栽培技术

一、玉米种肥同播技术含义

玉米种肥同播是指玉米种子和化肥同时播入田间的一种操作模式，不用间苗，后期不用追肥，产量提高明显，但是对于机器、种子、化肥的要求特别严格，并不是所有的机器、种子、化肥都能够进行种肥同播。种肥同播实现了农机农艺结合、良种良肥配套，是配方肥科学下地的有效形式。玉米"种肥异位同播"技术是在玉米播种时，按有效距离，将种子、化肥一起播进地里，提高施肥精准度，同时又省工省时省力，这种"良种+良肥+良法"的生产方式，能大大提高耕作效率。目前夏玉米播种已基本实现机械化，但施肥还比较传统，劳动力投入较大。有的农民图省事，直接将肥料撒到地表，肥料淋失、挥发严重。农谚说"施肥一大片，不如施肥一条线；施肥一条线，不如施肥一个蛋。"就是说肥料用到地里比表面撒施好。因此，生产需要就又创新出玉米种肥异位同播精播高产技术。

二、玉米"种肥异位同播"的优点

（一）省力省工

"种肥异位同播"解决多次追肥多用劳动力的问题，原来是两次或三次施肥，现在是把播种和施肥结合在一起，不用人力多次施肥，简化了栽培方式。若配合使用缓控释肥，一次施肥后不用追肥，再次节省了追肥的投入和人工成本。

（二）提高肥料利用率

肥料施进土壤，减少了肥料地表流失和挥发，肥料在土壤微生物菌的作用下转化成作物生长需要的营养，能提高肥料利用率 $10\% \sim 20\%$，在相同施肥量的情况下，肥料吸收得越多，利用率越高，增产效果越好。例如：玉米根系主要以质流方式获取氮素，但土壤水运动的距离大多不超过 $3 \sim 4cm$，对根系有效的氮素，须在根系附近 $3 \sim 4cm$ 处；磷、钾主要以扩散的方式向根系供应养分。吸收养分的新根毛平均寿命为 $5d$，最活跃的根部分生区的活性保持期为 $7 \sim 14d$。因此，为提高肥料利用率，肥料应施于根际。种肥异位同播肥料恰能迎合玉米根系及时有效吸收养分，提高了肥料利用率。

（三）苗齐苗壮

采用种肥异位同播的玉米播种均匀，出苗齐壮，有效提高抗旱保墒的能力。尤其是单粒精细播种，每亩可以节约种子成本 10 元左右。

（四）增加产量

由于提高了肥料利用率，所以提高玉米产量达 10% 以上，经济效益明显增加。

三、玉米"种肥异位同播"应注意的问题

(一) 正确选用合适的化肥做种肥

碳酸氢铵(有挥发性和腐蚀性,易熏伤种子和幼苗)、过磷酸钙(含有游离态的硫酸和磷酸,对种子发芽和幼苗生长会造成伤害)、尿素(生产温度变化常生成少量的缩二脲,含量若超过 2% 对种子和幼苗就会产生毒害)、氯化钾(含有氯离子)、硝酸铵、硝酸钾(含的硝酸根离子,对种子发芽有毒害作用)、未腐熟的农家肥(在发酵过程中释放大量热能,易烧根,释放氨气灼伤幼苗),这些都不适宜做种肥。

种肥要选用含氮、磷、钾三元素的复合肥,最好是缓控释肥,如缓释氮(6:4)40%(26-8-6)智能锌缓控释肥料、48%(26-10-12)缓释稳定性复混肥料、51%(31-10-10),完全能实现玉米生长需要多少养分释放多少,还可以减少烧种和烧苗。

(二) 种子、肥料间隔 5cm 以上

化肥集中施于根部,会使根区土壤溶液肥料浓度过大,土壤溶液渗透压增高,阻碍土壤水分向根内渗透,使作物缺水而受到伤害。直接施于根部的化肥,尤其是氮肥,即使浓度达不到"烧死"玉米的程度,也会引起根系对养分的过度吸收,茎叶旺长,容易导致病害、倒伏等,造成作物减产。所以要保持种子、肥料间隔 5cm 以上,最好达到 10cm,肥料位于种子侧下方。

(三) 肥料用量要适宜

如果玉米播种后不能及时浇水,种肥播量一般不超过 25kg/亩,在出苗后 5~7 片叶时,再穴施或条施 10~15kg/亩。如果能及时浇水,而且保证种肥间隔 5cm 以上时,播量可以达到 30~40kg/亩。

(四) 土壤墒情不足适期浇水

注意土壤墒情,当土壤墒情不足时,播后 1~3d 浇蒙头水,减少烧种、烧苗。

(五) 增施氮肥

如果前茬是小麦,而且是秸秆还田地块,一般每亩还田 200~300kg 干秸秆,要额外增施 5kg 尿素或者 12.5kg 碳铵,并保持土壤水分 20% 左右,有利于秸秆腐烂和幼苗生长,防止秸秆腐烂时,微生物和幼苗争水争肥,还可以减少玉米苗黄。

(六) 注意苗期病虫害

播后和幼苗期药剂防治灰飞虱,减少玉米粗缩病发生。同时还要注意及时防治蓟马等其他害虫,保证玉米正常生长。

四、选用适宜全程机械作业的玉米品种

玉米收获作业是一项繁重体力劳动,约占整个玉米种植投入劳动量的55%。在菏泽,当前玉米机械化收获存在的问题,一是种植方式多样,有平作畦作,有间作套种,有宽行窄行;二是玉米品种多乱杂,植株高矮不均,籽粒含水量高,成熟期不一致;三是现有玉

米收获机作业故障率高、棒穗下部脱粒多，籽粒破损率高；四是推广的玉米育种高秆大穗、生长繁茂，品种晚熟、生育期偏长，收获时籽粒含水量偏高，不利于玉米机械收获作业。

从小麦玉米两作高产以及推行单粒播种和机械收获作业一体化考虑，菏泽地区选用理想型玉米品种一般指标：要求茎秆坚韧、矮秆、耐密植，抗倒伏、不落穗，综合抗性强。株高240~260cm，穗位110~130cm，果穗整齐匀称，苞叶长度适宜，从播种到收获100d左右。籽粒灌浆期长，收获时脱水快，含水量可迅速降至20%以下，籽粒容重大于750g，籽粒长度大于1.3cm。穗轴细而坚硬，抗螟虫和穗腐病。为适应当前农村大量的青壮年农民进入城市或转入其他行业，适应土地规模经营或者称之为农业企业，选用玉米种子不宜追风赶浪，特别要注意种子发芽率，如果种子发芽率依然为85%左右，又标注"单粒播种"标牌，这样的种子容易造成种子事故。

注意玉米种子加工工艺。单粒播种的玉米种子加工工艺流程是：果穗入料→挑选去杂→剥叶→选穗→烘干→脱粒→清选→中间仓贮存→分级→比重选→包衣→装袋→入库。通常采用穗烘干法，收获的玉米果穗进入加工厂，在72h之内使果穗含水分从35%左右降至13%以下，采用揉搓式脱粒工艺，以400~600r/s的低转速，保证种子破损率低，发芽率达到95%或98%；种子精分6级，粒型一致，确保种子活力和播种质量。当前国内多数种子企业玉米种子加工机械采用摘穗、脱粒、初精选、比重选、计量包装等工序，采取齿轮式单机加工，转速快（1 000~1 500r/s），种子破碎率高，质量降低。相比之下发芽率相差20%以上，特别是在春播低温气候条件下，单粒播种容易造成缺苗事故。购买玉米种子要购买籽粒大小一致的种子。

五、玉米种肥同播精播技术配套服务

（一）配套机械

现行生产上采用的单粒播种机主要有气吸式和勺轮式两种。气吸式播种机依靠高速风机产生的负压驱动排种，排种质量受风机风速及其稳定性影响。气吸式播种机的风机是依靠拖拉机上的柴油机动力输出轮驱动，因此，拖拉机的动力输出速度及其稳定性对播种质量产生很大影响。使用气吸式播种机，一定要注意拖拉机动力稳定，转速不能忽高忽低，地头地边作业时只能低档作业，防止负压不足影响播种质量。勺轮式播种机依靠自身行走轮驱动排种，其行走速度及作业期间播种机机身的水平稳定性会对播种质量产生一定影响。此外，排种管的结构也会影响到种子的落粒均匀度。选用勺轮式播种机，一定要购买正规厂家的机械，要进行试播，检查漏播率和双粒率和多粒率是否符合质量标准。播肥料的耧腿要在播种子耧腿前下方，距离符合种肥异位同播要求。

（二）种子质量

推行玉米机械化种肥异位同播的单粒播种作业，要求种子发芽率在95%以上，原种纯度在99.8%，杂交种纯度在98%以上；播种前进行分级处理和种子包衣。注意种子水分、

发芽率、发芽势、生活力，种子整齐度以及种子包衣等。发芽率低容易出现缺苗，发芽势低、生活力弱容易形成大小苗。

（三）土壤条件及播种质量

种肥同播的单粒播种要求土地平整，精细整地，依次完成开沟、播种、施肥、覆土和镇压作业。实现土壤墒情一致，播种深浅一致，覆土均匀一致，出苗整齐一致。玉米栽培全程从过去"三分种，七分管"发展到"七分种，三分管"，突出土壤墒情和播种质量，为实现玉米全苗壮苗获取高产奠定基础。

（四）要实现"等距精量播种"

种肥同播单粒播种的概念，不仅仅是每穴下一粒种子，不用间苗，省了间苗工、追肥等工序。而是通过种肥同播单粒播种，实现玉米植株在田间均匀地分布，克服在较高密度情况下玉米植株群体结构方面存在的问题，协调玉米植株个体与群体之间不合理的矛盾，真正实现玉米栽培学上所要求的"群体密、个体稀"的理论，合理解决玉米植株在较高密度情况下，个体之间争肥、争水、争光的问题，只有这样才能实现玉米的稳产高产。同时具有缓释功能的玉米专用肥，满足玉米不同生育适期对肥料的需求，多方面体现种肥同播单粒播种的技术含量，应把单粒播种定名为"玉米等距单粒异位种肥精量播种"技术。根据上述概念，在推广种肥异位同播单粒播种时，一定要实现粒间等距播种。

第四节　玉米高产简化栽培技术

玉米高产简化栽培技术是针对农村劳动力转移、田间管理跟不上、传统精细栽培技术过于费工、费时、费力、投入高等问题提出的改良技术，该项技术对提高玉米生产机械化、规模化，节本增效，保障高产稳产具有良好效果。

玉米高产简化栽培技术的特点是高产、省工、省力，能降低成本增加收入。应用该项技术，一般可比常规技术增产10%，降低成本20%，增加纯收入25%，提高土地耕层有机质含量，改善土壤理化性质。

一、品种选择

选用高产紧凑型玉米品种，要求耐密植、抗性强、活棵成熟。

二、适期机械播种

一般于5月底至6月中上旬机械播种。麦收后，可及时灭茬，机械播种，也可抢茬机械直播或选用免耕播种机播种。合理密植，行距60~70cm，也可以采用大小行，大行80cm，小行60cm，播深3~5cm。

三、科学施肥

根据产量和肥料有效养分含量确定施肥量，一般高产田依据每生产100kg玉米籽粒需施用纯氮3kg、五氧化二磷1kg、氧化钾2kg推算。推荐施用玉米专用缓释长效复合肥，一般为40~60kg/亩，苗期一次性施入；普通化肥可在苗期、大口期各50%两次施入。

四、化学除草

出苗前，可喷施40%阿特拉津+50%乙草胺、50%都阿合剂等除草剂；出苗后，可喷施玉农乐、48%百草敌水剂等除草剂。严格控制剂量，以防药害。

五、田间管理

苗期：及时间苗、定苗；及时中耕；及时防治病虫害。穗期：拔除弱株，中耕促根；及时浇水和排灌；防治玉米螟。花粒期：及时浇水与排涝；防治虫害。

六、机械收获

完熟期机械收获，选择适合当地的联合收割机，如自走式的北京4YZ-3型、背负式的玉丰4YW-2和郑州4YW-1等，进行机械收获。

第五节　玉米超高产关键栽培技术

自2008年玉米高产创建项目的实施和辐射带动以来，已经在很大程度上提升了菏泽玉米高产栽培水平和技术应用率，大大提高玉米单产水平，为夏玉米高产栽培积累了丰富的经验和技术，奠定了良好的技术基础。夏玉米高产创建的目标产量是600~650kg/亩。通过连续3年的调查数据对比，夏玉米平均每亩产量600~650kg的合理密度是4 500~4 800株；夏玉米超高产，产量是750kg/亩或750kg/亩以上，合理密度5 500~5 800株/亩。曹县侯集镇北沙楼村2015年夏玉米高产创建两个百亩攻关田平均产量全部超过了750kg/亩，十亩攻关田平均产量1 008.9 kg/亩，居全市夏玉米高产创建单产第一名。总结玉米超高产栽培技术，其主要经验如下。

一、打破常规模式，创新理念，巧夺高产

（一）树立"七分种、三分管"理念，打破"麦在种、秋在管"观念
随着玉米品种的不断更新，农业新技术的不断推广应用，种植模式的不断优化，农业机械化程度的不断提高，加之夏玉米超高产栽培产量目标的高要求，在理念上要打破"麦在种、秋在管"观念，树立适应当前超高产形式"七分种，三分管"的理念。玉米不同于其他作物，是一个单株单棒型作物，只有重视播种，提高播种质量，才能保证足够的基本苗，形成产量基数。

（二）树立"增穗数、稳粒数、保粒重"理念
玉米产量构成三大因素是亩穗数、穗粒数和千粒重，玉米超高产栽培，要树立"增穗

数、稳粒数、保粒重"的理念，从这三个方面来加强和提高。由于玉米品种种性的表现具有一定的稳定性，一般在大田生产中千粒重变化差异性不是很大，要实现超高产栽培的目标产量，需要解决的就是亩穗数和穗粒数的问题，亩穗数和穗粒数的关系是相互对立、相互矛盾的，适宜的亩穗数加上合理的穗粒数（实际上就是高密度、中棒型），通过这一个结构来实现超高产目标产量。

二、严把播种关，奠定超高产基础

严把播种关是实现玉米超高产的基础环节。要做到铁茬直播、合理密植、增加密度，达到一播全苗，苗齐、苗全、苗壮。

（一）选用良种

积极选择生育期适中的中晚熟（100~105d）及抗病力强（抗大、小斑病，粗缩病和青枯病等）、抗逆性好（耐旱、抗倒伏）、株型紧凑、耐密性好、增产潜力大的优良新品种，同时新品种的选择要结合当地水利条件和群众种植嗜好。具体要坚持"五中"具体标准。

1. 中大穗

大穗品种耐密性一般较差，必须在密度稀、光照足、肥水好的条件下才能显示个体的增产潜力，但密度降低又因群体穗数不足而减产。有些乡村土壤贫瘠，需要种植高秆大穗品种。但在肥水光照条件较好的地区，适度密植的中大穗品种既可稳产又可高产，有较广泛的适应能力。中大穗品种要求每穗14~16行，行列整齐，穗轴细，籽粒排列紧实，结实满尖，纯白色或纯黄色。还要注意穗轴粗度，或称为轴粒比或出籽率。一个玉米的果穗外观上难以确定穗轴性状，须通过取样测评。例如郑单958，这个杂交种基本上传承了紧凑型玉米的许多优点，株形清秀，叶片斜举，适宜密植，抗病抗倒，又增加了轴细、粒大、灌浆快、出籽率高的优点，有很明显的增产优势。理想的中大穗品种单株穗粒重在200~250g，出籽率在85%以上。特别指出，中大穗品种不含双穗指标，甚至在植株上最好不存在双穗或多穗的发育潜势。

2. 中大粒

理想的中大粒指标是每穗500~600粒，千粒重350~400g。

3. 中矮秆

20世纪50年代多数玉米品种为高秆大穗。例如金皇后、黄马牙、白马牙等，植株高大，叶片宽展，单株叶片占据较大空间。70年代玉米育种人员曾设计出理想型矮秆玉米，株高在1.0~1.5m，试图以矮秆、宽叶增加种植密度以获取高产，但都因叶片过于宽大重叠、群体受光减少、降低光合效率导致产量下降而走过一段育种弯路。20世纪90年代以来，科研人员相继提出玉米理想株型的概念，即株型紧凑，上部叶片上冲，与茎秆夹角为20°~25°；中部及其以下叶片宽大平展，果穗中大，穗位适中。在菏泽地区株高为2.2~2.6m。玉米植株高度在不同地区、不同年份乃至不同管理条件下都会发生变化。植株高度还涉及抗倒性问题。抗倒性系指抵抗根倒、茎倒和茎折。可以把植株具有强大的根系、茎基部节间的长短、茎粗系数（茎粗/株高×100）和穗位系数（穗位高/株高×100）作为选育抗倒伏玉米杂交种的指标。研究表明，支持根发达、茎基部三个节间的平均长度在3cm以下、茎粗系数在45%以下时植株的抗倒伏能力较强。还要注意良种与良法配套，以栽培措施提高玉米植株的抗倒性能。

4. 中高密

玉米高产栽培实质是对光能和温度的利用。从玉米产量变化看，合理密植是极其重要的栽培技术，随新品种的推广而密度不断增加。20世纪50年代种植玉米品种如金皇后、白马牙等，一般密度27 000~30 000株/hm^2，60年代种植玉米双交种，密度37 500株/hm^{2}左右。80年代以来，玉米密度大幅度增加，平展型玉米45 000~52 500株/hm^2，紧凑型玉米60 000~75 000株/hm^{2}或更多。在此密度范围内，育种人员很注意所选自交系和杂交种的耐密性能，它实际上包括了株型、叶形、叶向、叶角、叶向值以及根、茎的质量等各种形态生理性状。玉米栽培最大的改革是种植密度的加大和施肥水平的提高。农技人员通过对玉米不同株型、不同种植密度研究认为，产量指标结合密度指数作为选择杂交种的评价指标。在现有玉米产量和密度基础上，若群体对太阳光能利用率再提高1%，就可能增产4 500 kg/hm^2。

5. 中晚熟

玉米熟期是指某一品种从播种到成熟所需的有效积温。因为玉米的生育天数常随光照、纬度和海拔条件而改变，同一品种在海拔相近条件下，一般每向南移1°，生育期缩短2~3d。以积温作指标，可以准确地确定某一玉米品种的熟期，在引种时增加预见性，减少盲目性。

（二）玉米熟期和产量密切相关

把引种目标定为中晚熟，指所需生物学下限（10℃以上）有效积温在2 400~2 900℃·d。不同年份，在菏泽可供夏玉米生长天数为120~135d。特殊情况，我们可以把现代科学技术与传统精细农艺结合起来，通过采取诸如育苗移栽、覆膜栽培、浸种催芽以及化学促控等栽培技术，攒前促后，争取积温，灵活地调控某一玉米品种的成熟日期，可以充分利用菏泽丰富的光热资源，获取玉米的最高产量。研究表明，新品种在玉米增产诸因素中起20%~30%的作用，其他如密植、施肥、灌水等组装配套适用技术也起着重要作用。

三、播种方式选择铁茬直播

目前播种机械多样化，结合播种量选用合适的播种机械。播深4~5cm，深浅一致，均匀覆土。硬茬直播同常规播种比，出苗早2~3d，强弱苗差异不明显，后期的长势趋于一致，成熟提前3~5d，为夏玉米栽培实现增加产量、改善品质、增加收益提供了保障。

四、足量播种

播量 1.5~2.0kg/亩。玉米超高产栽培核心就是增加密度，播量不足，直接影响基本苗数，苗数达不到，超高产就无法实现。以种植的浚单 20 玉米种子为例，千粒重 350g 左右，0.5kg 种子大概 1 400 粒左右，按照 85% 出苗率计算，播量 2kg/亩，应该出苗 5 600 株，通过去除部分弱苗后，完全可以达到超高产栽培留苗密度 5 000 株/亩左右的要求。

五、抢时早播，适墒播种

结合小麦机械收获，尽量做到玉米抢时早播。抢时早播能够最大限度地为玉米超高产争抢农时，增加生长积温，创造了增加产量、改善玉米品质的条件。随着机械化程度提高，完全可以做到边收小麦边播种玉米，减少收种之间农耗，充分均衡利用光热资源。2012 年鄄城县夏玉米高产创建攻关田播种时间是 6 月 18 日，6 月 20 日灌出苗水，平均穗数 5 667 穗/亩，平均穗粒数 449 粒/穗，平均单产 756.9kg/亩。大埝乡百亩攻关田播种时间是 6 月 12 日，6 月 12 日灌出苗水，平均穗数 5 664 穗/亩，平均穗粒数 473 粒，平均单产 797.6kg/亩。两个攻关田播种品种一致，播种质量一致，管理水平一致，亩穗数基本一致，收获时间基本一致，由于播种时间的差异，平均穗粒数相差 24 粒，平均单产相差 40kg 以上。

六、带肥播种，施足底肥

底肥施用常规肥料可选亩施磷酸二铵、尿素和大粒锌，亦可以选用玉米专用缓控释肥，亩用量 40~60kg。播种行距可选用宽窄行，种植方式选择 "80+60" 大小行种植。80 是指播种机搂腿之间的距离为 80cm，60 是指播种时两搂之间的距离为 60cm。按照 "80+60" 宽窄行种植，单垄间的平均行距为 70cm，多垄间的平均行距不超过 75cm。

七、狠抓田间管理技术落实到位

（一）及时查苗补苗和去除弱株

做好查苗、补苗，是确保玉米超高产玉米群体结构、增加密度、合理密植的关键环节。除双株时间一般选在玉米出苗后一周左右进行，其主要作用是去除掉部分小苗、弱苗或病苗，以减少弱苗等同健壮苗的争水争肥，保障健壮苗的营养供给充足，形成壮苗、旺苗。

（二）做好田间肥水管理是保证玉米超高产的核心

可采用 "四水法" 来确保玉米超高产的实现，灌水方式选用大水漫灌。①确保出苗水。出苗水就是在玉米播种后 1~2d 内进行一次灌水，确保出苗整齐，达到苗全、苗齐。②巧灌拔节水。定苗后，经过一段时间的墩苗，在玉米开始进入拔节期时（7 月中旬），灌水一次。③保灌抽雄水。从叭口期开始玉米生长发育进入生殖生长和营养生长并进时期，要保灌抽雄水。④保证灌浆水。玉米扬花期结束后，进入灌浆期，此时是玉米产量形成的关键时期，要做到保证灌浆水。

（三）追施氮肥

玉米生长期追肥和灌水结合进行，灌水一次追肥一次，灌水前进行田间撒施追肥或行间追肥，追肥一般以氮肥（尿素）为主。玉米追肥采用变量追肥法，变量追肥法是指在玉米不同的生育时期合理控制化肥用量，可以达到既降低投入成本又增加肥效的目的。①出苗肥。在使用缓控释肥的情况下，播种时一次性施足底肥即可。底肥施用标准，所施用氮肥能够完全满足玉米全生育期的需求，特殊年份，大喇叭口期，酌情追施氮肥。若施用一般肥料，在针对玉米出苗起至拔节期之间对养分的需求，而所施用的氮、磷、钾、锌肥能够满足玉米整个生育期的需求。②拔节肥。追施尿素 10~20kg/亩。播种时施用的氮肥基本上被植株完全利用，已经不能满足玉米拔节期对氮肥的需求，及时追肥能够保证玉米拔节期的正常健壮生长。③抽雄肥。追施尿素 25kg/亩。④灌浆肥。追施尿素 5~10kg/亩。玉米灌浆期是玉米整个生育期中需肥量最佳的一个时期，适时追肥能够促进灌浆速度加快和籽粒饱满，是产量形成的关键时期。

八、化学除草

玉米生长在高温多雨季节，田间杂草多，生长快，草害直接影响玉米的产量和效益。适期科学进行苗期化学除草技术效果好、见效快。玉米除草剂选用两元复配、主要成分为烟嘧+锈去津的玉米专用除草剂，最佳施用时期为玉米 5 叶期、杂草 3 叶期前（6 月下旬或 7 月上旬），施用时要严格按照使用说明规范操作，以免造成药害。具体操作规范是五字法：温、湿、量、好、专。①温指合适的温度，气温 30℃以下，无风，晴天。②湿指适宜的湿度，土壤相对湿度 60%~70%。③量指标准剂量，对水量不少于 30kg/亩。④好指喷匀喷撒，避免重喷漏喷，确保喷药质量。⑤专指专用器械，专用除草剂。

九、病虫害防治

（一）病害防治

玉米病害主要有大、小斑病，粗缩病和青枯病等。①粗缩病。也称玉米条纹矮缩病，是由灰飞虱传播的病毒性病害。其为害超过其他任何一种病害，严重影响玉米产量。其防治以预防为主，播种时以甲拌磷或呋喃丹进行药剂拌种。②大、小斑病。属于真菌性病害，其防治可结合莹叶甲防治同时进行，防治莹叶甲时在药剂中加入适量杀菌剂，即可起到较好的防治效果。③青枯病。属于土传真菌性病害，其防治可结合播种进行药剂拌种或在发病期结合灌水用多菌灵、甲霜灵进行喷雾或灌根。

（二）虫害防治

详见相关章节。

第六节　玉米适期晚收增产技术

一、玉米适期晚收的依据

因为玉米只有在完全成熟的情况下，粒重最大，产量最高。收获偏早，成熟度差，粒重低，产量下降。有些地方有早收的习惯，常在果穗苞叶刚变白时就收获，此时千粒重不足完熟期的 90%，一般减产 10% 以上。同时，玉米晚收还可以增加蛋白质、氨基酸数量，提高商品质量。玉米适当晚收不仅能增加籽粒中淀粉含量，其他营养物质也随之增加。另外，适期收获的玉米籽粒饱满充实，籽粒比较均匀，小粒、秕粒明显减少，籽粒含水量比较低，便于脱粒和储放。普通玉米适期晚收的技术要求如下所述。

（一）根据植株长相确定晚收期

当前生产上应用的紧凑型玉米品种多有"假熟"现象，即玉米苞叶提早变白而籽粒尚未停止灌浆。这些品种往往被提前收获。生产上，玉米果穗下部籽粒乳线消失，籽粒含水量 30% 左右，果穗苞叶变白而松散时收获粒重最高，玉米的产量也最高，可以作为适期收获的主要标志。同时，玉米籽粒基部黑色层形成也是适期收获的重要参考指标。

（二）收获后及时进行扒皮晾晒

收获后不要进行堆垛，在棵上扒皮收获或带皮掰棒后拉运回，利用人工及时进行扒皮晾晒。亦可推广新型玉米扒皮机进行扒皮，可节省大量人工。

（三）适时进行脱粒晾晒

因晚收玉米的含水量一般在 30%~40%，农民可根据天气预报，选晴朗天气进行晾晒，在含水量 20%~30% 时，及时进行脱粒晾晒，晾晒到玉米籽粒含水量在 14% 以下为宜。

二、玉米适期晚收增产技术要点

玉米收获过早，籽粒灌浆不充分，可导致千粒重下降，产量降低。适当晚收可增加粒重、减少损失、提高玉米产量和品质，是一项不需增加成本的增产措施。

（一）确定玉米最佳收获期

包叶变黄不是收获玉米的唯一判断标准，要改变苞叶变黄就开始收获的习惯，完熟期才是玉米的最佳收获期。因为过早收获，籽粒没有完全成熟，严重影响产量，收获过晚果穗倒挂，秸秆倒伏，影响机械收获，会造成不必要的损失。生产上，一般以出现黑层作为玉米成熟的标志，但是，冰雹、早霜、病害等因素也会诱使黑层提前出现。此外，在灌浆期，发生零度以上的持续低温天气，也会诱导黑层出现。因此，需要综合苞叶黄化、乳线消失和黑层出现等信息，判断玉米熟期。从外观特征上看：植株的中下部叶片已变黄，基部叶片干枯，玉米苞叶呈黄白色、干枯松散，籽粒变发亮，乳线消失，籽粒底部出现黑层时，即为完熟期，此时收获产量最高。

（二）正确推算玉米晚收时间

一般情况下，按玉米正常生育期推算，玉米苞叶枯黄后，向后推迟 10d 左右收获，即将玉米授粉后 40~45d 收获的习惯改为授粉后 55d 左右收获。充分利用玉米生育后期秋高气爽、利于干物质积累的气候资源，尽量延长玉米灌浆时间，让玉米粒重潜力充分发挥。

（三）玉米晚收的"六个一"要求

一看：看玉米生长特征，玉米的成熟期需经历乳熟期、蜡熟期、完熟期三个阶段。因玉米与其他作物不同，籽粒着生在果穗上，成熟后不易脱落，可以在植株上完成后熟作用。一定：定玉米最佳收获期。完熟期是玉米的最佳收获期。有些农民担心雨天影响秋收，耽误冬小麦种植；有些农民更担心自己果实被别人"抢走"，因此常常见到农民抢收现象。早收晚收都带来不必要的损失。一推：推算玉米晚收时间。一般情况下，按玉米正常生长发育算，需要延长 10d 左右进行收获为宜。一收：收获要快、要及时。提前看好天气预报，安排好人员、车辆等预收前的各种准备工作，力争一次性收获完成。一剥：收获后不要进行堆垛，及时利用人工及玉米剥皮机进行扒皮。一脱晾：因晚收玉米的含水量一般在 30%~35%，收听天气预报，在晴朗天气进行晾晒，并及时进行脱粒、晾晒，晾晒到玉米含水量在 14%以下为宜。

三、推广玉米晚收的措施

（一）广泛宣传

玉米已进入生育后期，也是形成产量的重要时期。特别是进入 9 月中旬以后，天气晴好，光照充足，昼夜温差大，极利于玉米后期灌浆，提高单产，提升玉米品质。农技人员针对农民抢收玉米的传统习惯，下乡走访，并利用媒体宣传、村干部引导、农机手拒收等方式，广造玉米早收势必影响玉米的产量和品质，同时也加大了晾晒时间及收储成本，9 月 25 日以后收获每晚收一天仍增收 5kg 以上的舆论，引导农民晚收。

（二）多安排示范点，实例引导

据多年试验，在不影响种麦的情况下，现有玉米主栽品种尽量晚收，均可延长灌浆时间，从而稳定和增加粒重，可提高玉米商品品质。玉米适当晚收，籽粒灌浆饱满，最大限度地实现籽粒库容潜力，是实现夏玉米高产优质的重要措施。据调查，群众习惯在 9 月 20 日前后收获，如推迟至 9 月 25 日以后收获，每亩可增产 50kg 以上。

（三）制作玉米适期晚收的视听标本

玉米成熟的外部长相特征是：苞叶变白松散，籽粒变硬，皮层光亮。玉米籽粒生理成熟的主要标志有两个：一是籽粒与穗轴相接的断面处出现黑色层，此时玉米已进入完熟期，可以收获；二是籽粒乳线消失。生育期在 100d 左右的品种，授粉 26d 前后，籽粒顶部淀粉沉积、失水，成为固体，中下部为乳液，两者之间形成较明显的乳线。授粉后 50d 左右，果穗下部籽粒乳线消失，果穗苞叶变白并且包裹程度松散，此时粒重最大，玉米产量最高，是玉米的最佳收获时期。把这些指标制作成生物标本，并配有品种、播期、成熟期推算和建议收获时间等文字说明，发放到玉米种植大户和科技示范户，广泛宣传，让更多的人知道菏泽夏玉米始收期至少在 9 月 30 日以后更好。

第七节　玉米病虫害综合防治技术

一、玉米主要病害

（一）玉米茎腐病

症状：玉米茎腐病常由几种真菌和细菌单独或复合侵染引起。一般发生在玉米的吐丝后期，症状分急性型和慢性型，急性型即"青枯型"常出现在暴风雨过后，或天气有大风，经过 2~3d 叶片失水呈青枯萎蔫状。慢性型病程进展缓慢，叶片从下向上逐渐黄枯，后期茎基部变色，腐朽，感染部腐烂，有腐嗅味，植株青枯，病部如水渍状。髓部中空，易倒伏，果穗下垂，籽粒干瘪。

病原：欧文氏杆菌细菌。传播途径：病菌随残体在土表过冬，病菌可以经伤口或直接侵入。或从叶鞘基部侵入茎部，并扩展到下部的节间。也可以靠种子传播。该病在 30℃高温高湿、田间空气不流通、土壤排水不良的环境中发病重。

防治：①选育抗病品种；②轮作，合理密植；③科学施肥；④化学防治：施得乐 1 000 倍液喷茎基部，青枯灵或青枯停 1 000 倍液灌根。

（二）玉米青枯病

病原：鞭毛菌亚门真菌，玉米腐霉病菌。

症状：玉米拔节期整株青枯死亡，剖开茎基部，可见髓部变褐色，发病后期有镰刀菌伴生。

防治：金雷多米尔 1 000 倍液、康正雷 1 000 倍液或盖克 1 000 倍液灌根。

（三）玉米纹枯病

症状：在叶鞘上出现污绿色长椭圆形的云纹状病斑，很像开水烫伤一样；以后病斑逐渐增多，互相连成一大块不规则的云纹，然后向上部叶鞘、叶片发展，严重时，可以危害至顶部叶片。

病原：由玉米纹枯病菌引起，属真菌。

防治：纳斯津 1 000 倍液、达克宁 800 倍液、禾果利 1 500 倍液或使百功 1 000 倍液喷雾。

（四）玉米小斑病

症状：主要为害叶、茎、穗、籽等，病斑椭圆形、长方形或者纺锤形，黄褐色、灰褐色。有时病斑上具轮纹，高温条件下病斑出现暗绿色浸润区，病斑呈黄褐色坏死小点。

病原：称玉蜀黍平凹脐蠕孢，属半知菌亚门真菌。异名有性阶段称旋孢腔菌，属子囊菌亚门真菌。

传播途径：温度高于 25℃ 和雨日多的条件下发病重。

防治：①因地制宜选种抗病杂交种。②加强农业防治。如清洁田园，深翻土地，控制菌源；摘除下部老叶、病叶，减少再侵染菌源；降低田间湿度；增施磷、钾肥，加强田间管理，增强植株抗病力。③药剂防治。发病初期喷洒 75% 百菌清可湿性粉剂 800 倍液或 70% 甲基硫菌灵可湿性粉剂 600 倍液、25% 苯菌灵乳油 800 倍液、50% 多菌灵可湿性粉剂 600 倍液，间隔 7~10d 喷 1 次，连防 2~3 次。

（五）玉米大斑病

症状：主要为害叶片，严重时波及叶鞘和包叶。田间发病始于下部叶片，逐渐向上发展。发病初期为水渍状青灰色小点，后沿叶脉向两边发展，形成中央黄褐色，边缘深褐色的梭形或纺锤形的大斑，湿度大时病斑愈合成大片，斑上产生黑灰色霉状物，致病部纵裂或枯黄萎蔫，果穗包叶染病，病斑不规则。

发病条件：温度 18~22℃，高湿，尤以多雨多雾或连阴雨天气，可引起该病流行。

病原：称大斑凸脐蠕孢，属半知菌亚门真菌。

防治方法：①选种抗病品种，根据当地优势小种选择抗病品种，注意防止其他小种的变化和扩散，选用不同抗性品种及兼抗品种。具体品种选择可根据气候与具体情况来综合分析，不可一概而论，以免影响农业生产。②加强农业防治。适期早播，避开病害发生高峰。施足基肥，增施磷钾肥。做好中耕除草培土工作，摘除底部 2~3 片叶，降低田间相对湿度，使植株健壮，提高抗病力。玉米收获后，清洁田园，将秸秆集中处理，经高温发酵用作堆肥。实行轮作。③药剂防治。对于价值较高的育种材料及丰产田玉米，可在心叶末期到抽雄期或发病初期喷洒 50% 多菌灵可湿性粉剂 500 倍液或 50% 甲基硫菌灵可湿性粉剂 600 倍液、75% 百菌清可湿性粉剂 800 倍液、25% 苯菌灵乳油 800 倍液、40% 克瘟散乳油 800~1 000 倍液、农用抗菌素 120 水剂 200 倍液，隔 10d 防 1 次，连续防治 2~3 次。一般于病情扩展前防治，即可在玉米抽雄前后，当田间病株率达 70% 以上、病叶率 20% 左右时，开始喷药。防效较好的药剂种类有：50% 多菌灵可湿性粉剂，50% 敌菌灵可湿性粉或 90% 代森锰锌，均加水制成 500 倍液，或 40% 克瘟散乳油 800 倍液喷雾。每亩用药液 50~75kg，隔 7~10d 喷药 1 次，共防治 2~3 次。病发前用品润 500~600 倍液，每隔 15~20d 喷 1 次，连喷三次；阿米西达 1 500~2 000 倍液可达预防、治疗和铲除的效果。

（六）玉米黑粉病（玉米黑穗病）

症状：又称玉米瘤黑病，各个生长期均可发生，尤其以抽穗期表现明显，被害的部位生出大小不一的瘤状物，初期病瘤外包一层白色薄膜，后变灰色，瘤内含水丰富，干裂后散发出黑色的粉状物，即病原菌孢子，叶子上易产生豆粒大小的瘤状物。雄穗上产生囊状物瘿瘤，其他部位则形成大型瘤状物。

病原：称玉蜀黍黑粉菌，属于担子菌亚门真菌。

传播途径：孢子借风雨及昆虫传播，高温干旱或氮肥过多易发病。

防治方法：甜玉米或感病品种易染病，尤其注意选用抗病品种。重病田实行 2~3 年的轮作。田间出现病瘤后，及时清理深埋，适时深耕以减少病源。化学防治：使百克或使百功1 500倍液，禾果利1 000倍液，纳斯津1 000倍液或三唑酮800倍液喷雾。

（七）丝黑穗病

症状：丝黑病是系统性侵染病害，为害玉米的雄穗和雌穗。受害株有的矮化、有的多蘖、有的簇生。雄穗花器全部或局部变形，形成病瘤，外被白膜，里面是结块的黑粉，即厚垣孢子。除苞叶外，雌穗全部变成一团黑粉，内有很多乱丝状的残留寄生组织。一株发病，全部果穗及潜伏果穗均感病。

防治方法：种子消毒：①适乐时1 000倍液拌种；②使百克或使百功1 500倍液浸种。土壤消毒：必速灭每千克拌10 000 kg的营养土拌匀，洒水保持土壤含水量20%~25%，盖塑料膜薰土一周，然后揭膜散气一周，播种。

（八）玉米锈病

症状：主要为害玉米叶片，初期在叶片上出现黄色至橙黄色突起的小脓包状病斑，后期病斑表皮破裂，散出黄色至黄褐色粉状物即是孢子堆，严重时病斑遍布全叶，散发锈色粉状物，致使叶子生长受阻。

防治方法：使百克1 000倍液、使百功1 000倍液、禾果利1 500倍液、三唑酮800倍液喷雾。

（九）矮花叶病（又名条纹病、花叶病毒病、黄绿条纹病）

症状：在玉米整个生育期都可以感染发病，从出苗至7叶期是易感染期，染病植株心叶基部出现褪绿点状花叶，以后扩展至全叶，叶色浓淡不均，在粗脉之间形成许多黄色条纹。发病重的植株生长缓慢，黄弱矮小，不能抽雄结实，甚至枯死。

防治方法：①治虫防病：用阿克泰10 000倍液+1包吡虫啉、吡虫啉1 000~1 500倍液；②用病毒克1 000倍液、病毒灵1 000倍液喷雾。

二、主要虫害

（一）玉米螟虫和大螟

又叫钻心虫，是玉米的主要害虫，常在幼嫩茎叶处钻入咬食，破坏茎叶组织，使养分和水分不能输送，影响玉米生长，抽穗后钻进雌穗使果穗折断影响授粉。

1. 生物防治

玉米螟的天敌种类很多，主要有寄生卵的赤眼蜂、黑卵蜂，寄生幼虫的寄生蝇、白僵菌、细菌、病毒等。捕食性天敌有瓢虫、步行虫、草蜻蛉等，都对虫口有一定的抑制作用。①赤眼蜂灭卵。在玉米螟产卵始、初盛和盛期放玉米螟赤眼蜂或松毛虫赤眼蜂3次，每次放蜂15万~30万头/hm²，设放蜂点75~150个/hm²。放蜂时蜂卡经变温锻炼后，夹在玉米植株下部第五或第六叶的叶腋处。②利用白僵菌治螟。在心叶期，将每克含分生孢子50亿~100亿的白僵菌拌炉渣颗粒10~20倍，撒入心叶丛中，每株2g。也可在春季越冬幼虫复苏后化蛹前，将剩余玉米秸秆堆放好，用土法生产的白僵菌粉按100~150g/m³，分层喷洒在秸秆垛内进行封垛。③利用苏云金杆菌治螟。苏云金杆菌变种、蜡螟变种、库尔斯塔克变种对玉米螟致病力很强，工业产品拌颗粒成每克含芽孢1亿~2亿的颗粒剂，从心叶末端撒入心叶丛中，每株2g，或用BT菌粉750g/hm² 稀释2 000倍液灌心，穗期防治可在雌穗花丝上滴灌BT 200~300倍液。

2. 化学防治

（1）心叶期防治　目前，在玉米心叶末期的喇叭口内投施药剂，仍是第二代玉米螟最好的药剂防治方法。

（2）穗期防治　当预测穗期虫穗率达到10%或百穗花丝有虫50头时，在抽丝盛期应防治一次，若虫穗率超过30%，6~8d后需再防治一次。

玉米螟诱杀成虫。根据玉米螟成虫的趋光性，田间设置黑光灯可诱杀大量成虫。在越冬代成虫发生期，用诱芯剂量为20μg的亚洲玉米螟性诱剂，在麦田按照15个/hm² 设置水盆诱捕器，可诱杀大量雄虫，显著减轻第一代的防治压力。

（二）蝼蛄

以成虫和若虫在靠近地表处咬断玉米幼苗，或在土壤表面开掘隧道，咬断幼苗主根使幼苗枯死。

防治方法：①药剂拌种。可用50%辛硫磷，或40%乐果乳油，或50%对硫磷乳油，按种子量的0.1%~0.2%用药剂并与种子重量10%~20%的水对匀，均匀地喷拌在种子上，闷种4~12min再播种。②毒土、毒饵毒杀法。每亩用上述拌种药剂250~300ml，对水稀释1 000倍液左右，拌细土25~30kg制成毒土，或用辛硫磷颗粒剂拌土，每隔数米挖一坑，坑内放入毒土再覆盖好。也可用炒好的谷子、麦麸、谷糠等，制成毒饵，于苗期撒施田间进行诱杀，并要及时清理死虫。也可用敌百虫800倍液灌根。③物理防治。可用鲜马粪进行诱捕，然后人工消灭，可保护天敌。或灯光诱杀。蝼蛄有趋光性，有条件的地方可设黑光灯诱杀成虫。

（三）蚜虫

又名棉蚜虫。6月中下旬玉米出苗后，有翅胎生雌蚜在玉米叶片背面为害，繁殖，虫口密度升高以后，逐渐向玉米上部蔓延，同时产生有翅胎生雌蚜向附近株上扩散，到玉米大喇叭口末期蚜量迅速增加，扬花期蚜量猛增，在玉米上部叶片和雄花上群集为害，条件适宜为害持续到9月中下旬玉米成熟前。植株衰老后，气温下降，蚜量减少，后产生有翅蚜飞至越冬寄主上准备越冬。玉米蚜在玉米苗期群集在心叶内，刺吸为害。随着植株生长集中在新生的叶片为害。孕穗期多密集在剑叶内和叶鞘上为害。边吸取玉米汁液，边排泄大量蜜露，覆盖叶面上的蜜露影响光合作用，易引起霉菌寄生，被害植株长势衰弱，发育不良，产量下降。抽雄后又集中聚集在雄穗上。

防治方法：①采用麦田套种玉米栽培法比麦后直播播种的玉米提早10~15d，能避开蚜虫繁殖的盛期，可减轻为害。②在预测预报基础上，根据蚜量，查天敌单位占蚜量的百分比及气候条件及该蚜发生情况，确定用药种类和时期。③用玉米种子重量0.1%的10%

吡虫啉可湿粉剂浸拌种，播后25d防治苗期蚜虫、蓟马、飞虱效果优异。④玉米进入拔节期，发现中心蚜株可喷撒0.5%乐果粉剂或40%乐果乳油1 500倍液。当有蚜株率达30%~40%，出现"起油株"（指蜜露）时应进行全田普治，一是撒施乐果毒砂，每亩用40%乐果乳油50g对水500L稀释后喷在20kg细砂土上，边喷边拌，然后把拌匀的毒砂均匀地撒在植株上。也可喷洒50%辛硫磷乳油1 000倍液。⑤灌心。在玉米大喇叭口末期，每亩用辛硫磷颗粒剂均匀的灌入玉米心内，可兼治蓟马、玉米螟、黏虫等。此外还可选用10%吡虫啉可湿性粉剂2 000倍液喷洒。

（四）蛴螬

是金龟子的幼虫，食性杂，咬断植物幼苗、根茎，使幼苗枯黄而死。蛴螬一到两年1代，幼虫和成虫在土中越冬，成虫即金龟子，白天藏在土中，20:00~21:00进行取食等活动。蛴螬有假死和负趋光性，并对未腐熟的粪肥有趋性。幼虫蛴螬始终在地下活动，与土壤温湿度关系密切。当10cm土温达5℃时开始上升土表，13~18℃时活动最盛，23℃以上则往深土中移动，至秋季土温下降到其活动适宜范围时，再移向土壤上层。

防治方法：药剂处理土壤。用50%辛硫磷乳油每亩200~250g，加水10倍喷于25~30kg细土上拌匀制成毒土，顺垄条施，随即浅锄，或将该毒土撒于种沟或地面，随即耕翻或混入厩肥中施用；用2%甲基异柳磷粉每亩2~3kg拌细土25~30kg制成毒土；用3%甲基异柳磷颗粒剂、5%辛硫磷颗粒剂，每亩2.5~3kg处理土壤。

（五）二点委夜蛾

二点委夜蛾，是菏泽玉米区新发生的害虫，各地往往误认为是地老虎为害。该害虫随着幼虫龄期的增长，害虫食量将不断加大，发生范围也将进一步扩大，如不能及时控制，将会严重威胁玉米生产。因此，需加强对二点委夜蛾发生动态的监测，做好虫情预报或警报，指导农民适时防治，以减轻其为害损失。

二点委夜蛾主要在玉米气生根处的土壤表层处为害玉米根部，咬断玉米地上茎秆或浅表层根，受为害的玉米田轻者玉米植株东倒西歪，重者造成缺苗断垄，玉米田中出现大面积空白地，为害严重地块甚至需要毁种。二点委夜蛾喜阴暗潮湿，畏惧强光，一般在玉米根部或者湿润的土缝中生存，遇到声音或药液喷淋后呈"C"形假死。现阶段推广的秸秆还田，高留的麦茬，覆盖的麦糠都为二点委夜蛾大发生提供了主要的生存环境。二点委夜蛾有比较厚的外皮，农药等难以渗透，这些都是防治的主要难点。另外，二点委夜蛾世代重叠发生，防治时一定要增加防治次数，以提高防治效果。

在防治时应该掌握的重点方法：防治工作中要掌握早防早控，当发现田间有个别植株发生倾斜时要立即开始防治。

农业措施：及时清除玉米苗基部麦秸、杂草等覆盖物，消除其发生的有利环境条件。一定要把覆盖在玉米垄中的麦糠麦秸全部清除到远离植株的玉米大行间，让玉米苗基裸露出地面，便于药剂能直接接触到二点委夜蛾。只是全田药剂喷雾而不是用顺垄灌根的方法防治几乎没有效果，不清理麦秸麦糠只顺垄药剂灌根的玉米田防治效果稍差。最好的防治方法：清理麦秸麦糠后使用三六泵机动喷雾机，将喷枪调成水柱状直接喷射玉米根部。同时要培土扶苗。对倒伏的大苗，在积极进行除虫的同时，不要毁苗，而应培土扶苗，力争促使今后的气生根健壮，恢复正常生长。

化学防治：主要方法有喷雾、毒饵、毒土、灌药等。①撒毒饵。亩用克螟丹150g加水1kg拌麦麸4~5kg，顺玉米垄撒施。亩用4~5kg炒香的麦麸或粉碎后炒香的棉籽饼，与对少量水的90%晶体敌百虫，或48%毒死蜱乳油500g拌成毒饵，于傍晚顺垄撒在玉米苗边。②毒土。亩用80%敌敌畏乳油300~500ml拌25kg细土，于早晨顺垄撒在玉米苗边，防效较好。③灌药。随水灌药，亩用50%辛硫磷乳油或48%毒死蜱乳油1kg，在浇地时灌入田中。④喷雾。使用4%高氯甲维盐稀释1 000~1 500倍喷雾，或10~20ml/15kg水进行喷雾。施药要点：水量充足。一般每亩地用水量不少于30kg（两桶水），全田喷施，对玉米幼苗、田块表面进行全田喷施，着重喷施玉米苗根部。喷施农药时，要对准玉米的茎基部及周围着重喷施。⑤开展毒饵诱杀（每亩用炒香的麦麸或棉籽饼10kg拌药100g），药液灌根可用2.5%高效氯氟氰菊酯1 500倍液，适当加入敌敌畏会提高效果，或毒砂熏蒸，即用25kg细砂与敌敌畏200~300ml加适量水拌匀，于早晨顺垄施于玉米苗基部，有一定防治效果。如果虫龄较大，可适当加大药量。喷灌玉米苗，可以将喷头拧下，逐株顺茎滴药液，或用直喷头喷根茎部，药剂可选用48%毒死蜱乳油1 500倍液、30%乙酰甲胺磷乳油1 000倍液，或4.5%高效氯氰菊酯乳油2 500倍液。药液量要大，保证渗到玉米根围30cm左右的害虫藏匿的地方。

（六）蜗牛

蜗牛是牙齿最多的软体动物之一，触角中间往下一点有个小洞就是嘴巴，里面有一条锯齿状舌头。一般生活在潮湿地方，白天常潜伏在落叶、花盆、土块、砖头下或土缝中，但雨天昼夜都可活动取食。当气温超过35℃时便隐蔽起来，不食不动，壳口有白膜封闭。7—8月旱季过后又大量活动，当气温下降至10℃以下时进入越冬状态。在玉米上，蜗牛危害始期一般是在拔节期，为害盛期是在玉米生长中后期，即大喇叭口期以后。主要为害玉米叶片，还可为害苞叶、花丝、籽粒等。可造成叶片撕裂，严重时仅剩叶脉。受蜗牛为害玉米叶片成条状，使叶片面积减少，光合作用功能降低，养分储藏减少，对玉米产量影响很大。蜗牛危害花丝造成授粉不良，严重时吃光全部花丝，使玉米不能授粉结实。还可危害细嫩籽粒，造成雌穗秃尖。

防治要点：①农业防治：清洁田园，铲除杂草，及时中耕深翻，排干积水，破坏蜗牛栖息和产卵场所。②深翻土地、使越冬的成贝、幼贝冻死或被天敌嗛食，卵则被晒曝裂而死。③人工诱杀：根据蜗牛的取食习性，在田间堆集菜叶和喜食的诱饵，于清晨人工捕杀蜗牛。④药剂防治：毒饵诱杀，用蜗牛敌（又名多聚乙荃）配制成2.5%~6%有效成分的玉米粉、豆饼在傍晚撒施在玉米根周围；撒颗粒，用10%蜗牛敌颗粒剂，亩用2kg均匀撒施田间；喷洒药液，当清晨蜗牛未潜入土中时可用80%四聚乙醛可湿性粉剂800~1 000倍液喷洒，间隔7~10d喷一次，连防2~3次。⑤撒施生石灰。在地头或玉米宽行间撒宽

10cm左右的生石灰带，每亩用生石灰5.0~7.5kg。

（七）黏虫

玉米黏虫属鳞翅目，夜蛾科，又名行军虫、剃枝虫、五色虫。幼虫：幼虫头顶有"八"字形黑纹，头部褐色、黄褐色至红褐色，2~3龄幼虫黄褐至灰褐色，或带暗红色，4龄以上的幼虫多是黑色或灰黑色。身上有五条背线，所以又叫五色虫。腹足外侧有黑褐纹，气门上有明显的白线。蛹红褐色。成虫：体长17~20mm，淡灰褐色或黄褐色，雄蛾色较深。前翅有两个土黄色圆斑，外侧圆斑的下方有一小白点，白点两侧各有一小黑点，翅顶角有1条深褐色斜纹。卵：馒头形稍带光泽，初产时白色，颜色逐渐加深，将近孵化时黑色。

玉米黏虫以幼虫暴食玉米叶片，严重发生时，短期内吃光叶片，造成减产甚至绝收。为害症状主要以幼虫咬食叶片。1~2龄幼虫取食叶片造成孔洞，3龄以上幼虫为害叶片后呈现不规则的缺刻，暴食时，可吃光叶片。大发生时将玉米叶片吃光，只剩叶脉，造成严重减产，甚至绝收。当一块田玉米被吃光，幼虫常成群列纵队迁到另一块田为害，故又名"行军虫"。一般地势低、玉米植株高矮不齐、杂草丛生的田块受害重。成虫潜伏在草丛和田间，夜里活动产独生子卵，孵化后幼虫多聚集在玉米心叶、叶背等，幼虫受惊即吐丝下垂或蜷缩落地假死。

防治方法：①诱杀成虫：可用糖、醋、酒+敌百虫盆诱杀成虫，或草把引诱成虫来产卵，或用黑光灯诱杀成虫。②化学防治：9月上中旬，防治对象田为中晚熟夏玉米田，防治指标为玉米田虫口密度30头/百株。防治时亩用50%辛硫磷乳油75~100g或40%毒死蜱（乐斯本）乳油75~100g或20%灭幼脲3号悬浮剂500~1 000倍液，对水40kg均匀喷雾。

（八）斜纹夜蛾，银纹夜蛾，甜菜夜蛾，棉铃虫

斜纹夜蛾、银纹夜蛾、甜菜夜蛾、棉铃虫对常用的菊酯类、有机磷类、氨基甲酸酯类农药的抗性极强，但是夏玉米幼苗耐药性不强，盲目加大用药量是不可取的（一是会增加用药成本，二是会对玉米苗产生药害）。对此，防治时要掌握在其抗药性较弱的孵化盛期或幼虫3龄之前施药。如果已经虫龄较大、抗药性增强，需要选用新型成分农药、适当加大用药量和多元复配而喷药防治。

防治技术。玉米长出6~8片新叶时，叶面喷洒一次1 000倍液1.1%甲维盐水溶液，或1 000倍液2.5%高效氯氟氰菊酯水溶液，将吸附在嫩叶上的斜纹夜蛾卵块和幼虫杀死灭绝。以后注意检查玉米的叶片，发现叶片上有斜纹夜蛾为害时，就要叶面喷洒一次1 500倍液20%除虫脲、1 500倍液2.5%溴氰菊酯混合液，或1 500倍液10%灭幼脲、1 500倍液4.5%氯氰菊酯混合液进行防治。均匀喷湿所有叶片的叶面叶背，以开始有水珠往下滴为宜。由于斜纹夜蛾昼伏夜出，所以最好选择在16:00以后喷药，并且要喷湿根部周围的土壤，因为斜纹夜蛾白天都是潜伏在根部周围的草丛和表土中。

（九）蓟马

又名棕榈蓟马，成虫和若虫都吸食作物的嫩梢嫩叶、花和幼果的汁液，被害枝叶硬化、萎缩。

遭受为害的玉米主要呈现症状。玉米上一般是成虫多，若虫少。玉米蓟马以成虫、若虫锉吸玉米幼嫩部位汁液，对玉米造成严重为害，受害株一般为叶片扭曲成"马鞭状"，生长停滞，严重时腋芽萌发，甚至玉米毁种。黄呆蓟马主要以成虫对玉米造成严重为害，被害叶背出现断续的银白色条斑，伴随小污点（即虫粪），叶正面与银白色斑相对的部位呈黄色，受害严重的叶背如涂一层银粉，顶端半部变黄枯干。蓟马以成、若虫在玉米心叶内活动为害，多发生在大喇叭期前后，也可在伸展的叶片正面为害，导致叶片出现成片的银灰色斑。

防治方法：农业防治。结合小麦中耕除草，冬春尽量清除田间地边杂草，减少越冬虫口基数。加强田间管理，促进植株本身生长势，改善田间生态条件，减轻为害，对卷成"牛尾巴"状畸形的苗，拧断其顶端，可促进心叶抽出，要适时灌水施肥，加强管理，促进玉米苗早发快长，渡过苗期，减轻危害，同时也改变了玉米地小气候，增加湿度，不利于蓟马的发生。蓟马发生时及时清除并销毁被害玉米的残株，可减轻蓟马蔓延危害。轮作可以减少玉米蓟马的危害。适时栽培，避开高峰期，选用抗耐虫品种，马齿形品种要比硬粒型品种耐虫抗害。因玉米受蓟马危害后苗弱，防治时可加入磷酸二氢钾叶面肥混合使用，以促进玉米生长。化学防治。化学药剂防治是控制玉米蓟马的有效措施，玉米蓟马虫株率40%~80%，百株虫量达300~800头，应及时进行药剂除治。田间试验表明有机磷和氨基甲酸酯类对蓟马有较好防效。40%氧化乐果乳油1 000倍液、40%毒死蜱乳油1 000倍液、10%吡虫啉可湿性粉剂2 000倍液，防效均在85%以上。60%吡虫啉悬浮种衣剂拌种，防效可达90%以上，提高出苗率7%左右。结合防治灰飞虱，选用烯啶虫胺、啶虫脒、吡蚜酮等药，对蓟马也有较好的防效。因蓟马主要集中在玉米心叶内为害，所以用药时要注意药剂应喷进玉米心叶内。经田间和室内药效试验证明：菊酯类药剂对蓟马无效，甚至有时可能对蓟马有引诱作用，因此，应避免应用菊酯类农药。

第八节　玉米草害综合防治技术

一、玉米田杂草种类

目前玉米田主要有田旋花、小旋花、狗尾草、藜、刺儿菜、马齿苋、马唐、画眉草、牛筋草、千金子、虎尾草、刺藜等杂草。玉米田主要有田旋花、小旋花、狗尾草、藜、刺儿菜、马齿苋、马唐、画眉草、牛筋草草害有连年偏重发生的趋势。近年来，随着农村劳动力转移的加快和农民耕作观念的转变，玉米化学除草面积愈来愈大，化学除草技术得到了快速发展，化学除草愈来愈引起重视。

二、分期化学除草

（一）玉米播前化学除草技术

地膜玉米覆膜前亩用50%乙草胺100ml，或50%乙草胺100ml与40%阿特拉津75ml混合，对水 40~50kg，均匀喷施于田间垄面，1~2d 后覆膜、播种。

（二）玉米播后苗前化学除草技术

常用药剂主要有 40%乙莠 200~250g/亩、40%丁·莠 200~250g/亩、52%异丙草·莠 200~250g/亩、40%甲乙莠 200~250g/亩。应于玉米播后 1~2d 内施药，对水 40~50kg 混合喷施于田间土壤表面。播后土壤潮湿时立即喷药，土干必须多加水。喷施要均匀，不重喷不漏喷。酰胺类除草剂由幼芽吸收，主防禾本科杂草，莠去津由根吸收，主防阔叶杂草，两者结合杀草谱广。

（三）玉米幼苗期防治

玉米 1~3 叶期，杂草出土前到杂草 1~2 叶期，常用药剂主要有 40%异丙草·莠 250~300ml/亩、52%异丙草·莠 200~250ml/亩、60%异丙草·莠 180~230ml/亩等，均匀喷洒地面或杂草茎叶防治。

（四）玉米 4~7 叶期防治

玉米 4~7 叶期是玉米田杂草防除的一个重要时期，若不及时防除杂草，将直接影响玉米的生长及产量。可用 40%烟·莠去津 120~150ml/亩、40%磺草·莠去津 250~300ml/亩、40%磺草·莠去津 100~150ml+40%烟·莠去津 80~100ml/亩、40%烟·莠去津 80~100ml/亩+56%二甲四氯钠盐 50~60g/亩，对水 35~45kg，均匀喷洒地面或杂草茎叶防治。

（五）玉米大苗期和中后期防治

玉米 8~10 叶（株高 80cm）以后杂草较多地块，行间定向喷施 20%百草枯水剂 150~200ml/亩。如果田间杂草稀疏可加封闭除草剂一起使用。不能将药液喷到玉米植株上，喷头须加"防护罩"，防止药液喷到玉米茎叶上产生药害，注意风大时不能喷药。

第九节　玉米药害的种类与缓解技术

玉米在整个生育过程中遭受各种环境胁迫、病虫害、药害、肥害、缺素症等，都会导致一定的形态变化，这些形态变化症状极易混淆，所以具体诊断时，必须全面了解各种因素，详细分析其内因，才能得出正确结论。

从目前菏泽玉米田应用农药的实际情况来看，杀虫剂和杀菌剂造成的药害并不常见，只有三唑类杀菌剂的药害时有发生。而除草剂对玉米造成的药害却屡见不鲜，这与当前农民应用除草剂技术水平较低密切相关。不同化学类型的农药造成药害的症状是不同的。为了便于诊断，下面将玉米常见的几大类农药药害症状与缓解措施简介如下。

一、玉米药害的种类与症状

（一）三唑类杀菌剂

该类杀菌剂中三唑酮（商品名称有粉锈宁等）经常被用来处理玉米种子，用以防治玉米丝黑穗病。当用药量超过推荐剂量时，极易导致玉米药害。土壤低温加重药害产生。药害症状常表现为玉米出苗延迟，一般较正常玉米晚出苗 2~3d，玉米出苗后，株型矮化，叶片变小变厚，叶色深绿，根短小，根毛稀少。药害轻者可逐渐恢复正常，药害重者不能拔节，严重减产或绝产。

（二）苯氧羧酸类除草剂

玉米田常用的 2,4-D 丁酯和 2 甲 4 氯钠盐属于这一类。它们是激素型选择性除草剂，具有较强的内吸传导性。低浓度时对玉米有刺激生长作用，高剂量时将抑制玉米生长。主要用于苗前土壤处理或苗后茎叶处理，防除玉米田阔叶杂草，苗后茎叶处理适宜施药时期为玉米 4~6 叶期。当使用过量或玉米 6 叶后施用，常会引起药害。症状为叶片扭曲，形成葱状叶，下部茎叶丛生在一起，气生根畸形上卷不与土壤接触，雄穗很难抽出，茎脆易折，叶色浓绿，严重的叶片变黄、干枯，无雌穗。

（三）苯甲酸类除草剂

该类除草剂具有生长素或干扰内源生长素的作用。土壤处理时通常与阿特拉津或甲草胺等混用。玉米苗前使用过量时，初生根系增多，生长受抑制，向上生长减弱，叶形变窄。玉米苗期使用过量，主根扁化，叶片长成葱状叶，茎脆弱。

（四）酰胺类除草剂

甲草胺、乙草胺和异丙草胺常被用于玉米田，苗前土壤处理防除一年生禾本科杂草和某些阔叶杂草，如果使用过量，会使玉米植株矮化，有的不能出土，生长受到抑制，叶片变形，心叶卷曲不能伸展。有时呈鞭状（俗称甩大鞭），其余叶片皱缩，根茎节肿大。土壤黏重冷湿有利于药害产生。

（五）均三氮苯类除草剂

玉米田常用的这类除草剂品种主要有阿特拉津。阿特拉津是选择性内吸传导型苗前、苗后除草剂，可有效防除一年生阔叶杂草及禾本科杂草，以根吸收为主，茎叶吸收很少，能迅速传导到植物分生组织及叶部干扰光合作用。如使用量太大，可使玉米叶片失绿或变黄，生长受到抑制并逐渐枯萎。苗后玉米 5 叶期使用，在低温、多雨条件下对玉米有药害。

（六）磺酰脲类除草剂

此类除草剂是超高效的除草剂，可被作物的根、茎、叶吸收，在植物体内向上和向下传导。阔叶散于玉米 4 叶期，可有效防治多种一年生阔叶杂草，在低温多雨的情况下可造成药害，症状为心叶变黄，叶脉呈褐色，生长受到抑制。玉农乐在玉米 3~5 叶期茎叶喷雾使用，可有效防治一年生单、双子叶杂草，对绝大多数玉米安全，仅个别品种表现药害症状。宝成在玉米苗后 1~4 叶期施药安全，5 叶期施药遇低温多雨、光照少可使玉米受害，症状为叶发黄，10~15d 恢复正常生长。施用过有机磷杀虫剂的玉米田对此类药物敏感（如辛硫磷）两种药物使用间隔期为 7d 以上。

二、玉米药害的缓解措施

田间施药后的一周内要加强田间检查，一旦发现药害，要立即加强田间管理，中耕除草，增温保墒，积极防除病虫害，以提高玉米抵抗药害的能力。同时还要立即采取如下相应的补救措施：① 三唑类杀菌剂产生的抑苗药害。如果药害较轻时，可不用采取任何措施，一般能自行恢复，如果药害非常严重，应考虑补种或毁种，以免严重减产或绝产。②对激素型除草剂如 2,4-D 丁酯、百草敌等造成的药害，可喷洒赤霉素或撒石灰、草木灰或活性炭等，以减轻药害。③对于触杀型除草剂产生的药害，可使用化学肥料促使玉米迅速恢复生长，尽量减少药害带来的经济损失。④土壤处理除草剂产生的药害，可采取趟地、灌水泡田、反复冲洗土壤等措施，尽量把土壤中的残留药剂冲洗掉。

第十节 玉米化学调控技术

玉米化学调控技术是以应用植物生长调节剂为手段，通过改变植物内源激素系统，调节作物生长发育，使其朝着人们预期的方向和程度发生变化的技术。这种控制主要表现在三个方面：一是增强玉米优质、高产性状的表达，发挥良种的潜力。二是塑造合理的个体株型和群体结构，协调器官间生长关系。三是增强玉米抗逆能力。由于化学调控技术的特殊优势，正成为玉米安全高产、优质高效的重要应用技术。应用化学调控技术，玉米株高一般降低 20~30cm，穗位高降低 10~20cm，茎粗增加 0.1~0.2cm，气生根增加 1~2 层，有效地增强玉米植株的耐密性和抗倒伏能力，使其可以在较高密度条件下实现稳产和高产。

一、生产上使用较多的玉米生长调节剂

（一）玉米健壮素

一般可降低株高 20~30cm，降低穗位 15cm；并增加根系，增强植株的抗倒耐旱能力。在 1%~3% 的早发植株已抽雄和 50% 的雄穗将要露头时用药最为适宜。每亩 30ml 对水 20kg，晴天均匀喷施在上部叶。

（二）金得乐

一般在玉米 7~11 片展叶时，每亩用 30ml 对水 20kg 喷雾，矮化株高，增粗茎秆，降低穗位 15cm，达到抗倒目的。

（三）玉黄金

玉黄金是由中国农业大学作物化控中心和浩伦农业科技集团针对玉米生产多年来存在的倒伏、秃尖、空杆等问题，联合研究开发的一种玉米专用调节剂。玉黄金是一种以小控大的物质，每亩只需使用 20ml，就可对玉米的生长、发育、开花、结穗起到重要的调控作用。当玉米喷施玉黄金后，在玉米体内形成一种信息激素物质，这种物质如同给玉米装上了"电脑"，不断地向玉米发出信息和指令，指挥玉米在什么时候快长，什么时候慢长；什么时候集中一切物质向玉米的穗上供应等。玉米在这种信息物质的指挥下，就会朝着有利于人们希望的方向发展，表现出令人满意的生长和产量效果。玉黄金的这种神奇效果，

经过多年来科研部门的正规田间试验和在全国的大面积示范，充分得到了验证，在同一品种、同一条件下使用玉黄金后，亩增产 100~200kg，平均亩产量提高 20% 以上，所以，玉黄金被专家称之为玉米生产的历史性突破，农民朋友也高兴的称赞玉黄金是一种四两拨千斤的"神水"。

（四）吨田宝

吨田宝为中国农业科学院作物科学研究所国家发明专利产品。针对玉米生长发育与产量形成过程中的限制因素，从改善 C、N 代谢水平、提高逆境保护酶活性（SOD、POD、CAT）和提高氮肥利用率的角度出发，利用特异蛋白与植物生长物质的复合物，通过调节不同生育时期和不同器官内源激素水平，改善了玉米生长发育进程和产量形成过程，从而实现了对玉米形态特征、生理特征和产量形成的优化调控，达到稳产、高产的效果。具有以下作用：①强根。促进玉米根系生长，气生根增加 1~2 层，根长，根壮，形成庞大根系后提高根系对土壤的固着力，抗根倒。根系活力强，吸收养分、水分的能力强。显著提高生育期植株的抗逆性。②降高。缩短穗位以下节间，拉长穗位以上节间，茎秆增粗，茎壁增厚，木质化程度高。株高矮化，穗位降低 15~30cm，玉米植株重心下移，抗根、茎倒伏。③强源。弱苗促壮，大苗矮化，构建整齐一致的高产群体结构。叶片宽厚浓绿，叶绿素增加、叶片功能期延长，光合作用增强，千粒重增加，促进早熟。④增库。促穗壮籽，减少秃尖，收获时籽粒水分下降 2%~3%，提高商品粮品质，每亩增产 50~150kg。

二、应用生长调节剂的技术要点

（一）正确选择化学调控试剂

玉米化学调控试剂分为单剂和混剂。常见的单剂有乙烯利、玉米健壮素、缩节胺、矮壮素等；混剂为上述单剂复配、加工制成，部分混剂还添加了微量元素等营养成分，效果更佳。试剂的选择上推荐使用混剂，试验研究表明，用金得乐、玉黄金、吨田宝等玉米化控剂调控可以有效控制植株高度，增强其抗倒伏能力。

（二）喷施时期

玉米对化控剂的反应极为敏感，过早或过晚喷施均不利于药效的发挥，甚至引发药害，适得其反。金得乐、玉黄金、吨田宝等几种药剂均是在玉米进入拔节期（6~8 展叶，9~12 可见叶）后进行喷施。不推荐过早或过晚喷施，过早喷施因植株较小，茎秆尚未发育，降低株高、穗位高，效果不明显；过晚喷施（9 展叶或 12 可见叶之后）将对玉米雌穗分化产生抑制，影响产量。

（三）喷施剂量与方法

因成分、浓度的差异，不同的化控剂施用量各不相同，必须严格按照包装袋上要求用量施用，药液要随配随用，不能久存，而且也不能与农药、化肥混用，以防失效。作业时应注意均匀喷施，喷时不重喷、不漏喷，推荐使用双头喷雾器沿行向喷施，一喷两行。喷药后如 3h 内遇雨则需重新喷施，3~6h 遇雨需减半重喷，6h 后则无需重喷。

（四）其他注意事项

玉米化学调控技术适用于密植高产地块，种植密度应在原来水平上增加 5%～10%，施肥量也相应增加，以获得较高的产量。

第十一节 玉米机械化收获技术

玉米机械化收获技术是指利用玉米联合收获机一次完成收割、摘穗、剥皮、果穗集箱和茎秆粉碎还田或回收等多项作业。

一、技术内容

菏泽玉米机械收获作业有机械摘穗+秸秆粉碎还田、机械摘穗剥皮+秸秆粉碎还田、玉米青贮和玉米秸秆收割四种模式，要根据当地作业实际情况选用适宜的技术模式。自然灾害造成玉米倒伏应采取合适的方式进行处理。

二、实施要点

（一）总体要求

玉米种植行距要与玉米联合收获机要求的行距相适应，行距偏差±5cm；玉米结穗高度≥35cm，玉米倒伏程度<5%，果穗下垂率<15%；玉米脱粒联合收获时，要求玉米籽粒含水率≤23%。

（二）玉米果穗机械收获作业质量要求

籽粒损失率≤2%，果穗损失率≤3%，籽粒破碎率≤1%，果穗含杂率≤5%，苞叶未剥净率≤15%。

（三）玉米秸秆还田作业质量要求

按《秸秆还田机械化技术》要求执行。

（四）玉米青贮收获机作业质量要求

秸秆含水量≥65%，秸秆切碎长度≤3cm，切碎合格率≥85%，割茬高度≤15cm，收割损失率≤5%。

（五）玉米秸秆收割作业要求

玉米秸秆收割要求玉米自然高度 150～280cm，秸秆含水率为 55%～75%，玉米倒伏角小于 50°，割茬高度≤15cm。

（六）秸秆倒伏处理要求

因各种灾害导致玉米秸秆倒伏，应将割台高度适当调低，保证收获质量；如果倒伏情况较严重，收获前应人工对倒伏玉米秆进行扶正处理，然后再进行收获作业；如果倒伏情况很严重，不适宜机械收获时，建议人工收获，以免损害玉米收获机械作业部件；如果倒伏情况特别严重，造成绝收时，建议直接进行玉米秸秆还田作业。

三、玉米收获机的类型

菏泽推广使用的玉米收获机一般分悬挂式玉米联合收获机、自走式玉米联合收获机和互换割台玉米联合收获机。

（一）自走式玉米联合收获机

自走式玉米联合收获机是一种专用玉米收获机型，有 2 行、3 行、4 行以及 4 行以上等几种型号，其主要功能是一次完成摘穗、集穗、秸秆还田或秸秆切碎收集青贮等作业，有的还带有剥皮功能，即可随即摘除果穗上的苞叶。根据秸秆粉碎装置的不同，又可分为青贮型和还田型两种，可分别实现秸秆的切碎收集或还田。该机型具有结构紧凑、性能较为完善、作业效率高、作业质量好等优点，是当前农民购机主要选型。

（二）互换割台玉米联合收获机

在自走式小麦联合收获机上将其割台换成玉米摘穗台，一次完成摘穗、集穗和还田作业。

第六章　玉米绿色增产模式

玉米绿色增产的总体要求是坚持点上示范与面上推进相结合，按照"良种良法配套+农机农艺融合+节本增效同步+生产生态并重"的要求，着力落实推广专用品种、标准化栽培技术、农机化生产技术和节肥、节药、节水技术。玉米病虫绿色防控技术覆盖率达到50%，化肥、农药亩使用量零增长，符合农业部"一控、两减、三基本"的发展规划。

第一节　玉米免耕覆盖铁茬精播绿色模式

夏玉米免耕覆盖播种技术简介。夏玉米免耕播种又叫铁茬播种（生茬锈）或贴茬播种，即收获小麦后不清理麦秸、麦茬、不经过整地而直接在麦茬上播种玉米。

一、夏玉米免耕覆盖播种的优点及效果

夏玉米免耕覆盖播种的突出优点是实现机械化作业、减少农耗时间、减轻劳动强度、减少"芽涝"危害，是一种可操作性极强的绿色保护性耕作增产措施。

自 2012 年以来，我们连续进行多点的大田试验，研究示范种子质量、农艺措施、种肥等因素对夏玉米生长及产量的影响。结果表明，夏玉米免耕精密播种单项技术处理（分别为单种子、单镇压、单覆盖、单种肥），CK（混粒种子，播种后不镇压+清除麦秸+不施种肥）和集成技术处理（精选种子+播种后镇压+麦秸平茬覆盖+施种肥）对其影响有差异。集成技术处理土壤含水率比单镇压、单覆盖、单种肥处理分别高 15.70%、16.73%、18.64%，比 CK 和单种子处理高 23.18%；集成技术处理的株高比单种子、单镇压、单覆盖、单种肥、CK 分别高 21.54%、19.96%、24.54%、18.94%、33.14%，单株叶面积分别高 20.43%、17.10%、34.42%、13.0S%、44.07%，单株干物重分别高 37.44%、30.83%、48.81%、22.09%、58.59%。集成技术处理的苗期叶色浓绿，产量为 10 886.71 kg/hm^2，比单种子、单镇压、单覆盖、单种肥处理及 CK 分别增产 8.61%、11.96%、13.49%、9.89%、39.04%，增效率分别为 10.66%、4.64%、6.89%、5.05%、29.77%。

二、夏玉米免耕覆盖播种存在的主要问题

夏玉米免耕覆盖播种存在的主要问题是容易出现缺苗断垄等播种质量差的现象，同时麦茬对夏玉米幼苗的生长有一定影响，原有的病虫草害有加重趋势，引发一些新的病虫害、播种和灌溉之间的矛盾。

三、夏玉米免耕覆盖播种的技术要点

（一）抓好小麦秸秆处理

①小麦收割要尽可能选用装有秸秆切碎和抛撒装置的收割机。②玉米播种时选用带有灭茬功能的玉米免耕播种机，可一次性完成秸秆粉碎、灭茬和玉米播种等多项作业。③麦秸的粉碎长度不宜超过10cm。④麦秸抛撒要均匀，符合 NY/T 500—2002 标准要求。

（二）抢时早播

小麦收获后播种夏玉米时间较紧张，及时播种对争取夏玉米高产至关重要。"春争日、夏争时"，夏玉米抢时播种，不但利于玉米产量的提高，也有利于籽粒品质的提高。同时，针对菏泽气象条件，一般年份抢时播种还有利于预防玉米芽涝，利于玉米正常蹲苗。

（三）提高播种质量

①玉米属于独秆、单穗作物，"缺株"意味着"缺产"。生产中一定要控制产生小苗、弱苗的有关因素。多年实践证明，玉米小苗、弱苗的生产能力只有正常植株的13%~30%。一旦产生小苗和弱苗，仅仅靠对小苗、弱苗偏管是没有作用的，查苗、补苗作用也不明显。因此，只有提高夏玉米播种质量，从源头控制玉米小苗、弱苗才是至关重要的。②玉米要"七分种、三分管"，争取播种达到"苗齐、苗全、苗匀、苗壮"。③尽可能采用包衣种子。④播种时做到"行距一致、深浅一致"。⑤播种机作业速度不要太快，控制在每小时5km以内，以免漏播和重播。

（四）足墒播种，种肥同播

浇足底墒水。底墒水对保证夏玉米种子正常出苗非常重要，土壤墒情不足时可在收获小麦后先播种玉米，再浇"蒙头水"。或者根据土壤墒情可抢时播种。播种时采取种肥异位同播，减少田间作业环节。

第二节　玉米绿色增产"七配套"生产模式

玉米绿色增产"七配套"，就是高产耐密优良品种+适宜单粒精播种子+贴茬精量直播+合理保灌+化肥机械深施+机械化植保+适时机械晚收，全方位的实现良种、良法、良机、良策配套。

一、选择适宜单粒精播的高产耐密优良品种

（一）根据地力基础，选择高产耐密品种

如郑单958，登海605、先玉335、隆平206等。具体可根据农户生产水平、土壤肥力状况、农田水利基础等条件选择适用品种，条件较好的主选耐密型品种，中等条件的搭配紧凑型品种。

（二）选用经特殊加工适合单粒精播的种子

近年来国外单粒精密播种技术得到越来越多中国农民的认可和应用。新技术的推广需要适合的优良品种配套，经试验筛选出包括先玉 335、郑单 958、丹玉 405、丹玉 603、登海 605 等品种为较好的单粒精播品种。

二、铁茬精量播种

收获小麦后不清理麦秸、麦茬、不经过整地而直接在麦茬上播种玉米。减少农耗时间、减轻劳动强度、减少"芽涝"危害。如聊城农科院进行了全株距（单粒播种，一粒种子保留一棵苗）播种，即按 67 500 粒/hm^2、行距 60.0cm、株距 24.7cm 播种，比全株距增加 10%种子量播种，即按 75 000 粒/hm^2、行距 60.0cm、株距 22.2cm 播种；半株距（单粒播种，隔株留苗）播种，即按 135 000 粒/hm^2、行距 60.0cm、株距 12.4cm 播种，出苗后按株距 24.7 cm 定苗（留一去一）。收获半株距播种、比全株距增加 10%播量播种方式的收获穗数符合预期收获密度，产量分别比全株距播种方式增加 14.68%和 12.35%。然而半株距播种方式产量最高，但不宜推广，这是由于播种量加大，成本增加；出苗后还要定苗，工作量加大；在实际推广过程中，老百姓未拔除多余的苗，导致部分地段太密，超过了最佳密度，产量反而不高。因此，生产上应大力推广比全株距增加 10%播量即可。

三、化肥深施和施用缓控释肥

（一）化肥深施

目前面临施肥技术落后，农业生产成本居高不下，资源浪费严重，土壤环境劣变，农业可持续发展备受困扰等问题，亟待解决。如河北农业大学曾进行免耕局部深松分层施肥精量播种技术对土壤水分入渗、容重、养分时空分布的影响展开研究，探索玉米专用肥一次性分层深施、单粒播种的可行性及增产增效机制。夏玉米深松双层施肥条播技术对夏玉米生长发育和土壤理化性质影响试验结果表明，与无机复混肥常规施用处理相比，深松双层施肥处理玉米成熟期根条数增加 8.1 条/株，叶面积指数增加 20.1%，地上部干物质积累增加 2 354.25kg/hm^2，体内积累氮、磷、钾分别提高 50.43kg/hm^2、18.87kg/hm^2、24.70kg/hm^2；获得产量 10 325.3kg/hm^2，增收 29.5%。深松双层施肥处理 0~20cm、20~40cm 及 40cm 以上土壤紧实度分别减小了 38.6%、61.6%和 15.0%以上；苗期—灌浆期60~90cm 土壤含水量提高幅度为 8.5%~43.9%；对各层次土壤养分含量影响不大。深松全层施肥精播技术对玉米生长发育影响试验结果表明，与常规施肥处理相比，深松全层施肥处理春玉米成熟期根干重增加 33.4%，植株氮、磷、钾累积量分别提高 29.02kg/hm^2、19.00kg/hm^2 和 5.42kg/hm^2，增产 32.5%，增收 40.5%。深松全层施肥技术对夏玉米生长影响趋势一致，增产 33%，增效 46%。

（二）施用缓控释肥

缓控释肥具有很多优点：第一，缓控释肥可以根据玉米的养分吸收规律基本同步释放养分，肥料利用率约提高50%，且降低了因局部肥料浓度过高对玉米根系造成伤害的风险；其次，缓控释肥适宜采用"种肥同播"的种植方式，减少了施肥数量和次数，既节约了劳动力和成本，又可避免因为气候等不可抗拒因素造成无法追肥的状况；第三，玉米生长规律与缓控释肥养分释放同步，利于玉米健康生长，进一步促进玉米品质的提高；第四，缓控释肥可提高氮肥利用率，有效避免氮的挥发及磷和钾的流失，减少对土壤以及生态环境的污染；第五，缓控释肥可有效解决因肥料利用率低引发的能源浪费。

四、玉米适期晚收

针对麦收后机械单粒播种试验，设置4个机收时期试验，即播种后100d、105d、110d和115d收获，以播种后100d收获作为对照（CK），每个时期收获0.1亩。田间管理同一般大田。随着机收时期的延迟，收获时籽粒含水量越来越低，从播种后100d的32.2%降到播种后115d的25.5%，千粒重持续增加，机收损失率呈降低趋势。比对照增产9.22%~11.17%。现有生产条件下，本着"既保证玉米收获最高产量，又不影响小麦适期播种"的原则，现有主栽品种于播种后110~115d机械收获为宜。

第三节　玉米种子"1+1"模式

菏泽玉米生产形势仍很严峻，面临风灾、旱涝、高温等自然灾害。特别是高温灾害，近几年发生逐年加重，没有真正引起人们的重视，即使重视高温灾害，也很难找到行之有效的措施。鉴于此，我们从实践中针对单一品种抗性的不全面性，气象灾害发生的不确定性，单一品种不能抵抗所有灾害等实际，开展了一系列的探索。初步摸索出解决单一品种遗传基础狭窄、群体抗逆性低、稳产性差等问题的途径。我们按照生态位互补原理，构建不同品种的复合群体，探索出一种提高玉米稳产性的有效途径。其核心技术就是配置不同的品种组合，构建生态位互补的稳产群体，提高群体抗逆减灾能力。生产实践就是选用遗传基础差异较大、抗性有显著差别的杂交种进行间混作栽培，利于构建基因型丰富的作物群体，以提高其抗逆性，达到稳产高产。中国作物栽培与耕作学科带头人，河南农业大学李潮海教授对该技术的评价是：玉米间作或者混播模式能实现玉米生产过程抗性互补、育性互补，是当代杂交优势的综合利用。

我们承担山东种业总公司的试验，具体是"登海701+登海662"组合，对照（登海701、登海662单独种植）。试验结果，可以看出："1+1"两品种混播后，登海662的秃尖从单品种植的2.3cm降低到0.6cm，而登海701的行数从原先种植的13.3行增加到14.5行。同时还实施了3个试验组合，分别是：鲁单818+中单909、鲁单1201+鲁单9066、鲁单1108+中单909，对照（鲁单818、中单909、鲁单9066、鲁单1201、鲁单1108各品种单独种植）。"1+1"种植各品种结实数均高于对照，大大提高了作物的产量水平。

　　根据 2016 年试验数据分析,"1+1"玉米种植模式主要有提高玉米抗病能力;增强玉米抗倒伏能力;增强玉米结实性;玉米穗行数增多;商品粮品质提高;稳定发挥玉米丰产潜力,从而达到先稳产、再高产的效果。玉米"1+1"种植模式可改善单一玉米群体抗逆性低、稳产性差等问题,是一种提高作物稳产性的绿色增产种植模式。

第七章 玉米绿色增产技术标准及规程

第一节 无公害玉米生产技术规程

一、范围

本标准规定了无公害玉米产地环境，农药、肥料的使用以及栽培技术。本标准适用菏泽域内无公害玉米生产。

二、规范性文件

凡是注日期的引用文件，其随后所有的修改单（不包括勘误的内容）或修订版均不适用于本标准。鼓励使用标准的各方研究使用这些文件最新版本的可能性。凡是不注日期的引用文件，其最新版本适用于本标准。

三、无公害玉米质量标准

应符合 GB 1353—1999、DB 14/86—2001 中第 5.2 条规定。强筋小麦应符合 DB/T17892 的规定。

四、产地环境要求

应符合 DB 14/87—2001 中 3.1~3.4 条规定。

五、栽培技术

（一）选地要求

土地平整，土层深厚（熟土 24cm 以上）；土壤通透性好，松紧度适宜；土壤有机质 11~15g/kg，全氮 0.7mg/kg，水解氮 45~55mg/kg，有效磷 15~25mg/kg，速效钾 100mg/kg 左右。

（二）耕作整地

1. 深耕施肥肥料的选择与使用应符合 DB 14/87—2001 中第 5 章的规定。

前茬作物收获后，立即进行深耕，耕深 25cm 以上，结合深耕每亩施入有机肥 4 000~5 000kg，过磷酸钙 50kg。耕后耙糖保墒。

2. 春季浅耕耙糖早春顶凌耙糖，遇雨即耙。播前浅耕，耕深 15cm，每亩施 60kg 碳酸氢铵作底肥，耕后耙糖，达到地面平整，土壤细碎，无坷拉，无根茬，无杂草，无沟壕，上虚下实，0~10cm 土壤含水量 12% 以上的标准。

3. 夏直播铁茬播种，减少农耗时间。

（三）选种及种子处理

1. 选种

选择优质、高产、多抗的玉米品种，如郑单 958、菏玉 157、菏玉 138 等。种子质量符合 GB4404.1 的规定。

2. 种子处理

（1）晒种 播种前选晴朗天气，摊薄连续晒 2~3d，并经常翻动，使种子晒匀、晒透。

（2）浸种

冷浸：冷水浸种 12~24h。

温浸：用 55~58℃ 的温水浸种 6~12h。

（3）药剂拌种 见下面的种子处理。

（4）锌肥拌种 每 10kg 种子用硫酸锌 60~80g，将硫酸锌溶于 1kg 水中，随后边洒边拌，使肥液均匀附着在种子表面，拌好的种子晾干后播种。

（5）推荐使用包衣种子（种衣剂成分不含高毒、高残留物质）。

（四）播种

1. 播期，麦收后抢播。

2. 播量，每亩用种量 2.5~3kg。

3. 播种方式，机播或楼播。宽窄行种植，宽行 80cm，窄行 60cm。

4. 播深，4~6cm，墒情好、黏土地宜浅，沙壤土、墒情差宜深，

5. 施种肥，每亩用 8~10kg 玉米专用缓控释肥或磷酸二铵作种肥，穴施或条施。种肥应于种子隔离。

（五）田间管理措施

1. 幼苗期管理（出苗至拔节）

（1）查苗、补苗 齐苗后发现缺苗及时催芽补种或移苗。在幼苗 3~4 叶时，选多 1 叶片备用壮苗在雨天或阴天午后带土移栽，移栽后加强管理，促苗尽快恢复成长，防止田间出现大小苗。

（2）间苗、定苗 3~4 叶进行间苗，6 叶时定苗，去弱留壮，大小一致，株距 24~35cm，每亩留苗 3 800~4 000 株，高产田可达到 4 500 株。

（3）中耕 苗期进行 2~3 次。第一次结合间苗钱中耕，深度以 3~5cm 为宜。拔节前第二次中耕，深度以 5~8cm 为宜，苗旁宜浅，行间宜深。遇雨后应及时中耕破板。

（4）追肥浇水 定苗后对一些肥力不足，长势偏弱的地块，结合中耕每亩施尿素 10kg。

2. 穗期管理（拔节至抽雄）

（1）追肥、浇水 拔节后每亩追施尿素 10~15kg，有条件的地块遇旱应及时浇水。

（2）去除分蘖 玉米拔节前，及时掰除茎秆基部分蘖。

（3）中耕培土　拔节后结合追肥深中耕，深度7~8cm。大喇叭口期结合中耕进行培土，培土高度10~15cm。

（4）化控　玉米大喇叭口末期，田间0.1%~0.3%的植株已见雄穗时，每亩用30ml健壮素对水15~20kg均匀喷于玉米植株的上部叶片，做到不重不漏。

3. 花粒期管理（抽穗至成熟）

（1）补施粒肥　发现叶片变黄，植株脱肥时，每亩追施尿素5~8kg，或在授粉后，每亩用磷酸二氢钾200g加尿素2kg，对水100kg叶面喷施。

（2）隔行去雄　当雄穗抽出1/3时，每隔1~2行去一行雄穗，去雄时防止带出顶叶。

4. 适时收获

蜡熟末期为收获适期。当穗位以上绿叶较多、以下绿叶较少，果穗苞叶从青绿变为黄绿色，籽粒呈现本品种固有的色泽和形态，籽粒顶部用手指甲不易掐出印迹，下部出现黑层时，及时收获。

六、病虫草害防治

（一）主要病虫草害种类

1. 主要病害种类

大、小斑病、病毒病（包括矮花叶病、粗缩病）、丝黑穗病、黑粉病。

2. 主要虫害种类

地下害虫（蝼蛄、蛴螬、金针虫）、粘虫、玉米螟、蚜虫、红蜘蛛等。

3. 草害种类

藜、马刺苋、苍耳、刺儿菜等。

（二）防治措施

病虫草害的防治坚持"预防为主，综合防治"的植保方针，根据有害生物综合防治的基本原则，采用抗（耐）品种为主，以栽培防治为重点，物理、化学防治有机结合的综合防治措施。

1. 农业防治

（1）选用抗病品种。

（2）玉米收获后及时清除秸秆根茬，消除田边杂草，拔除病株带出田外深埋。深翻消灭部分病原和虫源。

（3）实施轮作，施充分腐熟的有机肥，不施带病源、虫源的厩肥。

2. 药剂防治

药剂防治应符合GB 4285和GB/T 8321.1—GBT 8321.6的规定。

（1）种子处理　用种子量0.2%~0.3%的多菌灵或75%萎锈灵可湿性粉剂拌种，防治丝黑穗病、黑粉病。采用50%辛硫磷乳油按种子量0.1%~0.2%拌种，也可以用10%辛硫磷颗粒剂1kg加细土50~60kg，拌成毒土，播前浅犁时施入犁沟，防治地下害虫。

（2）田间防治

①大、小斑病。75%百菌清可湿性粉剂 300~5 000 倍液，或 50%多菌灵可湿性粉剂 500 倍液，或 70%甲基托布津可湿性粉剂 1 500 倍液等，在达到防治指标时开始喷药。以后间隔 7~10d 喷药 1 次，连续喷 2~3 次，每亩喷药液量 100kg。

②穗部病害。丝黑穗病、黑粉病，农业防治和种子处理相结合。

③病毒病。矮花叶病、粗缩病，铲除田间、地头路边杂草，消灭传毒昆虫为主，发现病株要拔除，立即浇水施肥，并选用病毒 A 或增抗剂等，每隔 7d 喷 1 次，共喷 3 次，喷时药液中加入少量的磷酸二氢钾或其他微肥。

④玉米螟。心叶期防治：有虫株率达 5%~10%时，用 50%辛硫磷乳油 0.7kg 加水 10kg，稀释后拌入 50kg 煤渣颗粒，每株 2g 灌心。

孕穗期防治：玉米螟幼虫钻入雌穗苞叶内，用 90%敌百虫 800~1 000 倍液，或 50%敌敌畏乳油 600 倍液，滴于雌穗花丝基部，每 1kg 药液可灌注玉米 300~400 穗。穗期防治：玉米雌穗吐丝盛期，有虫株率达 10%时，剪去花丝，用 90%敌百虫 1kg 加水 300kg，加土掺匀成稀糊状，用小刷蘸药糊涂抹在穗顶剪口处。

⑤蚜虫。用 50%抗蚜威 3 000 倍液或 10%蚜虱净可湿性粉剂 3 000~4 000 倍液喷雾防治。

⑥红蜘蛛。发生盛期选用 20%扫螨净可湿性粉剂 3 000~4 000 倍液喷雾。

⑦黏虫。用 90%的敌百虫或 50%敌敌畏 1 000~1 500 倍液，每亩喷施 70~100kg 药液。

⑧杂草防除：玉米播后出苗前，每亩用 40%乙莠悬浮剂 150~200g，或 50%都阿合剂 150~200ml，对水 30~40kg 搅拌均匀喷于地表。喷药后浇一次水。

玉米生长至 2~8 叶期，杂草 3~5 叶期，每亩用 4%农乐悬剂 60~80ml 对水 30kg 喷雾。

第二节　玉米机械化收获作业技术规范

一、主题内容与适用范围

1. 本规范规定了玉米联合收获机械化作业有关的定义、农艺要求与作业质量、作业机具及技术状态要求、安全规则、操作规程及作业质量检查验收等技术要求。

2. 本规范玉米联合收获机械化生产的作业流程：确定玉米收获期—田间调查—选择作业机具并检查、保养、调试—人工开割道—玉米收获及秸秆粉碎还田。

3. 本规范适用于玉米联合收获机械化作业。

二、定义

（一）玉米联合收获

是指一次完成摘穗（或摘穗、剥皮）、秸秆粉碎还田或切段收集等项作业。

（二）玉米秸秆机械还田

用机械将玉米秸秆粉碎，并均匀地抛撒到地面的作业。

（三）落地籽粒损失

撒落到地面的籽粒所造成的损失。

（四）夹带籽粒损失

排出的苞叶中夹带的籽粒造成的损失。

（五）籽粒损失率

落地籽粒损失与夹带籽粒损失质量之和占总产籽粒质量的百分率。

（六）果穗损失

漏摘和落地果穗所含籽粒所成的损失。

（七）果穗损失率

果穗损失籽粒质量占总产籽粒质量的百分率。

（八）破碎率

因机械造成破损的籽粒质量占所收获籽粒总质量的百分率。

（九）果穗含杂率

收获果穗中所含杂质（石块、土块、秸秆、苞叶等）质量占其总质量的百分率。

（十）苞叶未剥净率

未剥净苞叶果穗数占果穗总数的百分率。

（十一）割茬高度

收获后，留在地面上的禾茬高度。垄作玉米以垄顶为测量基准。

（十二）还田秸秆粉碎合格率

粉碎长度合格秸秆质量占还田秸秆总质量的百分率。

（十三）还田秸秆抛撒不均匀率

玉米秸秆粉碎还田抛撒的不均匀程度。

（十四）污染

由于机具漏油等对籽粒、秸秆、土壤造成的污染。

三、作业

（一）作业要求

按照玉米生产目的确定收获期。实施秸秆还田的玉米收获尽量在果穗籽粒成熟后间隔 3~5d 再进行作业。粮用和饲用兼用玉米，宜在腊熟期末收获。

玉米联合收获机械作业一般要求玉米最低结穗高度 35cm、倒伏程度 ≤5%、果穗下垂率 ≤15%。等行距收获的玉米联合收获机一般适应行距为 55~80cm。

（二）作业质量

在适宜收获期，玉米联合收获作业地块符合一般作业要求时，作业质量指标应符合表 7-1 的规定。

表 7-1 玉米联合收获作业质量指标

项 目	指 标
籽粒损失率（%）	≤2
果穗损失率（%）	≤3
籽粒破碎率（%）	≤1
果穗含杂率（%）	≤5
苞叶未剥净率（%）	≤15
残茬高度（mm）	≤80
还田秸秆粉碎合格率（%）	≥90
还田秸秆抛撒不均匀率（%）	≤20
收获后田间状况	秸秆、根茬粉碎后应做到抛撒均匀，无堆积和条状堆积
污染情况	无

注：①秸秆还田粉碎长度不大于100mm为合格；②苞叶未剥净率仅针对带剥皮功能的玉米联合收获机；③对作业条件特殊或对作业质量有特殊要求的，由服务方与被服务方协商

四、作业机具及技术状态

（一）作业机具的选用

根据当地玉米种植规格、品种、所具备的动力机械、收获要求等条件，分别选择悬挂式、自走式、牵引式等适宜的玉米联合收获机。

1. 具备拖拉机的，可选择悬挂式、牵引式玉米联合收获机；具备小麦联合收获机的，可选择换装玉米专用割台的方式。

2. 经济条件好或不具备动力机械的，可选择自走式玉米联合收获机。

3. 当地玉米种植规格不规范或准备参加跨区作业的，应选择对行距要求不严格或可实现不对行收获的玉米联合收获机。

4. 要求秸秆粉碎回收做饲料的，应选择茎穗兼收型玉米联合收获机。

（二）技术状态要求

1. 空车试运行时，整机运行平稳，无不正常杂音，各操作系统动作灵活、准确，制动系统稳定有效。

2. 摘穗辊（或摘穗板）间隙适当，符合说明书要求。

3. 秸秆还田机的作业高度符合说明书要求；如安装除茬机时，应确保除茬刀具的入土深度保持深浅一致。

五、安全规则

1. 玉米联合收获机的传动等危险部位应有安全防护装置，并有明显的安全警示标志。

2. 玉米联合收获机保养、清除杂物和排除故障等，必须在发动机停止运转后进行。

3. 玉米联合收获机在道路行驶或转移时，应将左、右制动板锁住，收割台提升到最

高位置并予以锁定。

4. 玉米联合收获机不准牵引其他机械。

六、操作规程

(一) 机组人员配备

玉米联合收获机组一般配备 2~3 人，其中驾驶员 1~2 人，调度指挥 1 人。

(二) 作业前准备

1. 开始作业前应按使用说明书的要求对机组进行全面保养、检查、调整，并紧固所有松动的螺栓、螺母，保证联合收获作业机组状态良好，符合作业机具技术状态要求。

2. 收获前，应对玉米的倒伏程度、种植密度和行距、果穗的下垂度、最低结穗高度等情况，做好田间调查。

3. 根据地块大小和种植行距及作业质量要求选择合适的机具，制定具体的作业路线。

4. 根据机具特点和地块情况，需要人工开割道的，要提前做好人工开割道工作。

5. 作业前，驾驶、操作人员必须做好田间调查，对影响作业的沟渠、垄台予以平整，在水井、电杆拉线等障碍物处设置醒目的警示标志。

(三) 操作方法

1. 在机具进入地块后，应试割一段距离，停车检查收获质量。无异常现象方可进入正常作业。

2. 驾驶员应及时操作液压手柄，使割台和还田机适应地块要求，避免还田机锤爪打土及扶导器、摘穗辊碰撞硬物。

3. 及时清卸果穗，以免满后溢出或卸粮时卡堵。

4. 收获到地头，应继续保持发动机转速前进适当距离，以便使秸秆完全粉碎。

5. 应及时清理散热器，并补充冷却水，防止发动机水温过高。

七、作业质量检查验收

作业质量检查，按农业机械作业质量谷物机械收获、秸秆机械还田等有关标准的规定进行检查、测试。

八、注意事项

1. 玉米联合收获机必须牌照齐全、有效。

2. 玉米联合收获机驾驶人员必须按规定持证驾驶，在道路上行驶时，必须严格遵守道路交通法规；在作业过程中必须遵守《山东省农业机械安全监督管理办法》。

3. 玉米联合收获机驾驶人员必须认真阅读出厂说明书，掌握机械性能。

4. 玉米联合收获机驾驶室不准超员乘坐。

5. 通过村镇、桥梁或繁华地段时应有人护行。上、下车船用低速档并有人指挥。

第四篇　杂粮绿色生产技术与应用

第八章　杂粮主栽品种简介

第一节　大豆品种

一、菏豆 12 号

审定编号：鲁种审字 2002012。

品种来源与类型：原名"菏 95-1"，属黄淮夏播中熟大豆品种，以山东省菏泽市农业科学院的跃进五号为母本，菏 7513-1-3 为父本进行有性杂交，后经系谱法选择，于 1999 年育成。

试验结果：1999—2000 年参加山东省大豆新品种区域试验，18 点次平均单产 2 931. 6 kg/hm^2，其中鲁南生态区平均单产 3 206. 85 kg/hm^2，较对照鲁豆 11 号平均增产 14. 37%；2001 年参加山东省生产试验，全省六点平均单产 2 988. 0 kg/hm^2，较对照鲁豆 11 号平均增产 15. 2%；2000 年在菏泽市农业科学院试验田内进行丰产试验 4 亩均单产 4 140 kg/hm^2；1997 在山东省菏泽定陶区邓集乡进行示范种植，其中有 2. 3 亩以单产达 4 531. 5 kg/hm^2 通过省地有关专家测产验收。

适宜推广范围：菏豆 12 号适宜于鲁南、菏泽市、苏北、皖北、豫北、豫东等黄淮夏大豆地区夏播种植。

特征特性：黄淮夏播生育期 100~103d。有限结荚习性。株型收敛，根系发达。叶片较大、呈卵圆形。开紫花，灰白色茸毛，成熟时荚皮呈黄褐色，不炸荚。株高 70~80cm，主茎 16~18 节，有效分枝 1~3 个，一般单株结荚 30~40 个，单株结粒 60~90 粒，籽粒椭圆、黄种皮、褐脐、百粒重 25~30g，籽粒含蛋白质 43. 2%，含脂肪 18. 18%，该品种抗大豆花叶病毒病、根腐病和霜霉病，抗倒伏。

栽培技术：①精选良种。为保证种子的净度和发芽率，播种前对种子进行精选，剔除虫粒、病粒、破碎粒。②适期早播。菏豆 12 号适宜的播种期一般在 6 月上旬至 6 月中旬。麦收后应抢墒早播，适期早播的茎秆粗壮、节间短、荚粒数多，籽粒大、产量高，随着播种期的推迟产量逐渐降低，25 日以后播种减产显著。③确保苗全、苗匀、苗壮。根据菏豆 12 号的特征特性，每亩应保苗 1.2 万~1.5 万株。④科学施肥：菏豆 12 号为高蛋白品种，应巧施氮肥，增施磷钾肥。⑤及时抗旱排涝。夏大豆生育期间，可根据气候、墒情、大豆长势及时灌溉或排涝。⑥安全使用化学除草剂。⑦合理化控。⑧综合防治病虫害。

二、菏豆 13

审定编号：2005 年 3 月山东省审定，审定号：鲁农审字【2005】031 号；2005 年 6 月审定，审定号：国审豆 2005012；2005 年 9 月申请品种权保护，品种权号：CNA20050001.5；2005 年 12 月列入山东省农业科技成果转化项目；2006—2007 年列入山东省重大农业技术推广品种；2006 年参加全国夏大豆新品种展示，表现突出，2007 年列入全国夏大豆主推品种。

品种来源：菏豆 13 号是菏泽市农业科学院育成的高产、优质、多抗、广适夏大豆新品种。大豆品种名称：菏豆 13 号（区试代号：菏豆 99-6）国家级审定编号：国审豆 2005012。品种来源：菏 95-1×豫豆 8 号。选育单位：山东省菏泽市农业科学院。

特征特性：生育期 100d 左右，有限结荚习性，株型收敛，分枝强，结荚集中，3 粒荚多，株高 67.1cm，主茎 15 节，圆叶、紫花、灰毛，籽粒椭圆形，种皮黄色，脐褐色，百粒重 24g，粒大商品性好；主茎粗壮，根系发达，高抗倒伏；抗旱、耐涝，抗病性强品质优，2003—2004 年经农业部食品质量检验测试中心（北京、济南）检测（干基）：蛋白质 40.3%，脂肪含量 19.18%。

产量表现：2003 年参加黄淮海南片夏大豆品种区域试验，平均亩产 144.44kg，比对照中豆 20 增产 9.01%（极显著）；2004 年续试，平均亩产 177.96kg，比对照中豆 20 增产 9.10%（极显著）；两年区试平均亩产 161.20kg，比对照中豆 20 增产 9.06%。2004 年生产试验平均亩产 168.26kg，比对照中豆 20 增产 8.35%。近几年一般亩产 200~250kg，高产地块每亩产 300kg 以上。

栽培要点：6 月上中旬播种，每亩种植密度为 1.3 万株左右。

推广范围：黄淮流域夏大豆适宜种植区。

三、菏豆 14 号（原代号菏 96-8）

审定编号：山东省农作物品种审定委员会审定。审定号：鲁农审 2006034 号。

育种单位：菏泽市农业科学院。

品种来源：菏 84-5 与美国 9 号杂交后系统选育而成。非转基因。

特征特性：中晚熟，生育期 105d（比对照鲁豆 11 号晚熟 5d），亚有限结荚习性，株型收敛。株高 89.7cm，抗倒伏。有效分枝 1.6 个，主茎 17.7 节，单株粒数 70.5 粒，圆叶、白花、灰毛、落叶、不裂荚、籽粒椭圆形，种皮黄色，脐褐色，百粒重 19.7g。田间调查花叶病毒病发病较轻。2003 年经农业部食品质量监督检验测试中心（北京）检测

（干基）：蛋白质含量 38.6%，脂肪含量 21.3%；2005 年经农业部食品质量监督检验测试中心（济南）检测（干基）：蛋白质含量 39.4%，脂肪含量 20.7%。

产量表现：在 2003—2004 年全省大豆区域试验中，平均亩产 185.4kg，比对照鲁豆 11 号增产 7.86%，2005 年生产试验平均亩产 189.5kg，比对照鲁豆 11 号增产 16.78%。

栽培技术要点：适宜密度 1.5 万株/亩，麦收后抢茬直播，早间苗定苗，及时中耕除草，防治病虫害，初花期看苗施肥，花荚期保证肥水供应。

适宜种植区域：在鲁南、菏泽市、鲁北、鲁西北、鲁中地区作为夏大豆品种推广利用。

四、菏豆 15

审定编号：鲁农审 2007026 号。

选育单位：山东省菏泽市农业科学院。

品种来源：郑 100×菏 95-1。

特征特性：该品种平均生育期 107d，株高 71.8cm，卵圆叶，紫花，灰毛，有限结荚习性，株型收敛，主茎 15.4 节，有效分枝 2.3 个。单株有效荚数 37.3 个，单株粒数 72.4 粒，单株粒重 13.9g，百粒重 19.6g，籽粒椭圆形、黄色、有光、褐色脐。接种鉴定，中感花叶病毒病 SC3 株系，中感大豆孢囊线虫病 1 号生理小种。粗蛋白质含量 44.13%，粗脂肪含量 18.36%。

产量表现：2006 年参加黄淮海南片夏大豆品种区域试验，亩产 163.1kg，比对照徐豆 9 号增产 6.8%，极显著；2007 年续试，亩产 163.6kg，比对照增产 4.6%，极显著。两年区域试验亩产 163.4kg，比对照增产 5.7%。2007 年生产试验，亩产 166.9kg，比对照增产 11.0%。

栽培技术要点：6 月上中旬播种，每亩种植密度为 1.3 万株左右。

推广区域：该品种符合国家大豆品种审定标准，通过审定。适宜在山东西南部、河南驻马店及周口地区、江苏徐州及淮安地区、安徽淮河以北地区夏播种植。

五、菏豆 19 号

审定编号：国审豆 2010010。

选育单位：山东省菏泽市农业科学院。

品种来源：是山东省菏泽市农业科学院用郑交 9001 x 日本黑豆选育而成的大豆品种。

特征特性：该品种生育期 105d，株型收敛，有限结荚习性，株高 66.9cm，主茎 14.0 节，有效分枝 1.4 个。单株有效荚数 32.3 个，单株粒数 74.7 粒，单株粒重 17.1g，百粒重 23.1g。卵圆叶，紫花，灰毛。籽粒椭圆形，种皮黄色、无光，种脐深褐色。接种鉴定，中感花叶病毒病 3 号株系，感花叶病毒病 7 号株系，高感胞囊线虫病 1 号生理小种。粗蛋白含量 41.88%，粗脂肪含量 19.65%。

产量表现：2008 年参加黄淮海南片夏大豆品种区域试验，平均亩产 197.3kg，比对照中黄 13 增产 3.8%；2009 年续试，平均亩产 190.6kg，比对照增产 11.6%（极显著）。两年区域试验平均亩产 193.9kg，比对照增产 7.7%。2009 年生产试验，平均亩产 175.7kg，比对照增产 12.9%。

栽培要点：6 月上中旬播种，每亩种植密度 1.5 万~2 万株。基肥以有机肥为主，化肥为辅，并适量补充微量元素，每亩可施农家肥 2 000kg，磷酸二铵 10kg，硫酸锌、硼砂各 1kg。对未施用基肥的地块，初花期可结合浇水每亩追施磷酸二铵 10~15kg，硫酸钾 5.0~7.5kg。在花荚期结合防病治虫害叶面喷施硼、锌、钼微量元素 1~3 次。

审定意见：该品种符合国家大豆品种审定标准，通过审定。适宜在山东南部，河南南部，江苏和安徽两省淮河以北地区夏播种植，胞囊线虫病易发区慎用。

六、菏豆 20

审定编号：鲁农审 2010024 号。

育种者：菏泽市农业科学院。

品种来源：常规品种，系豆交 69 与豫豆 8 号杂交后系统选育。

特征特性：株型收敛，株高 75cm，有效分枝 1.9 个，主茎 14.8 节，单株粒数 106 粒，圆叶、紫花、棕毛、落叶、不裂荚，籽粒椭圆形，种皮黄色，脐褐色，百粒重 25.1g；花叶病毒病较轻。2007 年、2009 年两年经农业部食品质量监督检验测试中心检测（干基）：蛋白质含量 38.7%，脂肪含量 17.8%。2007 年经南京农业大学国家大豆改良中心接种鉴定：抗 SC-3 花叶病毒、感 SC-7 花叶病毒。

产量表现：在全省夏大豆品种区域试验中，2007 年平均亩产 209.4kg，比对照鲁豆 11 号增产 25.3%；2008 年平均亩产 240.6kg，比对照菏豆 12 号增产 8.1%；2009 年生产试验平均亩产 187.3kg，比对照菏豆 12 号增产 4.6%。

栽培要点：适宜密度为每亩 10 000~12 000 株。其他管理措施同一般大田。

审定意见：在鲁中、鲁南、菏泽地区作为夏大豆品种种植利用。

七、菏豆 22

审定情况：2005 年山东省农作物品种审定委员会审定。

选育单位：山东省菏泽市农业科学院。

品种来源：菏 95-1×豫豆 8 号。

审定编号：国审豆 2005012。

特征特性：紫花，灰毛，椭圆形叶，亚有限结荚习性。平均生育期 105d，株高 53.14cm，有效分枝 1.71 个，单株有效荚数 30.86 个，单株粒数 60.08 个，百粒重 22.38g。中感大豆花叶病毒病，高感大豆胞囊线虫病，抗倒伏性较好。平均粗蛋白质含量 41.84%，粗脂肪含量 19.03%。

八、菏豆 23

审定编号：鲁农审 2015026 号。

育种者：山东省菏泽市农业科学院。

品种来源：常规品种，系豆交 69 与豫豆 8 号杂交后选育。

特征特性：有限结荚习性，株型收敛。区域试验结果：生育期 103d，与对照菏豆 12 号相当；株高 71.6cm，有效分枝 1.7 个，主茎 15 节，圆叶，紫花，灰毛，落叶，不裂荚，单株粒数 95 粒，籽粒椭圆形，种皮黄色，有光泽，种脐淡褐色，百粒重 25.3g。2012 年经农业部谷物品质监督检验测试中心品质分析（干基）：蛋白质含量 42.74%，脂肪含量 18.46%。2012 年经南京农业大学国家大豆改良中心接种鉴定：抗花叶病毒 3 号和 7 号株系。

产量表现：在 2012—2013 年全省夏大豆品种区域试验中，两年平均亩产 221.7kg，比对照菏豆 12 号增产 6.8%；2014 年生产试验平均亩产 232.8kg，比对照菏豆 12 号增产 3.3%。

栽培技术要点：适宜密度为每亩 9 000～12 000 株，其他管理措施同一般大田。

适宜范围：在全省适宜地区作为夏大豆品种种植利用。

九、菏豆 29

审定编号：鲁审豆 20170048。

育 种 者：山东省菏泽市农业科学院。

品种来源：常规品种，系菏豆 12 号与驻豆 9715 杂交后选育。

特征特性：有限结荚习性，株型收敛。区域试验结果：生育期 107d，比对照菏豆 12 号晚熟 1d；株高 77.5cm，有效分枝 2.2 个，主茎 15.0 节；圆叶、紫花、灰毛、落叶、不裂荚；单株粒数 97 粒，籽粒椭圆形，种皮黄色、无光泽，种脐褐色，百粒重 23.7g。2014 年经农业部谷物品质监督检验测试中心品质分析（干基）：蛋白质含量为 40.63%，脂肪含量为 20.1%。2014 年经南京农业大学国家大豆改良中心接种鉴定：抗花叶病毒 3 号和 7 号株系。

产量表现：在 2014—2015 年全省夏大豆品种区域试验中，两年平均亩产 262.1kg，比对照菏豆 12 号增产 5.1%；2016 年生产试验平均亩产 199.1kg，比对照菏豆 12 号增产 13.8%。

栽培技术：适宜密度为每亩 11 000～13 000 株，其他管理措施同一般大田。

适宜范围：在全省适宜地区作为夏大豆品种种植利用。

十、齐黄 34

审定编号：齐黄 34 是山东省农业科学院作物研究所选育，选育来源诱处四号/86573-

16 的品种。由山东省农业科学院作物研究所申报，2013 年经国家农作物品种审定委员会审定通过，国审豆 2013009。

特征特性：普通型夏大豆品种，黄淮海夏播生育期平均 108d，与对照邯豆 5 号相当。株型半收敛，有限结荚习性。株高 68.8cm，主茎 15 节，有效分枝 1.2 个，底荚高度 21.4cm，单株有效荚数 32.0 个，单株粒数 68.6 粒，单株粒重 18.6g，百粒重 26.9g。卵圆叶，白花，棕毛。籽粒圆形，种皮黄色、无光，种脐黑色。接种鉴定，中感花叶病毒病 3 号和 7 号株系，高感胞囊线虫病 1 号生理小种。粗蛋白含量 42.58%，粗脂肪含量 19.97%。

产量表现：2010—2011 年参加黄淮海夏大豆中片组品种区域试验，两年平均亩产 198.6kg，比对照邯豆 5 号增产 5.4%。2012 年生产试验，平均亩产 217.6kg，比邯豆 5 号增产 12.0%。2012—2013 年参加江苏省区试，两年平均亩产 205.2kg，比对照徐豆 13 增产 5.1%，2013 年增产达极显著水平。2014 年生产试验平均亩产 204.3kg，较对照徐豆 13 增产 8.5%。

栽培技术：一般 6 月中下旬播种，条播行距 40～50cm。亩种植密度，高肥力地块 11 000 株，中等肥力地块 13 000 株，低肥力地块 17 000 株。亩施腐熟有机肥 1 000kg，鼓粒期亩追施三元复合肥 10kg，叶面喷施磷酸二氢钾 3 次。病虫草害防治。播前使用土壤杀虫剂防治地下害虫，播后及时防病治虫除草。

审定意见：该品种符合国家大豆品种审定标准，通过审定。适宜在山东中部、河南东北部及陕西关中平原地区夏播种植。胞囊线虫病发病区慎用。

第二节　甘薯品种

中国是世界最大的甘薯生产国，种植面积和总产量分别约占世界的 45.48% 和 76.16%（2010 年），目前我国甘薯常年种植面积在 400 万 hm² 以上，总产量达 8 000 万 t。20 世纪 50—70 年代，甘薯主要作为粮食作物，充当了保命粮的角色。至 70—80 年代，甘薯演变为以淀粉加工和饲用为主。到 90 年代以后，随着人们生活水平的提高和保健意识的增强，人们的膳食结构发生了变化，食用甘薯及其甘薯加工制品成为时尚。目前我国甘薯消费比例大约为：加工 45%，饲用 25%，食用占 30%。其中食用型甘薯的比重由 20 世纪 80—90 年代的 20% 提高到 30%。同时，地瓜加工品需求量也愈来愈大，说明食用型甘薯在人们日常生活中的地位在提高。

一、徐薯 18

审定编号：以 52-45 为父本杂交选育而成，先后经江苏、山东、安徽、河北等省农作物品种审定委员会审、认定。

品种来源：徐薯 18 号原代号 73-2518，系江苏省徐州地区农业科学研究所以新大紫为母本。亲本"新大紫"具有较抗南方薯瘟、疮痂病和北方黑斑病、根结线虫病的多抗性，蔓很长，产量中等。"52-45"是我所常用的亲本，短蔓，株型疏散，早结薯，还能抗根腐病。通过实践，选配"52-45"亲本回交"新大紫"系统选育而成。安徽、山东、河南、北京、湖北、河北等省市年推广面积达700万亩。

特征特性：叶片为绿色，叶脉、脉基和柄基均为紫色，叶心脏形。茎长中等，茎粗，绿色带紫，分枝数较多，属匍匐型。结薯早而集中，中期薯块膨大快，商薯率高，薯块大，薯块纺锤形或圆柱形。皮紫色，肉白色。春薯烘干率30%以上，夏薯烘干率26%左右。全糖、粗淀粉含量比胜利百号高4%左右。种薯萌芽性好，出苗早而多，长势好。蔓叶前期生长较快，中期稳长，后期不早衰。耐旱性、耐瘠薄、耐湿性较强，适应性较好，抗逆性强，耐贮藏。高抗根腐病。甘薯根腐病是1972年以来在山东、江苏、河南和安徽发生蔓延极快的一种毁灭性病害。该病大多集中在根尖至根系地下茎部变黑腐烂，病株矮小，叶片脱落，生长停滞。轻者现蕾开花，结小薯龟裂，长黑褐色病斑；重者大片死亡，结薯少而小；有的不结薯而绝产。大量试验结果表明，"徐薯18"是高抗这一病害的新品种，对防病增产效果显著。不抗黑斑病和茎线虫病。

产量表现：江苏省甘薯新品种区域试验，春薯和夏薯产量较胜利百号显著增产。1975年山东省引进试种，亦较当地当家品种显著增产。很快在甘薯主产地区推广。

栽培要点：春栽密度以3 000~3 500株为宜，夏栽密度4 000株左右。因该品种栽植时发根缓苗稍慢，栽植时要浇足窝水，以保证成活。平原地或高肥水地块栽培肥水用量不宜过多，防止徒长。在根腐病严重地区，增产显著。黑斑病严重发生地区不宜种植。

因其复壮原种77-6系比原推广种增产幅度大，生产上应以复壮原种替代原推广种，淘汰混杂退化的原品种。

二、苏薯8号

审定编号：江苏省农业厅审定认定。

育种单位：南京市农业科学研究所。

品种来源：由南京市农业科学研究所选育，是通过常规育种，以"苏薯4号"为母本，"苏薯1号"为父本的杂交后代选育出的红皮红心食用品种，其高产性、商品性比同类食用品种有明显优势，综合性状在国内处于领先地位。其早挖上市产生的高效益为农村种植业从低效益向高效益转化提供了条件。

特征特性：①结薯早，薯块膨大迅速。苏薯8号栽后95~100d，鲜薯平均重0.8kg/株，比同期徐薯18增产70%，增重速率明显提高。②丰产性好。菏泽地区5月栽插，10月底收获，鲜薯产量可达3 500~4 500 kg，高的达5 000 kg。6月栽插（夏栽薯）产量达3 000 kg左右。1995—1996年江苏省区试，苏薯8号比徐薯18增产幅度达50%。该品种适应各种类型土壤，在中国科学院南京土壤研究所江西红壤试验站进行的红壤土栽插试验中，鲜薯产量达5 000 kg以上。③商品性好。薯块整齐，并呈短纺锤形，大中薯率达90%

以上，薯皮光滑，呈紫红色，薯肉橘红。④品质优良。每 100g 苏薯 8 号含维生素 C 19.62mg、β-胡萝卜素 1.56mg，可溶性糖含量占薯块的 6.9%，纤维少，肉质细、味甜。⑤抗性强。苏薯 8 号高抗黑斑病和甘薯茎线虫病，抗叶片萎蔫能力及抗旱能力均较强。

栽培要点：①苏薯 8 号萌芽性较好，排种量 15~20kg/m²。苗期勤施肥浇水，以促进壮苗多苗。②瘠薄地或肥沃地均可种植，也适于旱薄地种植。要求土壤疏松，通气性良好。春栽、夏栽均可。根腐病发生地不宜种植。③苏薯 8 号属短蔓型品种，封垄较迟，长势偏弱，因此栽植密度要提高。一般春薯每亩 3 500~4 000 株，夏薯每亩 4 000~4 500 株。如果鲜薯作城市食用消费，为避免薯块过大影响销售，可适当增加密度或早收。④干旱瘠薄地栽培时，如苏薯 8 号前期长势较弱，可追氮、磷、钾复合肥，以促进地上部茎叶生长，早封垄，为后期提供薯块干物质积累奠定基础。⑤苏薯 8 号贮藏性能良好，但收获要及时，以防强冷空气的影响。阴雨季节收获的种薯处于高湿性环境，易发生软腐病。此外，种薯贮藏前，可以用多菌灵等药剂浸种、喷洒防病。

三、北京 553

北京 553 又名华北 553，是由原华北农科所于 1950 年从胜利百号的杂交后代中选育。该品种顶叶紫色，叶绿色，叶形浅复缺刻，株型匍匐，茎色绿带紫，茎粗壮，蔓长 2.5m 左右，基部分枝多，薯形长纺锤形，黄皮黄肉，熟食甜、绵、软、爽口，有清香味，纤维素含量少，萌芽性好，是目前市场上最好的鲜食品种之一。

品种来源：原华北农业科学研究所 1950 年从与胜利百号的杂交后代中育成。

特征特性：植株半直立。叶浅裂复缺刻，顶叶色紫褐，蔓短。薯块纺锤形，皮色橘黄。抗线虫病，较抗黑斑病，重感根腐病，耐肥性较强。出干率较低。

产量表现：该品种鲜薯产量较高，稳产性好，尽管生产上应用时间较长，因消费者喜欢，仍有一定种植面积。

栽培要点：适宜在中高肥水条件下种植，适宜的种植密度 4 000 株左右。鉴于北京 553 已推广近 70 年，品种混杂退化严重，产量处于徘徊阶段。脱毒北京 553 是科技人员通过茎尖脱毒组培繁育的一个高产品种，一般春薯鲜薯高产可达 3 000 kg 以上，夏薯产量也可达 2 500 kg，较普通北京 553 增产 40%~60%，高的达 1 倍以上，商品率增加 60%，干物质增加 2%~3%。

应用前景：可以作为烘烤食用品种利用，有种植习惯的地区仍可种植，宜应用脱毒苗栽培。

四、商薯 19 号

品种来源：商薯 19，原代号：968-19，是著名育薯专家雷书声和助手李渊华用 SL-01 作母本，豫薯 7 号作父本，包罗 64 个国内外良种遗传基因杂合体的杂交新品种。

特征特性：叶片心脏形，叶片叶脉全绿色，茎蔓粗，长短及分枝中等。结薯早而特别集中，无"跑边"，极易收刨。薯块多而匀，表皮光洁，上薯率和商品率高。薯块纺锤形，皮色深红，肉色特白，晒干率36%～38%，淀粉含量23%～25%，淀粉特优特白。食味特优，被农民誉为"栗子香"。

品种来源：该品种是在商丘市农林科学研究所雷书声研究员主持下，指导育种基点李渊华以SL-01作母本以豫薯7号作父本进行有性杂交；由雷书声、杨爱梅、李渊华共同从其后代中选出。完成了全部育种程序，2003年3月26日在重庆全国甘薯会议上经全国甘薯专家鉴定委员会鉴定通过并定名为"商薯19"。

产量表现：商薯19连续两年参加全国区试，鲜薯和薯干产量均居首位。特别在平原地区，产量比徐薯18增产近1倍，是徐薯18的理想替代品种。一般亩产量：春薯5 000 kg，夏薯3 000 kg左右。

栽培要点：①整地、起垄。垄作栽培，有利于土层疏松，提高地温，便于灌溉。冬前深耕25～30cm，双行垄栽，垄高25cm，垄距90～100cm；单行垄栽，垄高20cm，垄距80～85cm；夏薯抢时深翻起垄。②施肥。基肥和有机肥为主，控制氮肥用量，增加钾肥、磷肥，化肥随起垄施入垄心。一般每生产1 000 kg鲜薯，需施入氮5kg、磷5kg、钾10～12kg，氮、磷、钾的比例为1∶1∶2.5。③适期早栽，合理密植。春栽土壤5～10cm地温稳定在15℃以上栽插，夏栽则越早越好。栽插密度，春薯：3 500～4 000株/亩；夏薯：4 500～5 000株/亩。④栽插方法。选用无病的脱毒红薯苗壮苗栽种。地膜覆盖一般采用先栽苗后覆膜的方式。水肥地采用水平栽法，旱地则用斜栽法，将薯苗平躺埋入，外面只留三叶一心。⑤病虫害防治。前期防治地下害虫，一般结合整地起垄用5%辛硫磷颗粒剂，每亩地用3～5kg进行土壤处理。种植后期要防治黑斑病。黑斑病又叫黑疤病，病薯含有毒物质莨菪素，不能食用。防治应从育苗种薯采用多菌灵消毒开始，配合轮作，移栽时用50%甲基硫菌灵可湿性粉剂500～700倍液，或50%多菌灵2 500～3 000倍液蘸根防治。⑥田间管理。前期促早发，中期稳长势，后期防早衰。封垄前后可进行叶面喷肥，中期雨涝出现旺长时可用多效唑及时化控。⑦适时收获。气温低于15℃时开始全面收获，气温低于9℃时甘薯会受冷害，早霜来临前要全部收获并入储藏窖，安全温度为：10～15℃，最适温度为：12～13℃，湿度保持在85%～90%。

市场空间：商薯19作为新一代国审品种，有着极其优良的品质以及极高的产量，由于该品种有着适合食用及加工的双重性，所以该品种市场需求极大。

五、烟薯25

品种来源：烟薯25（原系号'烟薯0579'）是烟台市农业科学研究院2003年以"鲁薯8号"为母本经杂交获得种子，于2005年萌发实生苗，再经选拔、鉴定培育而成，鲁薯8号父母本为徐薯18和群力2号。徐薯18是一个优质的高产型新品种，而群力2号是一个优质食用品种，因此鲁薯8号具有产量较高、口味好的优点，但也存在产量不稳定、抗病性一般的弊端。根据这一情况，育种者选择了多个优质、抗病品种（系），分别为：

烟薯 20、烟薯 550、AIS0122-2、490074-2、烟薯 3 号、烟薯 19、济薯 18 等国内外优良品种（系）作为父本，另选 30 个优良资源作为后备亲本，与鲁薯 8 号进行甘薯人工、昆虫互补二次授粉。并从杂交后代中选育出优良新品种烟薯 25。

特征特性：烟薯 25 地上部前期生长迅速，中期平稳，后期不早衰。栽后 43d，茎叶生长量达 10.941t/hm^2，比对照徐薯 18 高 79.51%；在 43～66d，茎叶生长保持迅速生长势头，茎叶生长量达 30.533t/hm^2，比对照高 15.52%。表明该品种茎叶生长前期较强，有利于光合产物的积累，中期平稳，避免了徒长，后期茎叶不早衰，有利于延长光合产物的积累时间。

产量表现：国家区域试验和国家生产试验。2010—2011 年在国家区域试验中，19 点次鲜薯平均产量 30.219t/hm^2，较对照徐薯 22 增产 1.30%，位居第 1 位。2011 年国家生产试验中，鲜薯产量在宝鸡、济宁、石家庄 3 个试点均比对照增产，平均鲜薯产量 35.730t/hm^2，比对照徐薯 22 增产 8.58%；山东省区域试验和山东省生产试验烟薯 25 表现独特。2009—2010 年山东省区试中，2 年 14 点次鲜薯平均产量 36.458t/hm^2，较对照徐薯 18 增产 23.88%；2011 年山东省生产试验中，鲜薯产量在济宁、日照、泰安、济南、烟台 5 个试点均比对照增产，鲜薯平均产量 37.433t/hm^2，较对照徐薯 18 增产 33.58%。烟台市农科院品比试验烟薯 25 增产显著。该品种 2007—2008 年参加该院品比试验，春薯鲜薯平均产量 44.447t/hm^2，比对照徐薯 18 增 21.2%，夏薯鲜薯平均产量 26.112t/hm^2，比对照徐薯 18 增产 34.3%。烟薯 25 专家测产。2009 年 10 月 11 日，烟台市科技局邀请烟台市专家对烟薯 25 和日本品种高系 14 的产量进行了现场验收，试验设在烟台市农业科学院试验农场，烟薯 25 鲜薯平均产量 50.831t/hm^2，比日本品种高系 14 增产 59.16%。2013 年 10 月 26 日，烟台市科技局邀请国内专家对烟薯 25 和徐薯 189（对照）的产量进行了现场验收，烟薯 25 鲜薯平均产量 55.848t/hm^2，比对照徐薯 18 增产 22.14%。

抗逆性：该品种抗旱、抗逆抗强。2007—2008 年在荣成港西镇旭口村进行抗逆性试验，试验种植在丘陵薄地，不施肥，栽植时浇水，保苗成活，以后不浇水。2007 年和 2008 年两年平均产量 37.583t/hm^2，比对照徐薯 18 增产 6.5%。表明该品种具有较好的抗逆性和稳产性。

品质鉴定：烟薯 25 煮熟后，薯肉呈金黄色，美观、口味好。2011 年在全国甘薯食用品质组竞赛中，食味被评为第一名。在国家区试中，烟薯 25 食味评分为 77.1 分，比对照徐薯 22 高 10.14%；干基还原糖和可溶性糖含量较高，国家区试测定分别为 5.62% 和 10.34%，均居参试品种之首，分别比对照徐薯 22 高 4.12% 和 7.37%。甘薯中黏液蛋白含量的高低，也影响到甘薯的食味，通常情况下，黏液蛋白含量越高，其口味越好，经农业部辐照食品质量监督检验测试中心测定：烟薯 25 黏液蛋白为 1.12%（鲜薯计），比对照遗字 138 高 30.2%，而遗字 138 是大家公认的好吃品种，烟薯 25 黏液蛋白高于遗字 138 更加证明其口味好的优点。烟薯 25 红皮浅橘红肉，其鲜薯胡萝卜素含量为 3.67mg/100g，非常适中，既避免了胡萝卜素含量过高，造成口味下降，又可以补充给人体充足的 V$_A$ 原料，

预防 V_A 缺乏症，提高了营养价值。总之，烟薯 25 是一个产量高、口味好、抗病性强、适应性广的优质食用型新品种，综合其各方面的数据，烟薯 25 无论是产量还是食用品质都要优于当前推广的国内外品种。

六、济薯 26

选育审定情况：济薯 26 是优质高端高产高效食用型红薯新品种，于 2014 年 3 月通过国家鉴定。

特征特性：该品种具有优质、高产、抗病（高抗根腐病、蔓割病、抗茎线虫病和黑斑病）、适应性广等特点。品质好，皮红肉黄，收获即食风味极佳，适合烘烤和蒸煮。该品种结薯集中，单株结薯 4~5 个，薯形长纺锤形，商品率高达 95%。

产量表现：春薯区平均单产 3 500kg 以上，2012 年国家北方区试鲜薯单产第一，2013 年国家甘薯产业技术体系柳絮杯高产竞赛平均单产 3 700 kg，获优质组亚军。2013 年 10 月 23 日，由国家甘薯产业技术体、有关省、市种子站及育种与推广领域专家组成的测产验收委员会，对泗水县杨柳镇孔家村的济薯 26 甘薯高产示范田进行了测产验收。经专家现场测定，8 亩济薯 26 高产示范田平均亩产鲜薯 3 706.89 kg，创黄淮薯区优质鲜食型甘薯高产纪录。

七、渝紫薯 7 号

选育审定情况：渝紫薯 7 号由西南大学选育，审定编号是渝品审鉴 2014003。

特征特性：属食用紫肉及加工型品种。顶叶浅单缺、浅绿色，成熟叶浅单缺、绿色；叶脉、脉基、叶柄、柄基均绿色；茎蔓绿带紫色，薯块萌芽性较优，纺锤形，薯皮紫色，薯肉浅紫色，结薯集中，大中薯率为 90.36%，熟食品质优。薯块烘干率为 29.84%，淀粉含量为 19.59%，花色苷含量为 17.85mg/100g 鲜薯。抗茎线虫病，中抗黑斑病。大田生长期 150d 左右。

产量表现：产量与食用品质 2010—2013 年在北方薯区、重庆薯区、长江薯区 3 个区域试验中的表现，并采用 AMMI 分析其稳定性，结果表明：渝紫薯 7 号在 3 组区试中，鲜薯产量平均 28.672t/hm²，比对照品种宁紫薯 1 号增产 23.57%，稳定性好，并优于对照宁紫薯 1 号；薯干产量平均 8.483t/hm²，比对照增产 42.19%，稳定性与对照宁紫薯 1 号相当；食用品质总体优于对照，稳定性好。因此，渝紫薯 7 号是一个高产、优质、稳定性好、适应性广的食用型紫肉甘薯新品种，适宜北方、重庆和长江流域薯区种植和开发利用。2011—2012 年参加重庆市甘薯区域试验，鲜薯平均亩产 2015.8kg，比对照宁紫薯 1 号增产 26.92%；薯干平均亩产 601.5kg，增产 45.48%；淀粉平均亩产 394.9kg，增产 52.60%。2012 年生产试验鲜薯平均亩产 1 876.1 kg，增产 25.92%；薯干平均亩产 541.6kg，增产 43.01%；淀粉平均亩产 352.1kg，增产 49.89%。

栽培技术要点：气温稳定在 15℃ 以上，采用双膜覆盖方式育苗，5 月中旬至 6 月上旬栽插。"小满"前后在麦田或其他作物套作，密度每亩 2 500~3 000 株，净作地每亩 3 500~4 000 株。亩用农家肥 1 500~2 000 kg，磷肥 30~50kg，钾肥 30~50kg 集中沟施后起垄栽培。不翻藤，注意防治蔓割病、薯瘟病及地下害虫。收获适期为 10 月下旬。

八、龙薯 9 号

选育审定情况：龙薯 9 号是由福建省龙岩市农科所培育的甘薯品种。2004 年通过福建省农作物品种审定委员会审定。

品种来源：龙薯 9 号系福建省龙岩市农科所于 1998 年以岩薯 5 号为母本，金山 57 为父本通过有性杂交选育而成。

特征特性：龙薯 9 号顶叶绿，叶脉、脉基及柄基均为淡紫色，叶色淡绿。短蔓，茎粗中等，分枝性强，株型半直立，茎叶生长势较旺盛。单株结薯数 5 个左右，大中薯率高，结薯集中，薯块大小较均匀整齐，薯块纺锤形，薯皮红色，薯肉淡红色。种薯萌芽性中等，长苗较快。薯块耐贮藏性中等。高抗蔓割病，高抗甘薯瘟病 I 群。薯块晒干率 22%左右，出粉率 10%左右，食味软、较甜。龙薯 9 号属短蔓高产优质品种，其蔓长 0.8~1m，分枝 5~8 条，脉基微紫，茎叶全绿，叶心脏形，有开花习性，一般结薯 3~5 块，短纺锤形，适用性强。

产量表现：一般亩产 4 000kg 左右，栽后 100d 亩产可达 2 000kg 以上，丰产性特好，其结薯特早的性能，比同期栽培的甘薯可提前 15d 上。2001—2002 年参加福建省甘薯新品种区试结果，两年平均鲜薯亩产 3 786.85 kg，比对照金山 57 增产 47.62%；薯干亩产 805.3kg，比对照金山 57 增产 20.28%。生育期在 90d 的情况下，鲜薯亩产高达 2 840 kg。

栽培要点：①培育壮苗，采用秋薯留种。②施足基肥，早追苗肥，重施"夹边肥"，后期看茎叶生长情况酌情追施"裂缝肥"或根外追肥。③适期早插合理密植。春薯一般在 5 月上中旬扦插，夏薯扦插期在夏至前后。扦插密度为 3 500~4 000 株/亩为宜。④注意防治病虫害。由于品种茎叶生长量偏小，中后期注意防治斜纹夜蛾等食叶害虫。⑤适时收获。全生育期不宜超过 130d。

第三节 谷子品种

在现代农业中，谷子是我国粮饲兼用并具有药用价值的作物，也是北方地区人民群众不可缺少的重要粮食作物之一。占我国粮食作物播种面积的 5%左右，占北方粮食作物播种面积的 10%~15%，在东北丘陵山区面积更大，占粮田面积的 30%~40%，在北方粮食品种中仅次于小麦、玉米，居第三位。内蒙古自治区近几年谷子种植面积也在 300 万亩左右，最高年份曾达 1 300 万亩。我国谷子的种植面积及产量均居世界首位。

谷子去壳就是小米，对小米的性质和应用，古代已有研究。据医书记载，小米性味甘、咸凉，能益脾和胃，陈小米性苦寒，入脾、胃、肾，能和中解毒，治胃热消渴，利小便。煮粥食用有益丹田、开肠胃的作用，外用还可治赤丹及烫火灼伤等。

小米含蛋白质 9.7%，脂肪 3.5%，碳水化合物 72.8%，纤维 1.6%，维生素 B_1 0.57mg/100g，维生素 B_2 0.12mg/100g，Ca 29mg/100g，Mg 93.1mg/100g，Fe 4.7mg/100g，胡萝卜素 0.19mg/100g。小米中含有 17 种氨基酸，谷氨酸、亮氨酸、丙氨酸、脯氨酸、天冬氨酸，构成氨基酸的主要组成成分，占总量 58.95%，其中人体必需氨基酸 8 种，占整个氨基酸总量的 41.9%，且含量较为合理，以亮氨酸、苯丙+酪氨酸及缬氨酸含量较高，以赖氨酸的含量最低。从小米的营养成分中可以看出，小米不但含有较高的蛋白质和碳水化合物，而且含有丰富的 B 族维生素和食物纤维。蛋白质是机体的重要组成成分，是生命的物质基础。碳水化合物是主要的供能物质。维生素是维持正常生命活动所必需的营养素，大多数维生素在体内不能合成，必须由食物供给，纤维素虽不能被人体直接吸收利用，但却是一种重要的碳水化合物，有人把纤维素列为第七营养素。小米的食用粗纤维含量是稻米的 5 倍，它可促进人体消化。由于小米具有上述营养品质，所以是孕妇、儿童、病人的理想营养食品。

总之，谷子是粮饲兼用并具有药用价值的作物，且经济及营养价值都很高，发展保健食品前途极为乐观，也符合未来种植业和食物结构调整的要求。同时还能促进菏泽畜牧养殖业的发展，增加肉蛋奶的产量。这对于提高人民生活水平，改善食品结构，都将起重要的作用。因此，我们要应用现代农业技术，充分挖掘这一古老的传统作物，使其成为农民增产增收的经济增长点。

我国是世界上谷子资源保有量最丰富的国家。据统计，我国已鉴定编目的谷子遗传资源有 27 059 份，其中国内 26 536 份，国外 523 份；粳质品种 24 225 份，占 89.5%，糯质品种 2834 份，占 10.5%。

我国谷子种质资源的主要分布概况是：河北有 6 276 份，占国内资源的23.65%；山西 5 859 份，占 22.0%；山东 3 720 份，占 14.0%；陕西 1 959 份，占 7.4%；河南 1 770 份，占 6.7%；辽宁 1731 份，占 6.5%；黑龙江 1 004 份，占 3.8%。吉林、甘肃、内蒙古分别为 968 份、792 份和 701 份，分别占 3.6%、3.0%和 2.6%。

历史上，我国拥有四大贡米，分别是河北的"桃花米"、山西的"沁州黄"、山东的"金米"和"龙山米"。四大贡米以煮粥口味醇香而闻名，但由于产量低、抗性差等原因已很少种植。近年来，我国谷子育种工作者育成了一批产量较高的优质品种，有的已成功地进行了市场开发，并涌现出"汾州香""谷龙小米"等优质小米名牌。

一、鲁谷 10 号

鲁谷 10 号，该谷子属夏播中熟品种。幼苗绿色，株型紧凑，主茎高 110~120cm，穗长 18.7 厘米，穗粒重 12.4g，千粒重 2.9g，干基蛋白质含量 9.72%，淀粉含量 70.34%，脂肪 3.19%。出谷率 85.5%，出米率 80%。黄谷、黄米、小米食味好。较抗谷锈病、谷瘟病。生育期 85~90d。

选育审定情况：山东省农业科学院作物所选育，1995 年分别通过山东省和国家品种审定。审定编号：GS 04001—1995。

品种来源：豫谷 1 号×不 5019 单 5。

产量表现：1992—1993 年参加华北夏谷区域试验，两年试验均居首位，平均亩产 380.8kg，比对照豫谷 1 号增产 6%，达极显著。

栽培要点：①足墒尽早播种。②合理密植。每亩留苗 5 万株左右为宜。③孕穗到灌浆期间，要注意浇水，防止干旱。

二、济谷 19

选育及审定情况：济麦 19 号（原代号 935031）山东省农业科学院作物所选育而成。2001 年通过山东省农作物品种审定委员会审定。审定编号：鲁农审字［2001］002 号。2003 年通过国家审定，审定编号：国审麦 2003014。

产量表现：该品种 2014—2015 年参加华北夏谷区域试验平均亩产 398.3kg，较对照冀谷 19 增产 13.74%；2014 年区域试验平均亩产 413.5kg，较对照增产 11.31%，居参试品种第 2 位；2015 年区域试验平均亩产 383.2kg，较对照增产 16.51%。

品质情况：据农业部食品质量监督检验测试中心检测，济谷 19 中含蛋白质 10.7%、脂肪 3.7%、淀粉 71.2%、锌 30.3mg/kg、铁 36.9mg/kg、硒 0.250mg/kg；必需氨基酸含量，赖氨酸 0.25g/100g、苯丙氨酸 0.56g/100g、蛋氨酸 0.10g/100g、苏氨酸 0.42g/100g、异亮氨酸 0.42g/100g、亮氨酸 1.34g/100g、缬氨酸 0.55g/100g、组氨酸 0.24g/100g，氨基酸总和为 10.13g/100g。2015 年 12 月 21 日，夏谷新品种济谷 19，被评为全国一级优质米。

三、济谷 20

选育审定情况：济谷 20 由山东省农业科学院作物研究所选育，山东省农作物品种审定委员会审定。

产量表现：该品种 2014 年参加品比试验平均亩产 449.8kg，较对照豫谷 18 增产 4.19%；2015 年参加春播、夏播鉴定品比试验分别获得亩产 454.4kg、486kg，在两年的鉴定品比试验中均列第一位。

品质情况：济谷 20 中，蛋白质含量为 10.9%、脂肪 4.7%、淀粉 69.0%、锌 32.0mg/kg、铁 36.3mg/kg、硒 0.260mg/kg；必需氨基酸含量，赖氨酸为 0.25g/100g、苯丙氨酸 0.63g/100g、蛋氨酸 0.09g/100g、苏氨酸 0.44g/100g、异亮氨酸 0.44g/100g、亮氨酸 1.39g/100g、缬氨酸 0.56g/100g、组氨酸 0.25g/100g，氨基酸总和为 10.47g/100g。2015 年 12 月 21 日，夏谷新品种济谷 20，被评为全国一级优质米。

四、豫谷 18

选育及审定情况：安阳市农业科学研究院选育，国家审定，审定编号：国鉴谷 2012001。

品种来源：豫谷 1 号×保 282。

试验年限：2010—2011 年参加华北夏谷区国家谷子品种区域试验。2011 年参加国家谷子品种生产试验。

特征特性：该品种幼苗绿色，生育期 88d，比对照冀谷 19 早 2d，株高 119.64cm。在亩留苗 4.0 万的情况下，成穗率 94.13%；纺锤穗，穗子较紧；穗长 18.99 cm，单穗重 19.85g，穗粒重 16.94g；千粒重 2.56g；出谷率 81.68%，出米率 76.46%；黄谷黄米。在中国作物学会粟类作物专业委员会举办的第八届全国优质食用粟鉴评会上被评为一级优质米。

抗性鉴定：经 2010—2011 年国家谷子品种区域试验自然鉴定，该品种抗倒性 1 级，抗锈性 2 级，谷瘟病、纹枯病抗性均为 3 级，白发病、红叶病、线虫病发病率分别为 0.4%、1.14%、0.24%，蛀茎率 1.73%。

产量表现：2010—2011 年参加华北夏谷区国家谷子品种区域试验，23 点次全部增产，两年平均亩产 359.91kg，比对照冀谷 19 增产 14.88%。2011 年生产试验，平均亩产 339.38kg，比对照冀谷 19 增产 17.32%。

栽培技术要点：①播种日期。适宜播期 5 月下旬至 6 月下旬。②播种方式。条播行距 20~30cm。③种植密度。夏播地块 4.5 万株/亩，春播地块 4 万株/亩。④苗期管理技术要点。4 叶期间苗，5~6 叶期定苗，间苗前后可喷施菊酯类乳油复配乐果乳油稀释液治蚜虫防红叶病和粟灰螟等蛀茎害虫。抽穗前后喷施溴氰菊酯乳油稀释液可防治粟穗螟等。⑤施肥。每亩施 2 500 kg 腐熟有机肥、30kg 氮磷钾三元复合肥或 30kg 磷酸二铵作基肥；拔节期每亩追施 5kg 尿素。⑥注意的病害和倒伏情况。注意治蚜虫，防治纹枯病、谷瘟病；1 级抗倒伏。

审（鉴）定意见：该品种符合国家谷子品种鉴定标准，通过鉴定。可在河北、山东、河南夏谷区夏播。在推广中应注意防治纹枯病、谷瘟病。

五、冀谷 25

选育审定情况：冀谷 25 是河北省农林科学院谷子研究所选育的谷子新品种，具有良好的抗倒，抗旱、耐涝及抗病性，且产量比原有品种也有所提高。2006 年 2 月通过全国谷子品种鉴定委员会鉴定，山东省农作物审定委员会于 2011 年审定，审定编号鲁农审 2011024。

品种来源：冀谷 25 以"WR1"为母本，"冀谷 14"为父本，进行有性杂交，选育的谷子新品种，经 2004—2005 年国家谷子品种区域试验鉴定，该品种抗倒性为 2 级，抗旱、耐涝性均为 1 级，对谷锈病抗性为 2 级，对谷瘟病、纹枯病抗性均为 1 级，抗白发病，红叶病、线虫病发病率较低。

特征特性：该品种绿苗，生育期 86d，株高 114.0cm。在亩留苗 5.0 万的情况下，亩成穗 4.63 万，成穗率 92.6%；纺锤形穗，松紧适中，穗长 17.6cm；单穗重、穗粒重分别为 12.6g、10.6g；出谷率、出米率分别为 84.1%、76.9%；黄谷黄米千粒重为 2.77g。米色浅黄，一致性上等。

产量表现：2004—2005 年两年区域试验平均亩产 345.94kg，较对照豫谷 5 号增产 8.70%，2005 年生产试验亩产 362.78kg，较对照增产 8.28%。

栽培要点：一是播前准备。播种前灭除麦茬和杂草，每亩底施农家肥 2 000kg 左右或氮磷钾复合肥 15~20kg，浇地后或雨后播种，保证墒情适宜。二是适期播种。夏播适宜播种期 6 月 15—30 日，适宜行距 35~40cm；在大蒜、油菜等早茬适宜播种期 5 月下旬，适宜行距 40cm。夏播每亩播种量 0.9kg，春播每亩播种量 0.75kg，要严格掌握播种量，并保证均匀播种。三是配套药剂使用方法。①除草剂。播种后、出苗前，于地表均匀喷施配套的除草剂 80~100g/亩，对水不少于 50kg/亩。注意要在无风的晴天均匀喷施，不漏喷、不重喷。②间苗剂。谷苗生长至 4~5 叶时，根据苗情喷施配套的间苗剂 80~100ml/亩，对水 30~40kg/亩。如果因墒情等原因导致出苗不均匀时，苗少的部分则不喷施间苗剂。注意要在晴朗无风、12h 内无雨的条件下喷施，间苗剂兼有除草作用，垄内和垄背都要均匀喷施，并确保不使药剂飘散到其他谷田或其他作物。四是田间管理技术。谷苗 8~9 片叶时，喷施溴氰菊酯防治钻心虫；9~11 片叶（或出苗 25d 左右）每亩追施尿素 15~20kg，随后务必耘地培土，防止肥料流失，并可促进支持根生长、防止倒伏、防除新生杂草。五是适时收获。一般在蜡熟末期或完熟初期收获，为最佳期，收早了伤镰一把糠，降低产量，收晚了鸟弹或吃，风刮落粒，影响产量。

六、冀谷 19

选育及审定情况：冀谷 19 是河北省农林科学院谷子研究所以"矮 88"为母本、"青丰谷"为父本，采用杂交方法育成的谷子品种。原名"冀优 2 号"，出圃代号"98669"，2004 年通过国家谷子品种鉴定委员会鉴定。

特征特性：该品种幼苗叶鞘绿色，夏播生育期 89d，平均株高 113.7cm，纺锤形穗，松紧适中，平均穗长 18.1cm，单穗重 15.2g，穗粒重 12.4g，出谷率 81.6%，出米率 76.1%，褐谷，黄米，千粒重为 2.74g。高抗倒伏、抗旱、耐涝，抗谷锈病、谷瘟病、纹枯病、中抗线虫病、白发病。米色鲜黄，煮粥黏香省火，口感略带甘甜，商品性、适口性均好。经农业部谷物品质监督检测中心检测，小米含粗蛋白质 11.3%，粗脂肪 4.24%，直链淀粉 15.84%，胶稠度 120mm，碱消指数 2.3，VB_1 6.3mg/kg。2003 年在"全国第五届优质食用粟品质鉴评会"上，冀谷 19 以总分第一名被评为"一级优质米"。在多种环境条件下，直链淀粉、糊化温度、碱消指数等主要品质指标稳定，煮粥黏香省火，仅需 13~15 分钟，并克服了金谷米、四大贡米产量低且必须在特定区域种植才表现优质的缺陷。此外，目前生产上的推广品种基本为黄色籽粒，冀谷 19 籽粒褐色，容易与其他品种区别，可较好解决谷子收购中存在的掺杂、使假难题。

产量表现：在 2002—2003 年国家谷子品种试验（华北夏谷区组）中，平均亩产 353.1kg，较高产对照豫谷 5 号增产 14.38%。2003 年生产试验平均亩产 361.4kg，较对照豫谷 5 号增产 16.62%，居参试品种第一位。两年 24 点次试验中 22 点次增产，适应度为 90.91%，稳产性、适应性良好。水分利用效率高，在水浇地较对照豫谷 2 号增产 30% 以上。

栽培技术要点：在冀鲁豫夏谷区适宜播期为 6 月 15—25 日，最迟不晚于 7 月 5 日，夏播要求行距 0.35~0.4m，亩留苗 5.0 万株。底肥以农家肥为主，有条件的增施磷钾肥（有效成分各 5kg）。旱地拔节后至抽穗前趁雨亩追施尿素 20kg 左右；水浇地孕穗中后期亩追施尿素 15~20kg。及时中耕锄草，及早间苗，拔节后、封垄前注意培土，注意防治黏心虫、灰飞虱和蚜虫。抽穗后防治黏虫和蚜虫。

第四节　高粱品种

高粱是世界上第五大粮食作物，是近 5 亿人的主食。按性状及用途可将高粱分为食用高粱、糖用高粱、帚用高粱 3 类，全球 42% 的高粱用于食品消费。目前中国是世界第一大高粱进口国。我国高粱面积居世界第十位，种植面积 74.3×10⁴/hm²，占世界高粱面积的 1.6%，居世界第十位。单产 4.03t/hm²，是世界平均单产的 3 倍，在高粱主产国中居第一位。总产达 299.5×10⁴t，居世界第六位。我国高粱的研究也处世界前列。我国高粱的品种丰富，产品种类繁多，适应性好，抗逆性强。但是，由于我国高粱生产规模小、机械化程度低，生产成本高，在国际市场产品价格竞争中一直处于不利地位。

高粱具有适应性广、抗逆性强、用途多样等特点，尤其在洪涝和干旱灾害发生的年份，仍然可以提供口粮，被称为"救命之谷"，在人类的发展史上曾起过重要作用。干旱、半干旱地区的瘠薄地、盐碱地和低洼易涝地的产量高于玉米，在饲料生产中作为玉米的替代者有明显的竞争力。

高粱是中国生产白酒的主要原料，高粱籽粒中除含有酿酒所需的大量淀粉、适量蛋白质及矿物质外，更主要的是高粱籽粒中含有一定量的单宁。适量的单宁对发酵过程中的有害微生物有一定抑制作用，能提高出酒率，单宁产生的丁香酸和丁香醛等香味物质，又能增加白酒的芳香风味。闻名中外的贵州茅台、四川剑南春、泸州老窖、五粮液、山西汾酒等名酒无一不是以高粱作主料或佐料酿造而成。

菏泽居黄淮海腹地，土壤肥沃，光热水资源充足，种植小麦—夏高粱一年两作光热充足，生态优势明显。同时品种资源、产业优势、科技优势明显，播种、管理、收获、储藏、运输机械配套，一些新型经营主体已经取得成功的生产经验。相信只要合理选用品种，因地制宜科学管理，种植高粱一定能获得较好的收益。

一、红缨子高粱

红缨子高粱，俗称红粱，是茅台镇特产的一种有机糯高粱。它是茅台镇酱香型白酒的酿酒原料。

选育及审定情况：仁怀市丰源有机高粱育种中心选育，贵州省审定（登记）编号黔审粱 2008002 号。

品种来源：仁怀市丰源有机高粱育种中心利用仁怀地方品种小红缨子高粱品种选择优良单株与利用地方特矮秆品种选择优良单株作父本，杂交后穗选，经 6 年 8 代连续穗选而成的常规品种。

特征特性：红缨子在贵州全生育期 131d 左右。属糯性中秆中熟常规品种。叶色浓绿，颖壳红色，叶宽 7.3cm 左右，总叶数 13 叶，散穗型；株高 245cm 左右，穗长 37cm 左右，穗粒数 2 800 粒；籽粒红褐色，易脱粒，千粒重 20g 左右。单宁含量 1.61%，总淀粉含量 83.4%，糯性好，种皮厚，耐蒸煮。支链淀粉含量达 90% 以上，其截面呈玻璃质地状，十分有利于回沙工艺的多轮次翻烤。通过酱香型白酒传统茅台工艺发酵使其在发酵过程中形成儿茶酸、香草醛、阿魏酸等茅台酒香味的前体物质，最后形成酱香酒特殊的芳香化合物和多酚类物质等。

产量表现：2006 年区试平均亩产 362.4kg，比对照增产 13.4%，增产极显著；2007 年区试平均亩产 348kg，比对照增产 11.3%，增产达极显著水平。两年平均亩产 355.2kg，比对照增产 12.3%，3 个试点全部增产，增产点达 100%。2006—2007 年生产试验平均亩产 384.9kg，比对照增产 8.9%。

红缨子栽培技术要点：适宜育苗移栽或直播，育苗在 4~7 叶期移栽，按行距 50~66.7cm，窝距 26.7~33.3cm，打窝移栽。移栽密度每亩种植 6 000~10 000 株，土壤肥力高的应适当稀植，土壤肥力低的适当密植。孕穗期注意防治高粱条螟的为害。具体栽培技术措施按 DB520382/T09—2007 要求执行。夏直播宜在 6 月 20 日前。

二、吉杂 123

选育及审定情况：吉杂 123 是吉林省农业科学院作物育种研究所，于 2002 年以自选不育系晋长早 A 为母本，恢复系吉 R105 为父本杂交育成。审定编号：吉审粱 2009002。

品种来源：晋长早 A 是从山西省农业科学院高粱研究所引进的晋长 A 中选出的较早熟株系，经多代回交转育而得名；吉 R105 是以 304-4xR132 为基础材料选育而成。

特征特性：春播出苗至成熟 128d，需 ≥10℃ 活动积温 2 700℃ 左右，属中晚熟品种。幼苗绿色，叶鞘绿色，叶缘绿色，花药黄色，柱头浅黄色，花粉量大。株型平展，株高 166.3cm，成株叶片数 19 片。穗长 35.7cm，长纺锤形穗，穗型中散，单穗粒重 140.4g，红壳，着壳率 10.2%。籽粒椭圆形，红色，千粒重 30.9g，角质率 27.9%。人工接种鉴定，中抗丝黑穗病；田间自然发病结果，抗叶斑病和丝黑穗病。籽粒容重 772g/L，粗蛋白含量 8.28%，粗脂肪含量 3.89%，粗淀粉含量 76.88%，单宁含量 1.80%。

产量表现：2006 年、2008 年吉林省区域试验，平均每公顷产量 9 014.4 kg，比对照四杂 25 增产 11.0%；2008 年生产试验，平均每公顷产量 9 922.0 kg，比对照四杂 25 增产 4.9%。

吉杂 123 栽培要点：麦后尽早直播，hm^2 播种量 10~12kg，保苗 10.0 万~12.0 万株，保留分蘖。每公顷施底肥农家肥 45t，种肥玉米复合肥 200kg，拔节时追尿素 200kg；也可播种时每公顷施玉米复合肥 200kg、尿素 250kg，生育期间不追肥。注意及时防治地下害虫、黏虫、蚜虫和高粱螟。

三、辽甜 1 号

选育及审定情况：由国家高粱改良中心选育，国家审鉴定品种，鉴定编号：国品鉴粱 2007003。

品种来源：L0201AxLTR106。

特征特性：生育期 132d；株高 312.6cm，茎粗 1.82cm；穗纺锤形、中紧，红壳红粒；茎秆多汁，含糖度 19.2%、粗蛋白 5.20%、粗纤维 24.90%、粗脂肪 1.14%、粗灰分 3.52%、可溶性总糖 27.54%、无氮浸出物 61.91%、水分 3.33%；叶病较轻，丝黑穗病自然发病率为 0.53%。株高 112.3cm 时，叶中氰氢酸含量为 9.5mg/kg，茎中氰氢酸 6.43mg/kg；株高 74.2cm 时，叶中氰氢酸 1.13mg/kg，茎中氰氢酸 1.78mg/kg。

产量表现："辽甜 1 号"于 2005—2006 年参加全国高粱品种区域试验，平均亩鲜重产量为 4 725.4kg，比对照品种"辽饲杂 1 号"增产 19.6%，平均亩产籽粒 413.9kg，比对照品种"辽饲杂 1 号"增产 18.9%。

栽培要点：该品种适应性强，在中等肥力土地上均可种植。一般每亩保苗 5 000 株左右，施优质农家肥 3 000kg 作底肥。播种时，每亩施磷酸二铵 10~15kg、钾肥 5.0~7.5kg；拔节期，每亩追施尿素 20~25kg。生长期间注意防治黏虫和蚜虫。"辽甜 1 号"可 1 次收获，也可 2 次收获。2 次收获即在抽穗开花期收获 1 次，然后利用其再生性收获第 2 次。

第五节　绿豆品种

绿豆具有消暑益气、清热解毒、润喉止渴的功效，能预防中暑，治疗食物中毒等。夏季吃绿豆可清热解毒，绿豆具有消暑益气、清热解毒、润喉止渴的功效，能预防中暑，治疗食物中毒等。绿豆营养价值较高（表 8-1），蛋白质含量比鸡肉还多，钙质是鸡肉的 7 倍，铁质是鸡肉的 4.5 倍，磷也比鸡肉多，这些对促进和维持机体的生命发育及各种生理机能都有一定的作用。实验还表明，绿豆可能对治疗动脉粥样硬化、减少血液中的胆固醇及保肝等均有明显作用。

表 8-1　绿豆的营养成分

食部	100%	水分（g）	12.3
能量（kcal）	329	蛋白质（g）	21.6
脂肪（g）	0.8	碳水化合物（g）	62
不溶性纤维（g）	6.4	胆固醇（mg）	—
灰分（g）	3.3	维生素 A（μg RE）	22
胡萝卜素（μg）	130	视黄醇（μg）	—
硫胺素（mg）	0.25	核黄素（mg）	0.11
尼克酸（mg）	2	维生素 C（mg）	—
维生素 E（mg）	10.95	钙（mg）	81
磷（mg）	337	钾（mg）	787
钠（mg）	3.2	镁（mg）	125
铁（mg）	6.5	锌（mg）	2.18
硒（μg）	4.28	铜（mg）	1.08
锰（mg）	1.11	酒精（ml）%	—

注：营养素含量/100g

商业部 1989 年 10 月 1 日实施的中华人民共和国绿豆国家标准 GB 10462—89，根据绿豆种皮的颜分为四类：①明绿豆：种皮为绿色、深绿色、有光泽的绿豆占 95% 以上；②黄绿豆：种皮为黄色、黄绿色、有光泽的绿豆占 95% 以上；③灰绿豆：种皮为灰绿色、无光泽的绿豆占 95% 以上；④杂绿豆：不符合以上 3 类的绿豆。

绿豆市场价格基本稳定。2010 年绿豆价格达到历史最高点，明绿豆的批发价格月最高为 14.9 元/kg，月平均为 11.3 元/kg；杂绿豆的批发价格月最高达到 10.1 元/kg，月平均为 7.7 元/kg。2011 年绿豆价格有所回落，但仍在高点运行。2012 年前 3 个月，明绿豆批发市场月价格继续回落，而杂绿豆批发市场月价格呈上涨趋势。2017 年 10 月，绿豆批发价仍稳定在 9.8～11.0 元/kg。受进口绿豆和国内消费习惯的影响，导致国产绿豆整体需求不旺，采购商采购积极性不高。受玉米调结构影响，绿豆种植面积较 2015 年增加 15%。

一、中绿 5 号

选育及审（鉴）定情况：中绿 5 号是中国农业科学院作物科学研究所选育的早熟高产绿豆品种。夏播生育期 70d 左右。株高约 60cm，主茎分枝二三个，单株结荚 20 个左右，结荚集中成熟，一直不炸荚，适于机械化收获。成熟荚黑色，荚长约 10cm，每荚 10～12 粒种子。籽粒碧绿有光泽，籽粒饱满，商品性好，百粒重 6.5g 左右。高产稳产，每亩产 100～150kg。抗倒伏，抗叶斑病、白粉病、耐旱、耐寒性较好，适应性广。夏播每亩播种 1.5～2kg，播深 3～4cm，行距 40～50cm，株距 10～15cm。中绿 5 号绿豆品种是中国农业科学院作物品种资源研究所用亚蔬绿豆 VC1973A 为母本，VC2768A 为父本，通过有性杂交选育而成。2004 通过国家小宗粮豆品种鉴定委员会鉴定。品种鉴定编号：国品鉴杂 2004005。

特征特性：中绿 5 号绿豆品种株型紧凑、植株直立，株高约 60cm。幼茎绿色，成熟荚黑色，籽粒绿色有光泽，粒型长圆柱形，商品性好。主茎分枝 3 个左右，单株结荚 25 个，多者可达 40 个以上。结荚集中，成熟不炸荚，适于机械化收获。荚长约 10cm，荚粒数 10~13 粒，百粒重 6.5g 左右。籽粒含粗蛋白质 25.0%，淀粉 51.0% 左右。抗叶斑病、白粉病，耐旱、耐寒性较好。

产量表现：中绿 5 号绿豆品种参加 2000—2002 年第二轮区试，平均产量 1 546.5kg/hm²，比对照增产 4.5%。2003 年生产试验平均产量 1 566 kg/hm²，比对照增产 12.9%。

栽培技术要点：适期播种，忌重茬。夏播以 5 月下旬至 6 月中下旬为宜。播量 22.5~30kg/hm²，播深 3~4cm，行距 40~50cm。密度以当地土壤肥力、水肥状况而定，一般 15 万株/hm² 左右。如花期遇旱，应适当灌水。当 70%~80% 的豆荚成熟时及时收获，也可实行分批采收，以提高产量和品质。

二、鲁绿 1 号

选育及审定情况：原代号 LV242，系山东省潍坊市农业科学研究所从山东省绿豆品种资源"沂水一柱香"的变异单株系统选育而成。1990 年通过山东省农作物品种审定委员会审定、命名鲁绿 1 号。

特征特性：株型紧凑、直立，春播株高 45cm，夏播株高 70cm。幼茎紫色，叶片大小适中。荚羊角形，荚皮黑色，平均每荚含粒 11 个籽粒。籽粒绿色、无光泽，属毛绿豆。百粒重 4.5~5.0g。属早熟品种，夏播生育期 67d 左右。有限结荚习性，结荚集中，成熟一致，适宜一次收获。抗花叶病毒病，较抗孢囊线虫病，中感叶斑病。抗倒伏、抗旱性较强。耐瘠、耐盐碱。籽粒易煮烂，食味正，香味浓。

产量表现：1987—1988 年山东省夏播绿豆新品种联合试验，平均单产 84.8kg，比对照种栖霞大明绿豆增产 52.0%，比当地对照品种增产 35.8%；在 1988—1989 年夏播试验中，平均单产 115.4kg，比当地对照品种增产 38.1%。

栽培要点：适宜的亩播种量 1.0~1.5kg，行距 40~45cm，株距 10~13cm，亩留苗 1.4 万株左右。纯作时，可施适量基肥，苗期追施适量氮肥。注意及时防治害虫。

三、潍绿 5 号

选育及审定情况：潍绿 5 号绿豆品种是山东省潍坊市农业科学研究院利用 VC1973A 为母本，鲁绿 1 号为父本杂交，通过系谱法选育而成的。2006 年通过国家品种鉴定，品种鉴定编号：国品鉴杂 2006020。

特征特性：潍绿 5 号绿豆品种早熟，株型紧凑，直立，生育期 54~60d。株高 50cm 左右，主茎分枝 2~3 个，主茎节数 8~9 节，有限结荚习性，单株荚数 25~30 个，成熟荚黑色，荚长 9cm 左右，荚粒数 10~11 粒，籽粒绿色，无光泽，千粒重 60g 左右。秆硬、抗倒伏；抗叶斑病、花叶病毒病。籽粒粗蛋白质含量 26.27%，粗淀粉含量 50.61%，粗脂肪含量 1.42%。

产量表现：2003—2005 年参加全国绿豆品种区域试验夏播组试验，平均产量 1 702.0 kg/hm²，比对照冀绿 2 号增产 11.6%；2005 年生产试验平均产量 1 585.5 kg/hm²，比当地对照品种增产 17.1%。

栽培技术要点：前茬作物应适当多施有机肥和磷钾肥。6 月播种为宜，适期早播，出苗后及时间、定苗，留苗 22.5 万 ~30.0 万株/hm²。初花期遇干旱应及时浇水，结合浇水追施磷酸二铵或复合肥 150kg/hm²。生育期间及时防治病虫害。

四、潍绿 7 号

选育及审定情况：育种者是山东省潍坊市农业科学院，审定编号：鲁农审 2010045 号。

品种来源：常规品种，系潍绿 32-1 与潍绿 1 号杂交后系统选育。

特征特性：植株直立，株型紧凑，有限结荚习性。区域试验结果：夏播全生育期 62d，株高 59cm，主茎节数 8.8 节，单株分枝数 1.7 个，单株荚数 18.1 个，单荚粒数 10.8 粒，籽粒短圆柱形、绿色、无光泽，千粒重 59.5g。2008 年经农业部食品质量监督检验测试中心（济南）分析：淀粉含量 51.8%，粗蛋白含量 26.5%。

产量表现：在 2008—2009 年山东省全省绿豆品种区域试验中，两年平均亩产 129.8kg，比对照潍绿 4 号增产 23.4%；2009 年生产试验平均亩产 130.4kg，比对照潍绿 4 号增产 22.9%。

栽培要点：夏播适宜密度为每亩 12 000~16 000 株。其他管理措施同一般大田。

五、潍绿 8 号

选育及审定情况：潍绿 8 号是山东省潍坊市农业科学院选用潍绿 371 与潍绿 32-1 杂交培育的绿豆品种，审定编号为鲁农审 2010046 号。

特征特性：植株直立，株型紧凑，有限结荚习性。区域试验结果：夏播全生育期 62d，株高 61cm，主茎节数 8.8 节，单株分枝数 1.3 个，单株荚数 18.3 个，单荚粒数 10.7 粒，籽粒短圆柱形、绿色、有光泽，千粒重 52.8g。夏播适宜密度为每亩 12 000~16 000 株。2008 年经农业部食品质量监督检验测试中心（济南）分析：淀粉含量 48.5%，粗蛋白含量 28.4%。

产量表现：在 2008—2009 年全省绿豆品种区域试验中，两年平均亩产 127.8kg，比对照潍绿 4 号增产 21.5%；2009 年生产试验平均亩产 123.8kg，比对照潍绿 4 号增产 16.7%。

六、潍绿 9 号

选育及审定情况：潍绿 9 号是山东省潍坊市农业科学院选育的绿豆新品种，产量高、品质好，适应性广。选育过程该品种以潍绿 371 为母本，潍绿 32-1 为父本，1997 年配置杂交组合，2004 年育成新品系潍绿 2116。2009—2011 年参加国家绿豆品种区域试验，2011 年参加国家小杂粮区域试验，品质好，适应性强。2012 年通过国家小宗粮粮豆品种鉴定委员会鉴定。

特征特性：维绿 9 号生育期 70~74d，株型直立，株高 50~60cm，主茎分枝 2~3 个，主茎节数 9~10 节，幼茎绿色；叶片绿色，阔卵圆形，花浅黄色。单株荚数 20~25 个，成熟荚皮黑褐色，荚长 8~9cm，荚粒数 9~10 粒。千粒重 62~68g。籽粒圆柱形、绿色有光泽。生长中后期结荚能力强。抗病性、抗旱性强，抗倒伏。2012 年经农业部食品质量监督检验测试中心（杨凌）测试，潍绿 9 号绿豆碳水化合物含量 57.2%，蛋白质含量 26.3%，脂肪含量 1%。

产量表现：2011 年参加国家绿豆（夏播）品种生产试验，每公顷平均产量 1 669.5kg。

栽培要点：潍绿 9 号适宜春、夏播，播种期为 4 月下旬至 7 月上旬，麦后播种越早越好，每公顷播种量 22.5~30kg，播深 2~3cm，行距 50cm。忌重茬。

七、冀绿 7 号

选育及审定情况：冀绿 7 号由河北省农林科学院作物所选育，品种名称冀绿 7 号由内蒙古自治区农业科学院植物保护研究所申请。品种来源：河北省农林科学院作物所以冀绿 2 号为母本、优资 92-53 为父本杂交选育而成。

特征特性：冀绿 7 号植株幼茎紫红色，成熟茎绿色，有限结荚习性，株型紧凑，直立生长，主茎分枝 3.6 个，主茎节数 8.2 节。荚长 10.1cm，圆筒形，成熟荚黑色。籽粒长圆柱形，种皮绿色有光泽，千粒重 68g。冀绿 7 号品质在 2011 年农业部谷物品质监督检验测试中心（北京）测定，粗蛋白含量 20.83%，粗淀粉含量 56.68%。

产量表现：2010 年参加绿豆品种区域试验，平均亩产 108.3kg，比对照白绿 522 增产 6.6%。2011 年参加绿豆品种生产试验，平均亩产 98.2kg，比对照白绿 522 增产 7.7%。平均生育期 84d，比对照早 6d。田间未见有病虫为害现象。

栽培技术要点：亩保苗 8 000~10 000 株。

第九章 大豆绿色生产技术与应用

第一节 大豆绿色增产模式

大豆是我国最为重要的高蛋白粮食作物，而黄淮海流域高蛋白优质食用大豆的播种面积约占全国大豆总面积的1/3。菏泽地处黄淮海腹地，是高蛋白大豆的集中产区，当地农民多在小麦收获后播种大豆，但麦收后留下的高麦茬严重影响大豆的播种质量。长期以来，如何有效处理麦秸，保证大豆播种质量等成为大豆绿色增产的一道难题。在这样的背景下，菏泽市农业局联合菏泽市农业科学院等有关科研单位，经过多年努力，通过大联合、大协作，成功研制出一套菏泽大豆绿色增产增效技术集成模式，既能解决秸秆处理难题，又为大豆增产增收创造了新途径。

一、大豆麦茬免耕覆秸精播模式

（一）研发多功能机械

大豆麦茬免耕覆秸精播模式的核心，是采用了一种新机械，简化田间作业程序的大豆绿色增产技术集成。近几年，国家大豆产业技术体系和山东省杂粮产业技术体系联合郓城工力公司，研制出麦茬夏大豆免耕覆秸精量播种机来播种。一部机械解决了传统上小麦大豆轮作遇到的麦茬难处理，遗留的高麦茬严重影响大豆播种、影响豆苗正常生长、诱因病虫害等种植难题。还消除了农民为了争抢农时，常常将麦茬"一烧了之"，造成的严重的环境污染等一系列问题。

一些地区尝试多种传统方法进行麦茬免耕播种，但效果并不理想。大豆缺苗断垄较为严重，大豆产量低、效益差，挫伤了农民生产积极性，大豆种植面积连续多年出现下滑。经过农机、农艺专家和相关综合试验站团队的通力合作，科研人员研发出麦茬夏大豆秸秆覆盖栽培技术模式，研制出麦茬夏大豆免耕覆秸精量播种机，大豆生产走向农机农艺结合的绿色增产道路。

（二）菏泽是夏大豆产区

麦茬夏大豆免耕覆秸精量播种技术在秸秆处理、秸秆利用、精细播种等联合作业播种方式上实现了重大突破。一是提高播种质量。该模式通过横向抛秸解决了播种时秸秆堵塞播种机、秸秆混入土壤后造成散墒而影响种子发芽、秸秆焚烧造成污染等长期难题。二是提高秸秆利用率。通过秸秆覆盖实现秸秆的错期利用，变废为宝。覆盖在地表的麦秸在大豆生长期间的腐解率可达50%以上，接近耕翻埋压条件下58.6%的腐解率。三是培肥地力。该技术模式同步解决土壤培肥和秸秆禁烧问题，覆盖在地表的麦秸在大豆生长期间腐解，可为下茬作物提供丰富的有机质。同时农民无须焚烧秸秆，可解除长期困扰冬麦区的麦秸焚烧问题。

（三）集成大豆绿色增产技术体系

经过农机、农艺专家和相关综合试验站团队的通力合作，目前已形成了农机、农艺、配套品种有机结合、高度轻简化的麦茬免耕覆秸精量播种技术体系。一次作业完成六大工序，减少田间作业环节，省工省时，增产增效，实现大豆绿色增产目的。使用该技术，只需一次作业即可完成"侧向抛秸、分层施肥、精量播种、覆土镇压、封闭除草、秸秆覆盖"等六大环节，全程机械化，无须灭茬，省去动土、间苗等，大幅度减少人力、物力与机械消耗，降低生产成本，提高大豆种植效益。

（四）模式的多种优势

大豆麦茬免耕覆秸精播模式主要有七大优势。

1. 免耕覆秸精量播种明显降低种床硬度

据调查，免耕覆秸精量播种的播种带土壤硬度为 $2.9kg/cm^2$，行间土壤硬度为 $13.7kg/cm^2$，较传统播种机播种方式的土壤硬度值明显降低，对播种带和种植行间的土壤都有一定的疏松作用，有利于大豆的出苗和生长发育。

2. 免耕覆秸精量播种有利于保墒

免耕覆秸精量播种后由于秸秆均匀覆盖播种苗带，土壤湿度日变化较小，利于大豆出苗及生长发育。而常规机械播种和人工小楼播种由于播种苗带覆盖不严，土壤湿度变化较大。

3. 免耕覆秸精量播种显著提高大豆播种匀度

免耕覆秸精量播种的植株比较均匀分布，没有拥挤苗，单粒合格指数高，重播指数和漏播指数较低。

4. 免耕覆秸精量播种利于大豆生长、发育

免耕覆秸精量播种条件下，因大豆苗匀，其农艺性状、产量结构等方面均优于常规机械播种。

5. 免耕覆秸精量播种有利于降低成本

免耕覆秸精量播种比常规机械播种每亩成本低40.0元以上，比人工小楼播种每亩成本低80元以上。在人工间苗条件下，免耕覆秸精量播种比常规机械播种每亩成本低130元以上。

6. 免耕覆秸精量播种利于增加效益

免耕覆秸精量播种亩经济效益比常规机械播种高150元以上。与人工间苗工序相比，免耕覆秸精量播种比常规机械播种每亩净收入高200元以上。

7. 施肥均匀一致，减少追肥环节

根据地力水平、目标产量，确定缓控释肥用量，大豆全生育期间不追肥，减少用工，提高肥料利用率，减少肥料使用量。

（五）示范区效果显著

大豆麦茬免耕覆秸精播模式应用示范在全市实施，效果令人十分满意。如鄄城县旧城镇大王庄村示范区，推广应用大豆麦茬免耕覆秸精播模式前，每年回收麦茬秸秆，一亩地至少要花 35 元，加上播种大豆、施肥打药等作业分次完成，所需费用至少要花 90 元钱。现在应用大豆麦茬免耕覆秸精播模式，只需一台机器，就能一次性完成秸秆粉碎覆盖、大豆播种、喷施农药等多项作业一次完成，成本仅需 40 元。应用该技术不仅是节约成本，增产效果也非常明显。2016 年大王庄村张发财示范田，种植品种菏豆 19 号，10 月 9 日经菏泽市农业局组织专家测产，山东省农业厅组织专家实打验收，大豆亩产 310kg 以上，与对照田相比，亩增收大豆 37kg，增收 111 元。鄄城县旧城镇大王庄村示范区节本加增收累计每亩增收 195 元，推广应用该模式效益非常显著。

二、优质高产大豆新品种配套栽培技术集成模式

优质高产大豆新品种配套栽培技术集成，就是因地制宜选用良种，实现良种、良机、良法配套和全程优质服务。其主要技术环节是：

（一）精选优良品种

针对菏泽位于黄淮海地区腹地，要选用审定认定品种，审定适宜区域包括菏泽市的大豆良种。不能乱引种、不追风、不轻信恶意炒作。对新品种要继续走试验、示范、推广的路子。

（二）适时抢墒精播

"春争日，夏争时"，抢时播种并要实现一播全苗，这是夏大豆获得高产的关键。推广大豆铁茬抢时免耕机播，也可在麦收后抓紧灭茬播种，最好用旋耕、施肥、播种、镇压、喷药、覆盖秸秆一体机播种，提高播种质量，有条件的地方还可用大豆免耕覆秸播种机播种。如遇干旱，可浇水造墒播种。应根据品种特性和土壤肥力水平，结合化控技术，合理增加密度，提高大豆单产。一般亩用种量 4～6kg，单粒精播可减少用种量，播种行距 40cm，每亩 1.6 万～1.8 万株，土壤瘠薄地块可增至 2 万株以上。

（三）加强水肥调控

播种时可结合测土配方施肥，适当增施磷、钾肥，少施氮肥。一般亩施 45% 的复合肥或磷酸二铵 15kg 左右，可使用种、肥一体机，做到播种、施肥一次完成。在大豆开花前（未封垄），每亩追施大豆专用肥或复合肥 10kg 左右；进入开花期遇干旱浇水，可促进开花结荚，增加单株粒数；鼓粒期注意浇水和喷洒叶面肥，浇水可防止百粒重降低，喷洒磷酸二氢钾、叶面宝等叶面肥可防植株早衰，增加粒重。由于菏泽大部分大豆田块不施有机肥，建议在前茬作物播种时，每亩重施 2～3t 有机肥，同时要做到秸秆还田。花荚期降雨量集中，降雨量较大时，应及时排涝防渍。对前期长势旺、群体大、有徒长趋势的大豆，可在初花前及时化控防倒，每亩用缩节安 20ml 对水 20kg 喷施，或 15% 多效唑 50g 对水 40～50kg 喷施。

（四）合理使用除草剂

使用除草剂应严格按照说明书规定的使用范围和推荐剂量使用，避免当季造成药害或影响后茬作物生长。播后苗前封闭除草，一般每亩用50%乙草胺100~130ml，还可以使用72%都尔乳油混加3~5g 20%豆磺隆可湿性粉剂，对水50kg地面喷洒。田间秸秆量大的地块，仅采用封闭除草往往不能达到很好的防除效果，可根据土壤情况、杂草种类和草龄大小选择除草剂进行苗后除草。防治单子叶杂草主要有精喹禾灵、盖草能、精稳杀得等，防治双子叶杂草主要用克阔乐、氟磺胺草醚等。在大豆3片复叶期内，每亩用24%克阔乐30ml+12.5%盖草能乳油30~35ml，对水40~50kg喷施，可同时防除单子叶和双子叶杂草。

（五）及时防治病虫害

近年来菏泽大豆根腐病为害加重，除了选用抗病品种外，可用种子量0.5%的50%多福合剂或种子量0.3%的50%多菌灵拌种防治。用辛硫磷等药剂拌种或苗前毒饵捕杀，可防治蛴螬、地老虎等地下害虫；出苗后10~20d，使用内吸性药剂可防治豆秆黑潜蝇。苗期选用吡虫啉等药剂防治红蜘蛛、蚜虫、烟粉虱、叶蝉等刺吸式害虫。中后期选用有机磷类、菊酯类及高氯·甲维盐、阿维菌素可防治大豆造桥虫、卷叶螟、豆天蛾、蝗虫、斜纹夜蛾、豆荚螟、食心虫等。

（六）适时收获

大豆收获的最适宜时期是在完熟初期，收割机应配备大豆收获专用割台，减轻拨禾轮对植株的击打力度，减少落粒损失。正确选择、调整脱粒滚筒转速和间隙，降低籽粒破损率。机收时还应避开露水，防止籽粒黏附泥土影响商品性。

三、大豆测土配方施肥模式

大豆根部固氮菌，能够固定空气中的氮，提供自身所需2/3的氮素，氮肥的施用量一般以大豆总需肥量的1/3计算，因此大豆施肥，要考虑其需肥特点和自身的固氮能力。磷、钾肥在提高大豆产量方面作用明显，钼肥可促进大豆生长发育和根瘤的形成。因此，生产上进行测土配方施肥十分重要，开展夏大豆氮肥用量和配方施肥试验，为大豆生产提供指导。

四、大豆病虫害综合防治模式

大豆病虫草害的综合防治，是运用大豆病虫草害防治知识，针对大豆主要害虫、主要杂草等，按照绿色生产的标准，采用物理、化学、生物、农艺等措施，把土壤处理、种子处理、轮作处理、灭草处理与病虫害处理等进行综合集成，提高病虫草害综合防治成效，保护生态环境，控制各种残留，提高大豆市场竞争力，提高种植大豆的经济、社会、生态效益。

五、大豆除草剂安全施用模式

大豆除草剂安全施用模式主要是注意三大技术环节：一是因地制宜，选药准确。选择大豆苗后除草剂，精喹禾灵残效期短，对下茬作物安全，应为首选药剂。二是严格标准，科学混配药液。大豆播后苗前化学除草每亩地使用精喹禾灵 200ml 加水 30kg。配制混配农药时，先将大豆苗后除草用的精喹禾灵按照使用说明以及用药标准倒入器具内，再把乳油农药用少许清水稀释成母液后加入器具，最后加入事先准备好的定量清水。切记不能先将器具加满水后再加入药液。其目的是为了防止清水与药剂不能充分溶和，故而造成喷施不均导致药效差。三是适时喷施，保证水量充足。大豆不可播后马上喷药，防止干旱等天气影响药效，但也不能太晚。正确的方法是：墒情好的地块在播后 3~4d 喷药，墒情较差的地块在出苗前 4~5d 时结束喷药。所以在应用苗前除草技术时，一定要注意水量充足。以农用小四轮拖拉机牵引的气喷式喷雾器为例，其容重 175~200kg，配用高压喷嘴，前进速度二挡中油门，这样每罐药液可喷施 6~7 亩，保证亩施水量 30~35kg。同时视土壤墒情和气候条件，可随时补喷一次清水，每亩 20~30kg，以提高药效。

六、大豆低损机械收获模式

大豆收获损失是指大豆在田间收割过程中造成的损失。目前大豆机械化收获损失较大，中国农业科学院农业经济研究所调查，内蒙古大豆机械收获环节的损失率为 5.55%~5.77%，黑龙江大豆机械收获环节的损失率为 8.06%~10.23%。国外研究显示：大豆机收总损失率是 9.8%~19.3%，割台损失占 80%。其中，落粒损失占 55%，掉枝损失及倒伏占 28%，割茬损失为 17%。国内研究分析，田间作业环境条件下，掉枝及落粒损失占94%，而倒伏及割茬损失只占 6%，切割器是造成掉枝及落粒损失的重要原因。

据调查，造成机械收获大豆损失量大主要有五大原因。一是土地不平整，收割机在高低不平的土地上收割，割台高度难以控制，割台上下摆动，高茬、漏割、炸夹严重；二是大豆第一、第二节结荚部位底，低于割台正常位置，漏割损失；三是拨禾轮引起炸夹损失；四是由于大豆密集生长，大豆之间的间距小，甚至缠结在一起，机收时拨禾轮要不断地把豆枝分开，拨禾轮和弹齿直接作用在大豆枝荚上，造成大豆炸荚，豆粒脱落加重，同时还由于大豆秧弹性较大，特别是植株较干的时候，更易炸荚和枝荚弹出而损失；五是大豆易倒伏，尤其是倒伏在洼坑里的大豆损失更大。主要原因是割台离地面有一定的高度。要有割茬。当大豆倒伏低于割茬或倒伏在洼坑时，收割机无法收起，造成收获损失。有时驾驶员为了减少损失．尽可能降低割茬，经常出现割台撮土现象。

针对上述问题，减少大豆机械化收获损失是一个系统工程。解决途径首先从整地播种开始，机收大豆地面要平整，播种要精细，行间距、株间距要均匀，大小行易分清；二是大豆苗期要稳长，调整底层结荚位高于割台低限；三是大豆初花期使用化控剂控制旺长，预防大豆倒伏；四是调整拨禾轮转速；五是改顺垄收割为垂直垄向收割，让拨禾轮在遇大行时拨禾，防止拨禾轮引起炸夹。

第二节　大豆绿色增产技术

大豆绿色增产技术是建立在培肥地力、合理搭配良种、高效利用肥水的基础上，实行农机农艺结合、良种良法和良机配套。

一、根据品种的农艺要求正确使用适宜的机械

菏泽选择的大豆品种主要是菏泽农业科学院选育的菏豆系列品种。种植方式一般是条播，行距 40~50cm，苗密度 15 万株/hm² 左右。夏播品种生育期 105~110d，株高 80~90cm，亚有限结荚习性，株型收敛，主茎 16~18 节，有效分枝 1.5~2.5 个，单株有效荚数 30~35 个，单株粒数 80~90 粒，单株粒重 20g 以上，百粒重 25.0g，丰产性与稳产性好。机械化收获要把握好以下五个环节。

（一）选择机械

按照所选择品种的农艺要求，采用了 2BDY-3/4 型单粒玉米、大豆精量播种机，该机行距在 40~65cm 可调，换档调株距：1 档对应株距 9cm，2 档对应株距 13cm，3 档对应株距 14cm，4 档对应株 17cm，5 档对应株距 20cm，6 档对应株距 24cm。播种行选定 45cm，用下列公式推算播种时的株距。并推算出对应档位：

$$Z_j = S / H_j \times M$$

式中，S 为 1 亩；Z_j 为行距；H_j 为株距，M 为每亩株数。

例：当行距选择 40cm，亩株数 $M=9\,500$ 株时，株距：

$Z_j = 666.7/0.40 \times 9\,500 = 17.5$（cm），对应的档位是 4 档。

生产中，可根据品种的农艺要求，利用此公式可改变株距、行距、单位面积播种株数，确定适宜密度。

（二）适期精细播种

如品种菏豆 19 号，夏播大豆时期，选择在 6 月 5—15 日，使用 2BDY-3/4 型单粒玉米、大豆精量播种机，行距 40cm，株距 17.5cm，播种对应档位 4 档出苗率 80%，系数 10%，推算用种量 32.6kg/hm²。结合播种，施大豆专用肥。当播种地块含水量过大或过小时，要应注意开沟器和转筒雍土阻塞。播种机下落入土时液压手柄应缓放，轻松入土。

（三）田间管理

大豆生长到 3~4 叶时即可进行杂草防治。①化学剂防治杂草，用电动喷雾器，喷雾防杂草，既节约人力，效率高，喷雾均匀，又节约药量。②机械化浅耕与锄杂草结合，利用微型履带式 3WJ5 型田园机，进行改装上 4 排旋耕松土刀片，宽度 30cm，能在大豆行间里穿梭行驶，由于预先留有微型机田间管理通道，调头转弯时不碾压庄稼，不损坏邻地的作物。改装的微型履带式 3WJ5 型田园机效率 2.5~3.0 亩/h，相当人力锄耕的 20~25 倍，而且耕作质量高，效果好。采用此种方法，能起到松土保墒的作用，对大豆中后期生

长十分有益，同时又能减少药害，缺点是比化学防控费工时。③根据防虫测报，及时防虫，条件允许时，采用机械化施药，效率高，节省药剂，防控及时，效果好。

（四）机械化收获

目前，在菏泽机械收获大豆面积仍未达到50%。推广机械化收获大豆，只要对小麦联合收割机进行下列调整，就可以达到理想的大豆机械收获效果。

1. 正确调整割台，控制割台损失和籽粒损伤

在大豆的收获过程中，一般割台所造成的损失在总损失中所占的比例超过80%。割台损失的控制主要可从以下几方面调整。一是减少掉枝所造成的损失。控制方法可在喂入量允许的情况下提高行进速度，或者适当地调整拨禾轮的高度。二是减少漏割。控制方法可通过调整割茬的高低来实现。目前，菏泽地区种植的大豆品种最低结荚高度为 8~11cm，因此收获时的割茬以 5~7cm 为宜。三是减少炸荚损失。应调整摆环传动带的张紧度，保证割刀锋利，控制割刀间隙大小；减轻拨禾轮对豆秆、豆荚的刮碰和打击力度。根据收获的豆秆含水率，控制拨禾轮的转速。同时，还要尽量避免拨禾轮直接打击豆秆。四是轴流滚筒活动栅格凹板出口间隙的调整。该间隙分为 6 档。即 5mm、10mm、15mm、20mm、25mm、30mm，分别由活动栅格凹板调节机构手柄固定板上 6 个螺孔定位。手柄向前调整间隙变小，向后调整间隙变大。收获大豆间隙应控制在 20~30mm。

2. 减少机体损失

一控制未脱净损失。收获大豆时，脱粒滚筒转速约 700r/min，可通过对换中间轴滚筒皮带轮与轴皮带轮实现。分离滚筒转速可控制在约 600r/min，可通过调整翻转板齿滚筒端齿链轮实现。二控制裹粮损失。当收获豆秆的水含量超过 19%时，其不易折断，不宜收获，裹粮损失大。三控制夹带损失。提高风扇的转速，调大颖壳筛开度，调高尾筛角度，减少因大豆秸秆夹带而产生的损失。

（五）适时收割，合理使用机械

①正确选择脱粒滚筒转速和间隙。收获早期，滚筒转速应控制在 700r/min 左右，入口间隙一般为 20~28cm，出口间隙 8~10cm；收获晚期，脱粒滚筒转速一般应控制在 600r/min。入口间隙一般为 25~30cm，出口间隙为 8~15cm。②适时收获。选择在大豆有足够硬度和强度时收获，以避免造成破损。③正确调整杂余升运器、喂入籽粒链耙及刮板链条的松紧度。④卸下复脱器 2 块搓板，防止大豆经受强力揉搓。⑤尽量避免复脱器、脱粒滚筒、杂余及籽粒推运搅龙等输运部位堵塞，以减少豆粒破碎。

二、预防夏大豆症青技术

（一）摸清大豆症青的诱因

1. 品种间差异

大豆属短日照作物，对日照长短反应极敏感。不同的大豆品种与其生长发育相适宜的日照长度不同，只要实际日照比适宜的日照长，大豆植株则延迟开花。反之，则开花提

早。大豆进入开花期，营养生长与生殖生长是否协调同步，光、温、水、气等生长条件是否适宜，并能适时由前期的以营养生长为主转化为以生殖生长为主，是决定症青是否发生的关键。多年的实践证明，不同大豆品种，其生育期、抗逆性不同，症青发生轻重不同。一般情况下，开花早，花期集中，灌浆快的中、早熟品种发生较轻，而一些后期生长势强，丰产潜力大的偏晚熟品种发生较重。抗旱、耐涝、耐高（低）温、综合抗性好的品种发生轻，综合抗性差的品种发生重。

2. 不良气象因子的影响

大豆属喜光作物，大豆的光补偿点为 $2\,540 \sim 3\,690\,lx$，光饱和点一般在 $30\,000 \sim 40\,000lx$，光补偿点和光饱和点都随着田间通风状况而变化。整个生育期发育进程受光照、温度、降水等气候因子影响很大。大豆对这些气候因子反应比较敏感。同一优良品种在同一地区种植，不同年份，气候条件不一样，症青发生的程度不同。湿润的气候，充足的光照，有利于大豆各生育阶段的生长发育，无症青发生或发生较轻。而多雨、干旱、发育中后期高温、低温等不利的气候条件，有利于症青发生，尤其是在花荚期遇到低温和阴雨连绵，如 2008 年连阴天气，2017 年 7 月中下旬至 8 月上旬 33℃ 以上的持续高温天气，均造成花荚大量脱落。再如遇后期忽然降温，影响大豆灌浆速度，贪青晚熟，症青发生就多且重。

3. 栽培措施不当

一是播期过早。大豆是典型的 C3 作物，光合速率比较低，光合速率高峰出现在结荚鼓粒期。播种过早，植株营养生长期太长，导致大豆开花期生理年龄太老，难以结荚。播期过晚，减少大豆生育期间能量的积累，后期如遇低温，影响大豆灌浆速度，利于症青发生。二是种植密度过大。密度过大影响通风透光，使田间小气候变劣，光合作用消弱，造成花荚脱落，利于症青的发生。三是施肥不合理。氮肥过量，造成植株徒长，枝繁叶茂，田间郁蔽，荚果稀疏，贪青晚熟。四是除草剂和植物生长调节剂使用不当。除草剂、生长调节剂等影响大豆植株的正常生长发育，易引起症青。

4. 病虫害防治不及时

实践证明，蓟马、烟飞虱、豆秆黑潜蝇、点蜂缘蝽等害虫发生后，防治不及时，为害大豆正常发育，营养失调，造成植株不能正常开花结实出现症青。

（二）预防大豆症青、实现优质高产的技术措施

在大豆生产过程中，上面任何一个因素起作用就可以发生症青，但大豆症青的发生往往不是单一因素作用的结果，所以还要采用综合防治的技术措施，才能实现大豆的优质高产。

1. 选择优良品种

大豆要实现优质高产，一定要有一个适宜的生物产量做基础，经济产量与生物产量比要适当。大豆的生态适应性是特别明显的，只有种植与生态条件相适应的品种，才能获得高产。因此，必须根据当地的气候、土壤条件，因地制宜选种高产品种。目前适宜菏泽市及周边地区推广种植的夏大豆已经专门介绍。

2. 做好种子处理

一是精选种子。去除豆种中的杂粒、病粒、秕粒、破粒和杂质，提高种子净度和商品性。播种用大豆种子质量要达到大田良种标准以上，纯度≥98%，净度>99%，发芽率>85%，水分<12%。二是播种前晒种，可以提高种子的发芽率和生长势，提早出苗 1~2d。三是根瘤菌拌种，建议用农业部登记的大豆液体或固体根瘤菌剂，按说明书用量拌入菌剂，以加水或掺土的方式稀释菌剂均匀拌种，拌完后在 12h 尽快播种；也可以在种子包衣时加入大豆根瘤菌菌剂，但是要注意包衣剂和根瘤菌剂之间应相互匹配，不能因种衣剂药效抑制根瘤菌的活性。四是种子包衣。采用35%多福克悬浮种衣剂，按药种比 1∶80 进行种子包衣，可有效预防大豆根腐病、胞囊线虫病和苗期虫害，促进出苗成活。

（三）合理安排茬口，适时早播

1. 墒情要适宜，由于大豆发芽、出苗需水量较大，所以在播种前要根据实际情况进行耕地造墒，适墒播种。

2. 大豆不宜重迎茬，也不宜和其他豆科连作。通过轮作、倒茬，减轻病虫害的发生。

3. 适期早播菏泽及周边地区 5 月下旬至 6 月中旬是大豆的适播期，而且播种越早产量越高。研究证明，自 6 月中旬起，每晚播 1d，平均减产 1.5kg/亩左右。所以麦后直播大豆宜在 6 月上中旬及早进行。

4. 合理密植，一般以大豆开花初期能及时封垄作为合理密植的判断标准。根据土壤肥力、品种特性及播种早晚确定合理的种植密度。一般播种量 3~5kg/亩，行距 0.4~0.5m，株距 0.1~0.13m，1.1 万~1.5 万株/亩。薄地、分枝少的品种、播种晚的密度应大一些；肥地、分枝多的品种、播种早的密度应小一些。提倡机械精细播种。播种时要求下种均匀，深浅一致，覆土厚度 3~4cm 为宜。出苗后早间苗、早定苗，对缺苗断垄的要及时移栽补苗。

（四）防控病虫草害

1. 杂草防治

在播种后出苗前，用都尔、乙草胺等化学除草剂封闭土表；出苗后，针对禾本科杂草用精喹禾灵或精吡氟禾草灵等除草剂，针对阔叶杂草用氯嘧磺隆、乙羧氟草醚等除草剂进行茎叶处理。

2. 及时防治病虫害

做好蛴螬、蚜虫、蓟马、烟飞虱、豆秆黑潜蝇、点蜂缘蝽、食心虫、豆荚螟、造桥虫等虫害及大豆根腐病、胞囊线虫病等病虫害的防治工作。

（五）推广测土配方施肥

在测土化验的基础上，根据土壤实际肥力，科学确定氮、磷、钾施肥量，合理增加硼、钼等微量元素肥料的施用，做到均衡配方施肥。

1. 早施苗肥

在大豆幼苗期，追施尿素 4~6kg/亩、过磷酸钙 8~10kg/亩，或大豆专用肥 10kg/亩。

2. 追施花肥

在初花期追施适量的大豆专用肥或复合肥，使大豆营养均衡，可减少花荚脱落，防止症青株的发生，增产 15%左右。土壤肥沃，植株生长健壮，应少追或不追氮肥，以防徒长。基肥施磷不足时，应在此时增补，施过磷酸钙 7~9kg/亩。

3. 补施粒肥

大豆进入结荚鼓粒期后，进行叶面喷肥。一般用尿素 500g/亩+硼钼复合微肥 15g/亩+磷酸二氢钾 150g/亩，对水 40~50kg/亩，均匀叶面喷施，肥料应根据具体情况适当调整，可喷施 2~3 次，满足后期生长需要，做到增产提质。

（六）化学调控

对肥力较好的地块，雨水较大的年份，或产量较高但抗倒性不太强的品种，或前期长势旺、群体大、有徒长趋势的田块，可在大豆初花前进行化控防倒，用缩节胺 250g/L 水剂 20ml/亩对水 50kg/亩喷施，或 15%多效唑 50g/亩对水 40~50kg/亩喷施。而对肥力较差的地块，雨水较小的年份，或抗倒性较强的品种，可适时喷些刺激生长的调节剂或多元微肥。鼓粒期喷施磷酸二氢钾、叶面宝等叶面肥，可防植株早衰，增加粒重。但要注意，使用时要先做试验，根据说明严格掌握用量，切忌盲目使用。

（七）及时排灌

大豆幼苗期，轻度干旱能促进根系下扎，起到蹲苗的作用，一般不必浇水。在花荚期当土壤相对含水量低于 60%时浇水，能显著提高大豆产量。鼓粒期遇旱及时浇水，能提高百粒重。接近成熟时土壤含水量低些有利于提早成熟。雨季遇涝要及时排水。

（八）适时收获

大豆生长后期，当植株呈现本品种的特性时，要适时收获。一般情况下，人工收获应在黄熟期进行，即田间植株 90%的叶子基本脱落，豆粒发黄；机械收获应在完熟期进行，即叶片脱落，荚皮干缩，种子变硬，具有原品种的固有色泽，摇动植株时有响声。但是，对于有裂荚特性的品种要及时收获，以保证丰产丰收。

第三节　大豆机械化生产技术标准

在大豆规模化生产区域内，提倡标准化生产，品种类型、农艺措施、耕作模式、作业工艺、机具选型配套等应尽量相互适应，科学规范，并考虑与相关作业环节及前后茬作物匹配。

随着窄行密植技术及其衍生的大垄密、小垄密和平作窄行密植技术的研究与推广，大豆种植机械化技术日臻成熟。不同乡村应根据本标准，研究组装和完善相应区域的大豆高产、高效、优质、安全的机械化生产技术，加快大豆标准化、集约化和机械化生产发展。

一、播前准备

（一）品种选择及其处理

1. 品种选择

按当地生态类型及市场需求，因地制宜地选择通过审定的耐密、秆壮、抗倒、丰产性突出的主导品种，品种熟期要严格按照品种区域布局规划要求选择，杜绝跨区种植。

2. 种子精选

应用清选机精选种子，要求纯度≥99%，净度≥98%，发芽率≥95%，水分≤13.5%，粒型均匀一致。

3. 种子处理

应用包衣机将精选后的种子和种衣剂拌种包衣。在低温干旱情况下，种子在土壤中时间长，易遭受病虫害，可用大豆种衣剂按药种比 1：75～100 防治。防治大豆根腐病可用种子量 0.5%的50%多福合剂或种子量 0.3%的50%多菌灵拌种。虫害严重的地块要选用既含杀菌剂又含杀虫剂的包衣种子；未经包衣的种子，需用35%甲基硫环磷乳油拌种，以防治地下害虫，拌种剂可添加钼酸铵，以提高固氮能力和出苗率。

（二）整地与轮作

1. 轮作

尽可能实行合理的轮作制度，做到不重茬、不迎茬。实施"玉米—玉米—大豆"和"麦—杂—豆"等轮作方式。

2. 整地

大豆是深根系作物，并有根瘤菌共生。要求耕层有机质丰富，活土层深厚，土壤容重较低及保水保肥性能良好。适宜作业的土壤含水率15%～25%。

（1）保护性耕作 实行保护性耕作的地块，如田间秸秆（经联合收割机粉碎）覆盖状况或地表平整度影响免耕播种作业质量，应进行秸秆匀撒处理或地表平整，保证播种质量。可应用联合整地机、铲杆式深松机或全方位深松机等进行深松整地作业。提倡以间隔深松为特征的深松耕法，构造"虚实并存"的耕层结构。间隔3～4年深松整地1次，以打破犁底层为目的，深度一般为35～40cm，稳定性≥80%，土壤膨松度≥40%，深松后应及时合墒，必要时镇压。对于田间水分较大、不宜实行保护性耕作的地区，需进行耕翻整地。

（2）麦后直播 前茬一般为冬小麦，具备较好的整地基础。没有实行保护性耕作的地区，一般先撒施底肥，随即用圆盘耙灭茬2～3遍，耙深15～20cm，然后用轻型钉齿耙浅耙，耙细耙平，保障播种质量；实行保护性耕作的地区，也可无需整地，待墒情适宜时播种。

二、播种

（一）适期播种

夏播区域要抓住麦收后土壤墒情适宜的有利时机，抢墒早播。在播种适期内，要根据品种类型、土壤墒情等条件确定具体播期。中晚熟品种应适当早播，以便保证霜前成熟；早熟品种应适当晚播，使其发棵壮苗；土壤墒情较差的地块，应当抢墒早播，播后及时镇压；土壤墒情好的地块，应根据大豆栽培的地理位置、气候条件、栽培制度及大豆生态类型具体分析，选定最佳播期。

（二）种植密度

播种密度依据品种、水肥条件、气候因素和种植方式等来确定。植株高大、分枝多的品种，适于低密度；植株矮小、分枝少的品种，适于较高密度。同一品种，水肥条件较好时，密度宜低些；反之，密度高些。麦茬地窄行密植平作保苗在 1.5 万株/亩左右为宜。

（三）播种质量

播种质量是实现大豆一次播种保全苗、高产、稳产、节本、增效的关键和前提。建议采用机械化精量播种技术，一次完成施肥、播种、覆土、镇压等作业环节。

参照中华人民共和国农业行业标准 NY/T 503—2002《中耕作物单粒（精密）播种机作业质量标准》，以覆土镇压后计算，一般播种深度 3~4cm，风沙土区播种深度 5~6cm，确保种子播在湿土上。播种深度合格率≥75.0%，株距合格指数≥60.0%，重播指数≤30.0%，漏播指数≤15.0%，变异系数≤40.0%，机械破损率≤1.5%，各行施肥量偏差≤5%，行距一致性合格率≥90%，邻接行距合格率≥90%，垄上播种相对垄顶中心偏差≤3cm，播行 50m 直线性偏差≤5cm，地头重（漏）播宽度≤5cm，播后地表平整、镇压连续，晾籽率≤2%；地头无漏种、堆种现象，出苗率≥95%。实行保护性耕作的地块，播种时应避免播种带土壤与秸秆根茬混杂，确保种子与土壤接触良好。调整播量时，应考虑药剂拌种使种子质量增加的因素。

播种机在播种时，结合播种施肥于种侧 3~5cm、种下 5~8cm 处。施肥深度合格指数≥75%，种肥间距合格指数≥80%，地头无漏肥、堆肥现象，切忌种肥同位。

随播种施肥随镇压，做到覆土严密，镇压适度（3~5kg/cm^2），无漏无重，抗旱保墒。

（四）播种机具选用

根据各地农机装备市场实际情况和农艺技术要求，选用带有施肥、精量播种、覆土镇压等装置和种肥检测系统的多功能精少量播种机具，一次性完成播种、施肥、镇压等复式作业。夏播大豆可采用全秸秆覆盖少免耕精量播种机，少免耕播种机应具有较强的秸秆根茬防堵和种床整备功能，机具以不发生轻微堵塞为合格。一般施肥装置的排肥能力应达到 90kg/亩左右，夏播大豆用机的排肥能力达到 60kg/亩以上即可。提倡选用具有种床整备防堵、侧深施肥、精量播种、覆土镇压、喷施封闭除草剂、秸秆均匀覆盖和种肥检测功能的多功能精少量播种机具。

三、田间管理

(一) 施肥

根茬全部还田,基肥、种肥和微肥接力施肥,防止大豆后期脱肥,种肥增氮、保磷、补钾三要素合理配比;夏大豆根据具体情况,种肥和微肥接力施肥。提倡测土配方施肥和机械深施。

1. 底肥

生产 AA 级绿色大豆地块,施用绿色有机专用肥;生产 A 级优质大豆,施优质农家肥 1 500~2 000 kg/亩,结合整地一次施入;一般大豆需施尿素 4kg/亩、钾肥 7kg/亩左右,结合耕整地,采用整地机具深施于 12~14cm 处。

2. 种肥

根据土壤有机质、速效养分含量、肥料供应水平、品种和前茬情况及栽培模式,确定具体施肥量。在没有进行测土配方平衡施肥的地块,一般氮、磷、钾纯养分按 1:1.5:1.2 比例配用,肥料商品量种肥每亩尿素 3kg、钾肥 4.5kg 左右。

3. 追肥

根据大豆需肥规律和长势情况,动态调剂肥料比例,追施适量营养元素。当氮、磷肥充足条件下应注意增加钾肥的用量。在花期喷施叶面肥。一般喷施两次,第一次在大豆初花期,第二次在结荚初期,可用尿素加磷酸二氢钾喷施,用量一般每公顷用尿素 7.5~15kg 加磷酸二氢钾 2.5~4.5kg 对水 750kg。中小面积地块尽量选用喷雾质量和防漂移性能好的喷雾机 (器),使大豆叶片上下都有肥;大面积作业,推荐采用飞机航化作业方式。

(二) 中耕除草

1. 中耕培土

有条件的垄作区适期中耕 2~3 次。在第一片复叶展开时,进行第一次中耕,耕深 15~18cm,或于垄沟深松 18~20cm,要求垄沟有较厚的活土层;在株高 25~30cm 时,进行第二次中耕,耕深 8~12cm,中耕机需高速作业,提高拥土挤压苗间草效果;封垄前进行第三次中耕,耕深 15~18cm。次数和时间不固定,根据苗情、草情和天气等条件灵活掌握,低涝地应注意培高垄,以利于排涝。

平作密植夏大豆少免耕产区,建议中耕 1~3 次。以行间深松为主,深度分别为 18~20cm、第 2、第 3 次为 8~12cm,松土灭草。推荐选用带有施肥装置的中耕机,结合中耕完成追肥作业。

2. 除草

采用机械、化学综合灭草原则,以播前土壤处理和播后苗前土壤处理为主,苗后处理为辅。

(1) 机械除草 ①封闭除草,在播种前用中耕机安装大鸭掌齿,配齐翼型齿,进行全面封闭浅耕除草。②耙地除草,即用轻型或中型钉齿耙进行苗前耙地除草,或者在发生严重草荒时，不得已进行苗后耙地除草。③苗间除草，在大豆苗期（一对真叶展开至第三复叶展开，即株高 10~15cm 时），采用中耕苗间除草机，边中耕边除草，锄齿入土深度 2~4cm。

（2）化学除草　根据当地草情，选择最佳药剂配方，重点选择杀草谱宽、持效期适中、无残效、对后茬作物无影响的除草剂，应用雾滴直径 250~400μm 的机动喷雾机、背负式喷雾机、电动喷雾机、农业航空植保等机械实施化学除草作业，作业机具要满足压力、稳定性和安全施药技术规范等方面的要求。

（三）病虫害防治

采用种子包衣方法防治根腐病、胞囊线虫病和根蛆等地下病虫害，各地可根据病虫害种类选择不同的种衣剂拌种，防治地下病虫害与蓟马、跳甲等早期虫害。建议各地实施科学合理的轮作方法，从源头预防病虫害的发生。根据苗期病虫害发生情况选用适宜的药剂及用量，采用喷杆式喷雾机等植保机械，按照机械化植保技术操作规程进行防治作业。大豆生长中后期病虫害的防治，应根据植保部门的预测和预报，选择适宜的药剂，遵循安全施药技术规范要求，依据具体条件采用机动喷雾机、背负式喷雾喷粉机、电动喷雾机和农业航空植保等机具和设备，按照机械化植保技术操作规程进行防治作业。各地应加强植保机械化作业技术指导与服务，做到均匀喷洒、不漏喷、不重喷、无滴漏、低漂移，以防出现药害。

（四）化学调控

高肥地块大豆窄行密植由于群体大，大豆植株生长旺盛，要在初花期选用多效唑、三碘苯甲酸等化控剂进行调控，控制大豆徒长，防止后期倒伏；低肥力地块可在盛花、鼓粒期叶面喷施少量尿素、磷酸二氢钾和硼、锌微肥等，防止后期脱肥早衰。根据化控剂技术要求选用适宜的植保机械设备，按照机械化植保技术操作规程进行化控作业。

（五）排灌

根据气候与土壤墒情，播前抗涝、抗旱应结合整地进行，确保播种和出苗质量。生育期间干旱无雨，应及时灌溉；雨水较多、田间积水，应及时排水防涝；开花结荚、鼓粒期，适时适量灌溉，协调大豆水分需求，提高大豆品质和产量。提倡采用低压喷灌、微喷灌等节水灌溉技术。

四、收获

（一）适期收获

大豆机械化收获的时间要求严格，适宜收获期因收获方法不同而异。用联合收割机直接收割方式的最佳时期在完熟初期，此时大豆叶片全部脱落，植株呈现原有品种色泽，籽粒含水量降为 18% 以下；分段收获方式的最佳收获期为黄熟期，此时叶片脱落 70%~80%，籽粒开始变黄，少部分豆荚变成原色，个别仍呈现青绿色。采用"深、窄、密"种植方式的地块，适宜采用直接收割方式收获。

（二）机械收获

大豆直接收获可用大豆联合收割机，也可借用小麦联合收割机。由于小麦联合收割机型号较多，各地可根据实际情况选用，但必须用大豆收获专用割台。一般滚筒转速为500~700转/分，应根据植株含水量、喂入量、破碎率、脱净率情况，调整滚筒转速。

分段收获采用割晒机割倒铺放，待晾干后，用安装拾禾器的联合收割机拾禾脱粒。割倒铺放的大豆植株应与机组前进方向呈30°角，并铺放在垄台上，豆枝与豆枝相互搭接。

（三）收获质量

收获时要求割茬不留底荚，不丢枝，田间损失≤3%，收割综合损失≤1.5%，破碎率≤3%，泥花脸≤5%。

五、注意事项

1. 驾驶人员、操作人员应取得农机监理部门颁发的驾驶证，加强驾驶操作人员的技术岗位培训，不断提高专业知识和技能水平。严禁驾驶、操作人员工作期间饮酒。

2. 驾驶操作前必须检查保证机具、设备技术状态的完好性，保证安全信号、旋转部件、防护装置和安全警示标志齐全，定期、规范实施维护保养。

3. 机具作业后要妥善处理残留药液、肥料，彻底清洗容器，防止污染环境。

4. 驾驶操作前必须认真阅读随机附带说明书。

第十章　甘薯绿色增产技术与应用

第一节　甘薯生产概况

甘薯是一种高产稳产、营养丰富、用途广泛的重要农作物，并且具有抗旱、耐瘠薄、少病虫等特点，是淀粉、燃料乙醇和轻工产品加工的重要原料。联合国粮农组织（FAO）认为，甘薯是 21 世纪解决粮食短缺和能源问题重要的农作物之一。

一、甘薯的营养、保健及药用价值

甘薯属于低脂、低热量、高纤维食品，富含胡萝卜素，V_{B1}，V_{B2} 和 V_C，以及钙、钾、硒、铁等元素。其中所含 V_C 的量是苹果、葡萄、梨的 $10 \sim 30$ 倍，另外，甘薯还是独特的碱性食物，具有促进和保持人体血液酸碱平衡的功能，是世界卫生组织（WHO）评选出来的"十大最佳蔬菜"的冠军，被营养学家称为"营养最均衡的保健食品之一"。日本、美国等国家还把甘薯作为婴幼儿良好的辅助食品。

此外，甘薯茎尖、嫩叶的营养也十分丰富，粗蛋白质含量为干重的 $12.1\% \sim 25.1\%$，与猪、牛肉相当。粗纤维含量 11.4%，总糖含量 $20\% \sim 25\%$，V_{B1}、V_{B2}、V_{B6}、V_C 等含量超过一般叶类蔬菜，是大白菜、芹菜、苋菜的 1.6 倍。甘薯在美国被誉为"太空保健食品""航天食品"，我国香港称"皇后食品"，在国际、国内市场十分走俏。

日本、中国台湾把甘薯称为"长寿食品"。我国广西有两个长寿之乡，农民常年以甘薯作主食。研究发现，甘薯以及甘薯的茎尖和嫩叶中含有多种功能因子，具有减缓动脉硬化、避免心脑血管疾病、抑制恶性肿瘤、控制血糖、抗糖尿病等多种生理作用。

中医理论认为，甘薯块根味甘、性平、微凉，入脾、胃、大肠经；补脾益胃，生津止渴，通利大便，益气生津，润肺滑肠；叶味甘、淡、性微凉，入肺、大肠、膀胱经；具有利小便、排肠脓去腐、补虚乏、强肾、延缓衰老等功能。

二、我国甘薯种植现状

目前我国甘薯种植面积和产量居世界首位（2001 年 $507 \times 10^6 \text{hm}^2$，到 2011 年甘薯面积还有 $4.6 \times 10^6 \text{hm}^2$），甘薯种植面积积约占世界的 50%（21 世纪初占 60%），单产达到 22.5t/hm^2，是世界平均水平的 130%；总产 $7.8048 \times 10^7 \text{t}$，占世界甘薯产量的 75.3%。

甘薯在我国分布很广，以黄淮平原、长江流域和东南沿海为最多。全国分为 5 个薯区。①北方春薯区，包括辽宁、吉林、河北、陕西北部等地，该区以种植春薯为主；②黄淮流域春夏薯区，我国甘薯最大产区，种植而积约占全国总面积的 40%；③除青海和川西北高原以外的长江流域甘薯种植区；④南方夏秋薯区，主要指北回归线以北，长江流域以南的地区；⑤南方秋冬薯区，主要指北回归线以南的沿海陆地和台湾等岛屿的热带湿润气候地区。

我国种植的甘薯品种，根据不同加工用途分，可以分为六大系列，100 多个品种。

淀粉型：商薯 19、9836、梅营 7 号、济薯 15 号、徐薯 18、徐薯 77、梅营 1 号。

果脯加工型：日本红东、玉丰、徐薯 23、龙岩 7-3、烟 20、豫薯 12 号。

紫黑薯型：日本紫薯王、京薯 6 号、群紫 1 号、烟紫 1 号、日本川山紫、济薯 18 号、渝紫薯 7 号。

鲜食烤薯型：西农 431、红香蕉、红心王、苏薯 8 号、豫薯 10 号、郑 20、济薯 22、北京 553、济薯 19 号、烟薯 25。

叶菜型：商薯 19、鲁薯 3 号、鲁薯 7 号、徐薯 7 号。

淀粉、鲜食、果脯兼用型：济薯 21 号、济薯 26、豫薯 12 号、烟薯 25。

三、甘薯加工现状及存在的主要问题

（一）甘薯加工现状

甘薯除小部分直接作为食物消费外，绝大多数是用作加工原料。虽然简单的加工技术和初级加工产品仍然占有相当大的比例。但是近几年来，甘薯加工技术和产品的加工深度都发生了很大的变化，新甘薯加工食品不断涌现。另一方面，高附加值的工业加工产品的研究开发也取得了很大的进展。

1. 甘薯食品

除了蒸煮、烘烤等传统的甘薯食用方法外，近几年来，由于甘薯食品加工技术的迅速发展，加工的甘薯食品种类和数量不断增加，细分两大类。

一是发酵类：酿造白酒、黄酒、酱油、食醋、果啤饮料、乳酸发酵饮料、格瓦斯。

二是非发酵类（细分七类）：占比最大的是三粉：淀粉、粉条、粉皮；其次是蜜饯类：如红心薯干、甘薯果脯、甘薯果酱；另外是小食品类：如香酥薯片、油炸甘薯片、全粉膨化薯片、虾味脆片；再者是糕点类：甘薯点心、薯蓉及薯类主食品等；还有糖果类：软糖、饴糖等；还有新开发的饮料类：甘薯乳、雪糕、茎尖饮料等；再就是蔬菜类：脱水蔬菜、盐渍菜、茎尖罐头等，加工品种类繁多。

2. 甘薯工业加工品

甘薯的初加工在我国已有较大的发展，甘薯的主要初级加工品为淀粉。甘薯淀粉同谷类（小麦、玉米）淀粉相比，其独有的特性：一是支链淀粉含量较高（80%以上），高黏性；二是高聚合度，成膜性好；三是口味特别温和，对于口味极温和的食物不产生任何风味遮掩作用。甘薯淀粉以其独有的特性在食品、轻工、医药等行业得到广泛的应用。甘薯淀粉的精深加工产品在更广阔的领域和行业发挥着重要的作用。

我国甘薯的深加工基本上还处于探索起步阶段，目前对甘薯的精深加工产品主要是对淀粉的发酵、水解及改性，主要产品有：酒精、味精、柠檬酸、乳酸、丁酸、氨基酸、酶制剂、葡萄糖、果糖、饴糖、变性淀粉等，在天然色素提取等深层次产品的生产方面也取得了一定的进展，但是形成规模化生产的只有酒精。

（二）甘薯加工业存在的主要问题

1. 加工技术落后，产品质量差

我国的甘薯加工正处在起步阶段，绝大多数仍然采用传统的作坊手工生产。例如甘薯淀粉的生产，许多产区仍然沿用传统的方法加工，机械化程度低，存在产品质量差且不稳定、劳动强度大、污染严重、经济效益低等问题。

2. 资源的综合利用程度低

由于甘薯加工技术落后和缺乏层次配套技术，加工设备简单，只能进行单一产品的生产，造成大量有价值的成分在加工过程中流失。另一方面，甘薯的茎叶含有多种功能因子，仅仅作为畜禽饲料，是一种浪费。可见，缺乏先进的工艺配套加工技术和生产设备，是造成资源利用率低的重要原因。因此，我国甘薯的综合经济效益一直没有大的提高。

3. 加工周期短

甘薯属于季节性农作物，收获期集中，鲜薯的存放期短，一般为 1~2 个月。如果没有适宜的贮藏技术和贮藏条件，就会造成巨大的腐烂损失，导致甘薯失去食用和加工价值。目前在我国，甘薯大规模的贮藏保鲜技术非常缺乏，加工周期短，设备利用率低，大大制约了甘薯加工业的发展。

4. 甘薯原料品质参差不齐

生产高质量的产品和现代化工业生产对原料的品种，甚至形状、大小规格都要求很高。如淀粉加工要求原料薯的淀粉含量要高，甘薯食品的加工则要求原料薯含有较高的可溶性糖和维生素等，而饲料加工用品种则要求高的蛋白质含量。在我国的许多甘薯产区，多数一家一户小规模的种植，由于受到传统意识的影响，只重视产量，很少关心原料的食用及加工品质，所以种植的甘薯品种、形状、大小参差不齐，导致了原料利用率低、加工机械化程度低，限制了产业化发展。

5. 销售方式落后

目前，甘薯食品的销售多以原料薯的形式在农贸市场出售，缺乏包装和对甘薯营养价值的宣传，以及缺乏甘薯加工制品的优势品牌等，限制了甘薯的销售量。

四、我国甘薯产业发展趋势

国外对甘薯食品的开发很重视，尤其是日本。国外甘薯深加工产品已达 2 000 多种，应用于医药、食品、日化、调味、植物生长调节剂、除草剂、杀虫剂、有机玻璃、塑料等行业。人们对甘薯营养和保健功能认识的不断深入，以及石油等不可再生资源供应紧张，为我国甘薯食品和工业产品生产提供了广阔的前景，其发展趋势主要体现在以下几方面。

（一）开发培育新型专用甘薯新产品

针对不同产品加工需要开发和种植优质专用型甘薯品种，如适合淀粉生产的高淀粉、低多酚氧化酶型的甘薯，适宜食品加工的高糖型甘薯，适宜生产保健食品的药用甘薯，适合茎尖加工的蔬菜型甘薯，适合鲜食的水果型甘薯等。由于甘薯的不耐冷藏性，开展培育耐冷藏的品种也十分必要，同时还需要制定专用型甘薯的质量标准。针对甘薯原料的季节性、不耐贮藏性及前处理烦琐等原因导致的甘薯生产及消费受限问题，应对甘薯进行保鲜、冻藏、干藏，同时开发甘薯的中间产品（半成品），如速冻薯块、速冻薯泥、速冻蒸、脱水甘薯、甘薯全粉等，延长企业加工时间，提高设备利用率，提高甘薯的深加工和综合利用水平。

（二）综合利用甘薯茎叶

甘薯栽培容易，茎叶再生能力强，可从秧蔓封垄采摘到 10 月中下旬，长达 5 个多月，其产量之高和生长期之长是其他蔬菜无法相比的。此外，甘薯病虫害极少，很少使用农药，基本无污染，利用现有的脱水蔬菜设备和速冻设备将甘薯茎尖叶加工成高档保鲜蔬菜、速冻产品、脱水产品等保健特菜，前景广阔。

（三）综合开发方便食品

对半成品进行综合开发，生产挤压膨化食品、油炸薯片、烤薯片，各式薯脯、薯糕、甘薯早餐粉、速溶甘薯粉、甘薯即食粥等方便食品，既可丰富方便食品的品种，又可大大提高甘薯的附加值。

（四）开发甘薯保健食品和药物

甘薯中大量活性成分的研究和功能性的确定，为甘薯保健食品和药物的开发提供了有力的理论基础和巨大的市场空间和发展潜力。日本利用"日本黑薯""日本黄薯"等特色品种加工出不用掺加任何果汁的健康饮料，色泽鲜美，营养丰富，具有明显的抗氧化、消除自由基和活性氧、减轻肝脏机能障碍等功效。日本还有一种甘薯藤叶保健酒，以薯叶 25%、薯藤 25%、甘薯 50% 为原料，用蜂蜜酿制而成。此外可以从甘薯分离提纯功能因子，制造抗癌、艾滋病、心血管疾病、高血压和降胆固醇等药物，可大幅度提高其附加值。

（五）开发甘薯全粉及天然色素

甘薯全粉能够很好地保持其原有的营养素及风味，是制造婴儿营养食品、老年健康食品的天然添加成分。日本每年从中国山东大量进口去皮、熟化、干燥甘薯片以加工成甘薯全粉；美企也开始在江苏昆山建厂，利用我国甘薯资源生产甘薯全粉。但国内市场对甘薯全粉认知度仍较低，因此甘薯全粉国内市场还有待进一步开发。

（六）开发甘薯工业新产品

研究表明，生产 1L 乙醇只需要 2.7kg 薯干，而用玉米作原料则需 3.3kg，用小麦则需 3.4kg。除了传统的酒精、发酵加工产品以外，新用途的甘薯工业产品不断涌现。日本科学家发现，可以利用甘薯制造可降解生物塑料，甘薯是燃料乙醇非常好的生物资源，其生产效率相对较高。

有色甘薯中含有丰富的天然色素，稳定性强，经分离提取后可以直接用于食品中。

第二节　甘薯绿色增产模式

目前甘薯绿色增产模式主要是围绕新品种高产栽培模式示范、主要虫害绿色防控、后续优良品种筛选等主题，总结完善甘薯丰产栽培技术体系，为大面积生产提供指导经验。

一、专用型甘薯新品种选育及健康脱毒种苗繁育技术体系

包括优良品种筛选、茎尖苗培育、病毒检测、优良茎尖苗株系评选、高级脱毒试管苗速繁、原原种、原种和良种种薯及种苗的繁殖等8个环节每个环节都有严格的要求，最终目的是保证各级种薯的质量，充分发挥脱毒甘薯的增产潜力。

（一）根据生产目的首先选择优良品种

甘薯优良品种很多，而且经过脱毒后都能不同程度地提高产量、改善品质。但甘薯品种都有一定的区域适应性和生产实用性，在进行甘薯脱毒时一定要根据本地区气候、土壤和栽培条件，选用适合本地区大面积栽培的高产优质品种或具有特殊用途的品种。例如，在城郊地区最好选用北京553、徐薯34、苏薯8号、鲁薯8号、烟薯25等食用型品种，甘薯"三粉"加工区应选用徐薯18、豫薯7号、豫薯8号、豫薯12号、豫薯13号、鲁薯7号、梅营1号、商薯19等淀粉用品种。另外，特别需要注意的是，甘薯脱毒后只能去除体内某些或某种病毒，其品种本身的抗病毒、抗茎线虫病、抗根腐病等病虫害能力并没有太大改变。选用品种时，一定要考虑到品种本身的抗病虫特性。例如，徐薯18感茎线虫病和根腐病，在茎线虫病和根腐病病区要尽量避免用徐薯18进行脱毒和示范推广，应该选用豫薯9号、豫薯11号、豫薯13号和鲁薯7号等抗茎线虫病和根腐病的品种进行脱毒。就菏泽来说，无根腐病区应该选用豫薯7号（淀粉型）、北京553（食用型）、冀薯4号（食用型）、苏薯8号（食用型）等品种，根腐病区最好选用徐薯18（淀粉型）、豫薯8号（淀粉型）、豫薯12号（淀粉、食用兼用型）、郑红11号（食用型）等品种，茎线虫病和根腐病多的病区则可以选用豫薯9号（淀粉型）、豫薯13号（淀粉型）、豫薯11号（食用兼蔬菜型）等品种。

（二）茎尖苗培育

病毒主要通过维管输导组织传播，茎尖分生组织未形成维管束，病毒主要通过细胞间连丝扩散，传播速度很慢。再者，茎尖分生组织新陈代谢活动十分旺盛，生长激素浓度较高，病毒的复制受到很大抑制，因此，茎尖顶部分生组织不带或很少携带病毒。在无菌条件下切取甘薯茎尖分生组织，在特定的培养基上进行离体培养，就能够再生出可能不带有病毒的茎尖脱毒苗。诱导茎尖苗的方法：选甘薯苗茎顶部3cm长的芽段，用70%酒精、3%漂白粉液分别消毒，在超净工作台内解剖镜下剥离茎尖。将剥离的长 0.2~0.5mm（一

般带 1~2 个叶原基）的茎尖接种在附加 1~2mg 每升 6-ba 的 MS 培养基上，26~28℃ 下光培养，茎尖膨大变绿后转入无激素的 MS 培养基上培养成茎尖试管苗。待苗长至 5~6 片叶时移至营养钵内进行病毒检测。一般来讲，从剥茎尖到诱导出 5~7 片叶的茎尖苗至少要用 60~90d。利用分生组织培养诱导甘薯茎尖苗是甘薯脱毒的技术关键。而且甘薯茎尖苗的培育需要有设备完善、仪器齐全的组织培养室，技术水平较高，投资较大，一般单位特别是基层单位不必要开展此项研究，可以从有条件的单位索取已经鉴定确认的脱毒试管苗或原原种。

（三）病毒检测

茎尖分生组织培养得到的茎尖苗并不都是脱毒苗，只有部分苗不含病毒，是脱毒苗。茎尖苗必须经过严格的病毒检测确认不带病毒后才是脱毒茎尖苗。茎尖苗的检测一般首先采取目测法淘汰弱苗和显症苗，然后再用血清学方法或分子生物学方法进行筛选。经血清学或分子生物学方法检测呈阴性的样品再进行指示植物嫁接检测。

（四）优良株系评选

甘薯的芽变率比较高，茎尖分生组织培养再生的茎尖苗株系间在形态和产量方面往往存在较大差异。因此，经病毒检测确认的脱毒苗必须进行优良株系评选，淘汰变异株系，保留优良株系。株系评选的方法是：将脱毒苗株系每系 5~10 株栽种到防虫网室内，以同品种普通带毒薯为对照，进行形态、长势、产量等多方面的观察评定，选出若干既符合品种特性又高产的最优株系，混合繁殖。

（五）高级脱毒试管苗速繁

利用茎尖分生组织培养获得脱毒苗后，要获得大田生产利用的足够脱毒苗，快速繁殖技术起着决定性作用。脱毒甘薯茎尖苗的大量繁殖，可以采用试管苗单叶节快繁或温网棚繁殖两种方式来完成。二者在速度、成本等方面互有优势。

1. 脱毒苗试管快繁

毒苗试管快繁具有以下优越性：①繁殖速度快。在合适的培养条件下（温度 25℃，每天光照 18h），1 个茎节 1 个月内即可长成具 5~6 片叶的小植株，以继代 1 次增殖 5 株计算，其繁殖系数为 5n。②避免病毒再侵染。脱毒苗的试管快繁是在严格的无菌条件下进行的，即没有病毒源也没有传播媒介。③继代繁殖成活率高。除极少数由于操作不慎造成试管苗污染外，单茎叶成苗率达 100%。④不受季节、气候和空间限制，可以进行工厂化生产。目前脱毒苗快繁方法有两种：一是液体振荡培养，将单茎节置于液体培养基中，进行 80 转/min 振动；另一种为固体培养。前者优点是繁殖迅速，15~20d 可得到 20 个节左右，但因需配备摇床，成本较高，因此特殊条件采用固体培养。茎尖苗试管快繁培养基：一般采用不加任何激素的 1/2 培养基。

试验表明，全量 MS 培养基能够给试管苗提供较充分的营养成分，从而能够保持试管苗较旺盛的生长，是理想的培养基；但从试繁的角度看，在保证正常情况下，繁殖系数的高低主要取决于叶片数及株高 2 个指标，1/2MS 培养基中试管苗的生长，虽不及全量 MS

培养基中的旺盛，但上述 2 个指标仍能达到快繁的要求，也为较理想的培养基。为降低成本，可用食用白糖代替分析纯蔗糖，有些有机成分也可以减去。试管快繁的光照条件：光照时间长短对甘薯试管苗发育的意义，不仅在于茎叶形态发育的需要，而且对其生长也有显著影响。在暗培养条件下，甘薯脱毒苗节段有叶的分化及茎的伸长，但呈黄化状态，叶片不伸展或生长，茎细弱。甘薯脱毒试管苗的株高、叶片数及鲜重随光照时数的延长而提高，延长光照时数对试管苗茎叶的分化及生长均为有利，较长的光照有利于提高试管苗繁殖系数，获得健壮的脱毒试管苗。另外，在不同的光照时数下，甘薯脱毒试管苗的平均节间长度差异不显著，因为试管苗切段为单叶节快繁，节间无须过长，在一定的节间长度下，叶片数增加，则繁殖系数呈几何级数数增加。延长光照时数，伴随株高的增加，只增加叶片数而不显著增加节间长度，正适合于试管苗单叶节快繁的需要。

2. 高级脱毒苗田间快繁

①防蚜塑料大棚速繁。在 3 月中旬将 5~7 片叶的脱毒试管苗打开瓶口，室温下加光照炼苗 5~7d。栽前头天下午在棚内苗圃上撒上用 100g 40% 乐果乳油加水 2.5~5kg 稀释后与 15~25kg 干饵料拌成的毒饵，以消灭地下害虫。然后按 5cm×5cm 株距栽种在覆盖防虫网的塑料大棚内，浇足水后加盖一层小弓棚，把温度控制在 25℃ 左右。待苗长至 15~20cm 时剪下蔓头继续栽种、快繁。采用这种双膜育苗方法繁殖系数可以达到 100 倍以上。但要注意小水勤浇，通风透气，保证温度既不能低于 10℃，也不能高于 30℃。②防蚜网棚速繁。即在 4 月下旬或 5 月初将经过锻炼的 5~7 片叶的脱毒试管苗，按每亩 10 000 株的密度栽种在防蚜虫大棚内，勤施肥水，待苗长至 15cm 左右时摘心，促进分枝。以后待分枝苗长至 5 片叶时继续剪苗栽种速繁，或直接用于繁殖原原种。③防蚜冬暖大棚越冬快繁。9 月底 10 月初将脱毒试管苗移栽在外加 40 目防虫网的冬暖式大棚内。11 月上旬（下枯霜前）盖塑料膜，12 月上中旬加盖草帘子，使棚内温度保持在 10~30℃。注意及时防治蚜虫。到 4 月中下旬采苗移至苗圃进行扩繁。这种方法脱毒苗在外暴露时间过长，重新感染病毒的机会较大，一般应用的较少。需要特别强调的是，甘薯病毒主要靠桃蚜、棉蚜和萝卜蚜以非持久方式进行传播。因此，无论采用何种速繁方法，都要切记采取隔离措施（40 目防蚜网、500m 以内无普通带毒甘薯空间隔离等）和定期喷洒防治蚜虫的药剂来防止蚜虫传毒再侵染。

（六）原原种繁育

用高级脱毒试管苗在防蚜虫网棚内无病原土壤上生产的种薯即原原种。脱毒甘薯原原种的繁育要求非常严格：必须具备 3 个条件：第一，栽种的必须是高级脱毒试管苗。第二；必须要在防虫网棚内生产原原种。防虫网棚是繁育原原种的重要条件之一，而且所用防虫网的网眼必须在 40 目以上，这样蚜虫就不能通过；可以大大减少蚜虫传播病毒的机会。第三，所用地块必须是无病原土壤，最好选用多年未栽种过甘薯的土壤。另外，还要经常喷洒杀虫药剂，防治蚜虫，以免产生病毒再侵染。这 3 个条件是繁殖原原种所必须具备的。使用原原种苗甚至原种苗栽种在防虫网棚内所生产的种薯，严格讲不能算是原原种。

原原种繁殖在防虫网棚内进行，网棚内光照较弱，通风透气性较差，很容易造成旺长。因此，繁殖原原种时，栽插密度不宜太高，一般以每亩 4 000 株为宜。在管理方面应注意少施氮肥，多施磷、钾肥，注意控温、控水、控湿，既要防止茎叶徒长，又要促进多结薯块。如果脱毒甘薯长势偏旺，可采用提蔓方法或每亩用 0.2kg 磷酸二钾对水 50kg，叶面喷施 2~3 遍，促使薯块膨大和地上部稳长。如果发生了徒长，秧蔓长达 40cm 以上，则可以使用打群顶或用 75~150g 多效唑对水 40~70kg 叶面喷洒 1~2 次的办法加以控制。

在繁殖原原种时，要始终贯穿防止病毒再侵染的意识。在网棚内要种植一些指示植物，每 1~2 个星期喷洒 1 次防治蚜虫的药剂。防治蚜虫的办法有：1.5% 乐果粉剂，按每亩 1.5~2.5kg 用量喷粉；49% 乐果乳油 1 000~2 000 倍液，每亩 50kg 喷雾；50% 敌敌畏 1 500 倍液，每亩 50kg 喷雾；50% 抗蚜威可湿性粉剂 4 000 倍液，每亩 50kg 喷雾；20% 杀灭菊酯或 2.5% 溴氰菊酯 20ml 对水 50kg 喷雾；50% 久效磷乳油 2 000~3 000 倍液，每亩 50kg 喷雾。防蚜虫时最好多种药剂轮换使用，以免蚜虫产生抗药性，达不到防治效果。原种收获时要逐株观察是否有病毒症状，一旦发现病株要坚决拔除，以确保原种质量。如果网棚内所种植的指示植物表现病毒症状，整个棚内所繁殖的种薯应降级使用。

（七）原种繁育

用原原种苗（即原种种薯育出的薯苗）在 500m 以上空间隔离条件下生产的薯块为原种。原种的繁殖必须用薯苗为原原种苗；必须具有 500m 内无普通带毒甘薯种植的空间隔离条件；必须所用田块至少 3 年以上没种过普通带毒甘薯且为无病田。一般来讲，原原种的数量比较少，而且价格比较贵。繁育原种时最好尽早育苗，以苗繁苗，以扩大繁殖面积，降低生产成本。原原种苗快繁的方法有很多种，但以加温育苗法、采苗圃育苗法和单、双叶节繁殖法最为常用。

1. 加温育苗法，又称多级育苗法

在冬季或早春（2 月上中旬）利用火炕、电热温床、双层塑料薄膜覆盖温床或加温塑料大棚等提早排种，加强管理，促进薯苗早发快长。将原种种薯消毒处理后排入苗床，排种时注意薯块顶端向上，薯面处于同一平面，种薯头尾相压不应超过 1/3 或薯块最好平放。撒好串缝土、浇足床水后覆盖塑料薄膜。在育苗的头一周内，温床温度最好在 37℃ 左右，以后逐渐降至 30~32℃。千万注意：如果排种到萌芽之间土壤温度低于 10℃，即便时间只持续 1d，也会造成冻害，导致薯块腐烂，影响出苗。出苗后应注意及时揭膜，避免烧苗。当薯苗长至 12~18cm、5~7 片叶时剪苗，栽到另外的火炕或温床内成苗，再把先后两级苗床的苗剪栽到覆盖薄膜的冷床或大棚里继续繁殖。待 4 月气温上升至 10℃ 以上后再剪栽到采苗圃里加盖小拱棚育苗。

2. 采苗圃育苗法

"朝阳沟"采苗圃：栽种行距 40cm，株距 10cm，定植密度为每亩 16 000~20 000 株。采苗圃东西向开沟，薯苗紧贴沟的北面栽种，苗尖不超过垄背。这种方法背风向阳温度高，有利于发根长苗。小垄密植采苗圃：垄距 50cm，株距 10cm，定植密度 13 000 株/亩。平畦采苗圃：做成 1m 宽小畦，浇足底墒，盖好地膜。按 15cm×15cm 株行距插苗。定植密度每亩 30 000 株左右。为促进薯苗生长，可以分次追施氮肥，适当浇水。但采苗前几天应停止浇水，促进薯苗健壮生长，提高栽苗成活率。

3. 单、双叶节繁殖法

把 7~8 个节的薯苗剪短成 1 叶 1 节或 2 叶 1 节的短苗栽种到采苗圃里，长成 5~7 片叶的成苗时栽到原种繁殖田里。若用单叶节繁殖，每节上端要留短一些（不超过 0.5cm），下端留长些。最好上午剪苗下午栽苗，栽后浇足窝水，第二天早晨再浇 1 次，盖上一层土。繁殖期间应加强田间管理，管理要细致，肥水应及时，以便促使幼芽早出土。除采用 500m 以内无普通带毒甘薯种植的空间隔离办法，防止蚜虫传毒再侵染外，原种繁殖的其他生产条件和环境与普通甘薯生产基本相同。因此，原种繁殖田的栽培管理同普通甘薯基本一样。但繁殖原种时栽插期不宜过早，最好在 6 月下旬以后栽种。另外，脱毒甘薯茎叶生长比较旺盛，要注意控水控肥，防止旺长。原种繁殖时要密切注意防止病毒再侵染。繁殖田周围 500m 内不能有普通带毒甘薯种植，所用田块必须 3 年以上未种过普通带毒甘薯，且无茎线虫病、根腐病、黑斑病等。要在繁殖田内种植一些指示植物，每 15d 定期喷洒防蚜虫药剂。收获前要观察病毒发病情况，及时拔去病株。收获时严把质量关，不符合质量要求的薯块坚决不入窖。

（八）良种繁育

用原种苗（即原种薯块育苗长出的芽苗）在普通大田条件下生产的薯块称为良种，又叫生产种，即直接供给薯农栽种的脱毒薯种。良种繁殖田的种植、栽培管理同普通甘薯一样，但所用田块应为无病留种田，管理上要防止旺长。如果夏薯栽后 40d、春薯栽后 60d，甘薯茎叶生长过猛，蔓尖上举且过长、色淡，节间和叶柄很长，叶片大而薄，封垄过早，叶面积系数达到 3.5 以上；或到甘薯生长中期叶片大，叶色浓绿，叶柄特别长且超过叶片最大宽度的 2.5 倍，叶层很厚，郁闭不透气，叶面积系数大于 5，则为发生了旺长。具体防范措施有：①打顶。在分枝期、封垄期和茎叶生长盛期各打顶 1 次。②喷多效唑。封垄后每亩喷 15% 多效唑（75g 对水 50kg）1~2 次。③提蔓。发现旺长立即提蔓 1~2 次，每次可以延缓生长 7d 左右。根据江苏徐州甘薯研究中心研究结果，脱毒甘薯在开放条件下种植时，第一年和第二年都能显著增产，但到第三年时，比较耐病毒的品种如徐薯 18 增产效果下降 6.1%，易感病品种如新大紫等的增产效果则降低 33.6%~39.1%。因此，脱毒甘薯连续在生产上利用 2 年后病毒再感染严重，增产效果下降，最好能够 2 年更换 1 次新种薯。

二、甘薯节本绿色轻简化生产技术体系

甘薯是劳动密集型土下生长作物，其田间生产环节主要包括排种、剪苗、耕整、起垄、移栽、田间管理（灌溉、植保机械等）、收获（切蔓、挖掘、捡拾、收集）等，其中

起垄、移栽、收获是劳动强度大、用工量多的环节，尤其是收获环节，其用工量占生产全程的42%左右。按照"机制、基础、机具"相结合的思路，甘薯轻简化栽培从起垄开始，就要建立机械化起垄与机械化插秧、机械化收获相配套。

（一）机械化起垄

甘薯需起高垄种植，其垄较之花生、马铃薯等作物要高，垄高一般为250~330mm，收获时甘薯的生长深度一般达到200~250mm，结薯范围达到300mm，所以其起垄、挖掘收获时所需的动力一般较大，起垄作业每垄的动力需在14.7~18.38kW（中耕动力略小于起垄动力），收获前的割蔓粉碎作业每垄所需动力约18.38kW，而挖掘收获时每垄的动力则需18.38~25.73kW。而甘薯移栽入土作业量少，但一般会考虑载水作业，所以每垄的动力配备18.38kW左右。

甘薯起垄机械比较多，如果是沙土或壤土地可直接选用拖划式起垄机起垄即可，若是黏土地，土壤质地黏重，在遇到干旱年份，使用拖划式起垄机效果不好，薯垄会高度不够，再加上垄背面土壤松散，甘薯栽种后经雨水冲刷，薯垄会变得更加平塌，影响到甘薯根部的透气性，造成薯块根毛较多、不结薯现象，从而在一些农民或经营者中形成"机械起垄不结薯"的不良印象。郓城工力公司根据黏土地的特点，通过调查和反复试验，生产了黏土地专用开沟起垄机，由带16把旋耕弯刀和"T"形刀组成开沟机，后下部带30cm宽沟底铲刀的犁，后上部为2个铁壳整流罩。起垄机工作时，开沟机旋转飞出的碎土，通过整流罩而掉落两边形成垄背，沟底碎土被沟底铲刀铲起，重新被开沟机打碎、飞出，通过整流罩掉落垄背。起垄机通常用手扶拖拉机牵引，工作效率可达0.53hm²/d，且这种方式起垄不需要人工另外修整，即使是布满树根的田块，仍能切削出光滑整齐的垄坡斜面。机械成形的薯垄宽度一般为1.0~1.1m，垄高0.35m，垄顶面宽度约为垄距的1/3左右。垄剖面为梯形，经风吹雨打且直到收获期垄高基本无变化，仅垄肩部稍下塌，使剖面成带弧度的梯形。

（二）机械化插秧

目前各地注重农机与育种栽培的结合，其移栽机具主要有小型自走带夹式移栽机、牵引式乘坐型人工栽插机、人力乘坐式破膜栽插器等形式，以小型化为主，能破膜栽插。机械化插秧速度快、质量好，省工、省力、成活率高。如试验土壤为壤土，土壤含水率为20%，黏度适中；试验地平整，已提前用起垄铺膜机完成起垄铺膜，垄型规范，铺膜平整，覆土严实，能够满足试验要求。试验采用带夹式移栽机，所用拖拉机为欧豹520型拖拉机，后轮轮距1 300 mm轮胎宽度320mm。试验用苗平均苗直径4.6mm，长260mm，叶片的数量为6~9片。在拖拉机行进速度0.3m/s条件下进行了单垄单行移栽作业，主要对插秧深度、倾斜角度、成活率及地轮滑移率4个技术性能指标进行了测定。插秧深度平均9.8cm，合格率86.4%，标准差0.79，变异系数0.35；倾斜角29.8°，合格率93%，标准差1.22，变异系数0.13，成活率92%，地轮滑移率6.2%。综合分析：采用机械化插秧，各项指标完全可替代人工操作。

（三）机械化收获

甘薯是无性繁殖营养体，没有明显的成熟标准和收获期，但是，收获过早，会降低甘薯产量；收获过晚，甘薯会受低温冷害的影响，不耐贮藏，切干率也会下降。因此，收获甘薯时要注意"地""土""留""用"这四点。一看"地"。即根据地温来收获甘薯。一般在地温18℃时开始收刨甘薯，切干用的春薯或腾茬种冬小麦的地块一般在"寒露"前收刨；留种用的夏薯在"霜降"前收刨；贮藏食用的甘薯可稍晚一些收刨，但一定要在枯霜前收完。二看"土"。即根据土壤湿度来收获甘薯。土壤含水量少，地温变化大，甘薯易受冷害，且不易收刨；土壤含水量过多，甘薯收获后不耐贮藏。当土壤过湿时应先割去甘薯茎蔓，晾晒几天，待土壤稍干再收刨。三看"留"。即根据是否留种来收获甘薯。留种用的夏薯，宜在晴天上午收刨，并在田间晒一晒，当天下午入窖，不要在地里过夜，以免遭受冷害。四看"用"。就是根据用途来贮藏甘薯。甘薯收刨后，可在地里进行选薯，去掉病、残及水渍的薯块，并按不同用途和品种分别贮藏。从收刨到贮藏过程中，要尽量减少翻倒次数，并要轻拿、轻放、轻装、轻运，以免碰伤薯皮。根据甘薯收获的四项要求，在机械化收获时，要适应起垄情况确定收获方式。

1. "单行起垄单垄收获"模式

该方式采用一台拖拉机可完成单行单垄耕种收的全部作业，具有经济性较高、配套简单、适应性广、投入不高等优势，适宜多数地区中小田块作业。该模式较适宜的垄距为900mm、1 000mm，可配套黄海金马254A、东方红280、黄海金马304A、山拖TS400Ⅲ等中小型拖拉机，其轮距为960~1 050mm；可配套手扶拖拉机为桂花151、东风151等，其轮距为800mm左右。

2. 双行起垄单行收获作业模式

该模式针对不少种植户已拥有大中型拖拉机（36.75kW以上）的现状，以减少投入、尽可能提高作业效率为目的，其起垄作业采用已拥有的大中型动力，而后续的移栽、中耕、碎蔓、收获则采用较小动力的拖拉机。该模式较适宜垄距为900~1 000mm；其采用50、554、604、704等型号拖拉机起垄，后轮距为1 350~1 450mm；而移栽、中耕、碎蔓、收获环节则采用黄海金马254A、东方红280、黄海金马304A、山拖TS400Ⅲ等中小型拖拉机单垄作业，轮距为960~1 050mm。

3. 两行起垄两垄收获作业模式

该模式易于实现耕种收作业机具的配套，可采用一台大马力拖拉机完成作业，具有作业效率相对比较高，易于被大型种植户接受，便于推广等特点。该模式较适宜垄距为900~1 000mm；可采用804、854、90、904、100、1004等型号拖拉机一次起两垄，而后续的移栽、中耕、碎蔓、收获环节仍采用该机一次两垄完成作业，该型拖拉机的轮距一般为1 600~1 800mm。

4. 三行起垄两垄收获作业模式

该模式针对平原大面积种植区，可采用一台大马力拖拉机完成耕种收全程作业，起垄作业时一次起三垄，而后续的移栽、中耕、碎蔓、收获等则一次完成两垄作业，主要是为提高起垄作业效率，但如起垄操作不当，也存在着后续作业对行性差的问题。该模式较适宜的垄距为 800~900mm，旋耕起垄机配套旋耕机可为 230 型或 250 型，起垄时一次三垄，其他作业则一次两垄；配套采用 804、854、90、904、100、1004 等型大功率拖拉机，轮距一般为 1 600~1 800mm。

5. 宽垄单行起垄双行栽插收获作业模式

该模式是在一条大垄上交错栽插双行，可为两行间铺设一条滴灌带提供便利，经济性较好。此外，采用适宜的拖拉机也可完成全程配套作业。该模式较适宜的垄距为 1 400mm，配套的旋耕起垄机幅宽约为 2 800mm，可一次完成两垄作业，收获时采用 1 200mm 作业幅宽的挖掘收获机一垄一垄收获。该模式可配套 754、804 型拖拉机，轮距一般为 1 400mm 左右。

6. 大垄双行起垄收获作业模式

该模式适宜的垄距为 1 500~1 600mm，可配套 754、80、804、90、904 等型号拖拉机实现全程作业，拖拉机轮距一般为 1 500~1 600mm。

实现甘薯生产全程机械化轻简化栽培的前提之一是实现农机农艺的融合，除在品种选育应考虑机械作业外，还应考虑以下三方面的问题：①区域化统一种植垄距。主要种植区可根据各自特点选用 1~2 种种植垄距，如 800~900mm 或 1 000~1 400mm 垄距，该垄距可寻找到不同形式的拖拉机配套行走作业，便于机具推广和跨区作业，但在相对区域较小的范围内尽量采用统一的种植规格，便于提高机具的通用性和配套性。②尽量纯作。尽可能采用纯作，如间作套种一定要留好机收道，套种的尺寸一定要与拟选的作业模式尺寸配套。③简化栽插方式。建议采用斜插法、水平栽插法、直插法，便于实现机械移栽作业。

实践证明，上述六种推荐模式中的几个垄距尺寸，当以 900mm 左右最容易配备到适宜动力的拖拉机，也便于各环节作业机具的配套，同时也最接近目前菏泽的种植习惯，因此可作为优先选择的垄距。一般条件下，用机械化收获地瓜，比人工刨能快近 40 倍，1h 收获 2~3 亩不成问题，比雇人收地瓜每亩还能节省 30 多元钱，更重要的是，用机械化收获，地下基本不落地瓜。我们在农户刨完地瓜的地里做过试验，每亩地里又找回来 50 多千克。

三、甘薯产后高效利用技术及营销体系

(一) 制淀粉

甘薯淀粉中 20% 为直链淀粉，80% 为支链淀粉。制取甘薯淀粉原料有鲜薯和薯干，以鲜薯为原料制取淀粉主要适于农村手工作业生产，以薯干为原料则适于工业化大生产。薯干生产甘薯淀粉的工艺技术路线为：

薯干、预处理、浸泡、破碎、磨碎、过筛、分离、碱、酸处理、清洗、脱水、干燥、成品。

甘薯中除淀粉外，还含有蛋白质、果胶等，于是生产甘薯淀粉时分离蛋白质、果胶是关键性技术。工业生产中清除淀粉中的蛋白质常采用酸碱处理，碱处理可除去淀粉中的碱溶性蛋白质和果胶等杂质，酸处理则溶解酸溶性蛋白质。

（二）生产有机酸

利用甘薯可生产乳酸、柠檬酸、赖氨酸、谷氨酸等重要有机酸。美国利用生物酶置换新技术，5t 薯干可制赖氨酸 1t，3t 甘薯粉可制味精 1t。以生产乳酸为例。以甘薯为原料，接种德氏乳杆菌生产乳酸，该菌在 50℃仍保持旺盛活力，克服了使用中温菌时易感染杂菌和操作较复杂的弱点。甘薯接种乳酸菌发酵制乳酸的工艺技术路线为：

薯干粉、加水煮沸成浆状、加入糖化酶或接种糖化菌、糖化、接种乳酸菌、发酵、加石灰中和、静置、取上层清液蒸发、冷却、结晶、洗去色素、包成饼状压榨、重复水洗和压榨、加水、加热使其溶解、浓缩、乳酸钙结晶、加水、加热溶化、倒入硫酸稀释液、搅拌、加热、乳酸钙转化为乳酸、活性炭脱色、加热、过滤、浓缩、过滤、乳酸。

生产柠檬酸，5t 鲜薯可生产柠檬酸 1t。以甘薯淀粉渣为原料曲法生产柠檬酸的工艺技术路线为：

甘薯淀粉渣、调节含水 65%～70% 后粉碎、蒸煮、接种黑曲霉、发酵、过滤、发酵清液、碳酸钙中和、分离、柠檬酸钙、酸解、分离、柠檬酸液、离子交换树脂脱色、离子交换树脂吸附、真空浓缩、结晶分离、干燥、成品。

（三）饴糖

饴糖是淀粉加水分解得到的麦芽糖含量高、葡萄糖量含量低的一种糖制品，其甜味温和、爽口，营养价值高，具有吸湿性和黏稠性，是食品工业和医药工业的重要原料。每 100kg 鲜薯可制饴糖 38kg。用甘薯生产饴糖的工艺技术路线为：

原料、水洗鲜薯或浸泡薯干、蒸煮、冷却、糖化、浸出、过滤、活性炭脱色、蒸发浓缩、成品。

生产果葡糖浆，利用果葡糖浆生产食品，能避免糖果表面结晶起粒，可有效防止面包、糕点等的干瘪与脱水，同时可增进食品的天然水果味和保持较高的渗透压等。1t 甘薯可制成果葡糖浆 600kg。果葡糖浆生产的工艺技术路线为：

淀粉浆、液化、糖化、过滤、浓缩、活性炭床脱色、离子交换床去杂、异构化、活性炭床脱色、离子交换床去杂、果葡糖浆。

生产葡萄糖。用甘薯为原料生产葡萄糖的主要技术路线为：

淀粉、加稀酸液和水、搅成糊状、加热糖化、过滤、滤液加石灰粉中和、加热过滤、活性炭脱色、蒸发浓缩、加葡萄糖晶种、结晶、葡萄糖。

（四）甘薯生产小食品

甘薯可生产上百种小食品，如油炸薯片、膨化甘薯香酥片、方便薯条、薯脯、粉丝、薯糕、薯酱、果丹皮、罐头等。

生产油炸薯片。用鲜薯和淀粉混合制成的膨化食品达 50 多个品种。油炸甘薯片外观金黄，色鲜味美，酥脆香甜，是一种理想的薯类休闲方便小食品。生产油炸甘薯片的主要技术路线为：

鲜甘薯、挑选，去根须，除虫烂薯、洗净、蒸煮、捣烂成泥、模具成型、冷却、切片、晒干、油炸膨化、调味、包装、成品。

（五）甘薯制变性淀粉

变性淀粉系采用物理、化学及酶转化的方法，使淀粉氧化、醚化、酯化、α化、糊化，以改变淀粉的抗酸性、热稳定性、冻融稳定性及抗剪切能力等性质，使其成为具有特殊用途的淀粉。以甘薯淀粉为原料制成的淀粉衍生物多达12门类2 000多种产品，如酸变性淀粉、氧化淀粉、磷酸淀粉、交联淀粉、可溶性淀粉、阳离子淀粉等。变性淀粉塑料是先将甘薯淀粉改性，然后与聚乙烯共混，最后吹塑成具有能生物降解的塑料制品；淀粉塑料可制成农用地膜、大棚膜、食品和工业包装膜、全降解快餐盒。

（六）甘薯酿造制品

利用甘薯可酿酒、酿酱油和醋等。生产甘薯保健饮料酒。利用甘薯酿制保健饮料酒，为保留其有益成分，先将其磨碎成浆液，再加热使淀粉糊化，然后添加根霉糖化，加酵母进行低温酒精发酵，待发酵彻底后离心分离或过滤。其主要技术路线为：

甘薯、清洗、磨浆、糊化、冷却、糖化、过滤、低温发酵、过滤、离心分离、包装、杀菌、检验、成品。

甘薯保健饮料酒的生产要求糖化要充分，低温发酵液浓度要适宜，一般控制在30%左右，发酵采用瓷罐地埋低温发酵，发酵时间一般为3~5个月。

鲜薯酿制黄酒的主要技术路线为：

原料洗涤、切分、浸渍、蒸煮、糖化、过滤、发酵、压榨、杀菌、包装、成品。

用该工艺酿黄酒，每100kg鲜薯可产10~13度的黄酒80~90kg。

（七）提取色素

甘薯块根具有不同的颜色，如橘黄色、白色、紫色等，甘薯色素目前研究较多的是紫甘薯色素。紫甘薯色素是一种以花青素为主要成分的红色素，其中最主要的是氰定酰基葡萄苷和甲基花青定酰基葡萄苷。紫甘薯中的红色素是经酸化乙醇或无水乙醇浸提后，减压浓缩或过树脂纯化后再减压浓缩，真空干燥或喷雾干燥获得。紫甘薯色素对蛋白、淀粉和糖类均有较牢固的染着性，已成功试用于饮料、糖果、酒、罐头等食品着色。

（八）淀粉渣生产SCP（单细胞）微生物蛋白

与动植物蛋白相比，淀粉渣生产SCP微生物蛋白微生物生长速度快，生产周期短；易获得理想的菌株；生产可以连续进行，不受气候条件、生产季节变化的影响。

以淀粉渣为原料生产SCP，瑞典糖业公司使用扣囊拟内孢霉和产朊假丝酵母按2：98的比例共生培养，产品中平均蛋白质含量达47%。甘薯淀粉渣加入适量的 K_2HPO_4、硫酸铵、尿素等，接种 TK_{41}、TK_{42}、TK_2 曲霉菌，培养的曲霉菌菌体中蛋白质含量分别达到16.1%、16.1%、14.9%。利用甘薯生产SCP对缓解我国蛋白资源缺乏有重要的意义。

第三节　甘薯绿色增产技术

一、黑地膜覆盖栽培技术

黑色地膜覆盖栽培甘薯能改善整个田间土壤小气候和甘薯生长发育的环境，保水增温，有利于克服无霜期短、早春低温干旱等不利因素的影响，可解决透明地膜覆盖草害严重、薯块生长细长的问题，是大幅度提高甘薯产量的有效措施。

（一）甘薯覆黑地膜的效果明显

1. 保温增温

黑地膜覆盖甘薯后，土壤能更好地吸收和保存太阳辐射能，地面受光增温快，地温散失慢，起到保温作用，为甘薯生根和生长打下了良好基础。

2. 调节土壤墒情

由于黑地膜的阻隔，可以减少土壤水分的蒸发，特别是春旱较重的年份，保墒效果更为理想。进入雨季，覆膜地块易于排水，不易产生涝害。遇后期干旱，覆膜又能起到保墒作用。

3. 增加养分积累

覆盖黑地膜后，土壤温度升高，湿度增大，微生物异常活跃，促进了有机质和腐殖质的分解，加速了营养物质的积累和转化。

4. 改善土壤物理性质

黑地膜覆盖栽培土壤表面不受雨水冲击，故土壤始终保持疏松，既有利于前期秧苗根系生长，又有利于后期薯块膨大。

5. 防治病、草为害

甘薯线虫病是甘薯生产上的一种毁灭性病害，目前药剂防治效果不够理想，而覆盖黑膜后可利用太阳能，提高土壤温度，杀死线虫，防病效果好，又不污染环境。同时黑地膜透光性差，可抑制杂草生长，减少除草用工，避免杂草与甘薯争夺肥水和空间等。

6. 促进甘薯根、茎、叶的发育

黑地膜覆盖比露地栽培的甘薯发根早4~6d，根系生长快，强大的根系从土壤中吸取更多养分，为植株健壮生长和薯块形成、膨大奠定基础。黑地膜覆膜栽培由于条件适宜，长势旺，甘薯的分枝数、叶片数、茎长度、茎叶鲜重均比露地栽培增加50%以上。

7. 增产显著，品质提高

甘薯覆盖黑地膜后，薯秧生长快，薯块增产50%以上，并提高了大薯比率和淀粉含量。

（二）黑色地膜覆盖栽培技术要点

1. 整地施肥

深翻整地，改善土壤通气性，扩大甘薯根系分布范围，提高对水分和养分的吸收能力。结合整地施有机肥 6.0 万 kg/hm^2，复合肥 $750kg/hm^2$，最好施用硫基富钾复合肥，起垄种植。

2. 适时早栽

为了充分发挥地膜的作用，有效利用早春低温时的盖膜效果，做到适时早栽，一般可比露地早栽 8~10d，菏泽一般于 4 月下旬栽植。

3. 栽秧盖膜

一般采用先栽秧后覆膜。方法是先把秧苗放入穴内，然后逐穴浇水，水量要大，待水渗完稍晾后埋土压实，并保持垄面平整，第 2d 中午过后，趁苗子柔软时盖膜，这样可避免随栽随盖膜易折断秧苗现象。盖膜后用小刀对准秧苗处割一个"丁"字口，用手指把苗扣出，然后用土把口封严。

4. 加强田间管理

缺苗要及时补栽，力争保全苗。要经常田间检查，防止地膜被风刮破。以后发现有甘薯天蛾、夜蛾等虫害要及时进行防治。

二、甘薯化学除草技术

（一）甘薯地杂草种类及特点

经过对设定的 100 个地块进行定期定点调查，菏泽甘薯田主要杂草隶属 12 科 35 种，以禾本科杂草与阔叶杂草混生为主，常见一年生禾本科杂草以牛筋草、马唐、狗尾草、稗草、虎尾草、画眉草为主，阔叶杂草以反枝苋、马齿苋、铁苋菜、饭包草、鸭跖草、葵、苘麻、鳢肠、鬼针草为主，莎草科杂草以碎米莎草、异型莎草及香附子为主。在甘薯扦插后生长前期主要以阔叶杂草反枝苋、葵、马齿苋、苘麻及莎草科的碎米莎草占优势，在扦插后生长后期（6—7 月），以一年生禾本科杂草牛筋草、马唐、稗草及狗尾草为主。

（二）甘薯田杂草发生特点

1. 杂草种类与种植方式有关

由于甘薯为春或夏季种植，前茬作物主要为玉米、大豆、花生，甘薯种植时土壤经翻耕，墒情较好，杂草发芽早，发生量大。在春甘薯的生育期内，杂草发生有 3 个高峰期，第一个高峰期为 5 月中下旬，此时土壤温度回升较快，杂草处于萌发盛期，杂草群落主要以阔叶杂草为主，杂草种类主要有反枝苋、葵、小葵、饭包草、苘麻、马齿苋、牛筋草、马唐、狗尾草，杂草群落主要以牛筋草、马唐、反枝苋、马齿苋等为主。第二个高峰期为 6 月中下旬，此时正值雨季，降水量大，温、湿度高，一年生禾本科杂草生长旺盛，杂草群落以一年生禾本科杂草为主。杂草种类相对较多，主要有马唐、牛筋草、稗草、狗尾草、反枝苋、饭包草、铁苋菜、马齿苋、鳢肠等。第三个高峰期在 7 月下旬至 8 月下旬，此时前期未能控制的反枝苋、苘麻、稗草等具有一定空间生长优势，生长旺盛，与甘薯争夺光照及养分。

2. 杂草发生的种类与温度、湿度、光照等环境条件有关

在5~6月阔叶杂草反枝苋、马齿苋、鳄肠、葵发生量较一年生禾本科杂草严重，7—9月一年生禾本科杂草根系发达，无论从发生量及生物量上都远远超过阔叶杂草。

3. 杂草发生量大、危害重

甘薯扦插初期，甘薯田由于土壤湿度和地温逐渐升高，杂草发生较严重。扦插后杂草如不能被控制，雨季时一年生禾本科杂草发生明显上升，发生面积及危害程度最为严重，如防除不及时或防除措施不当，极易造成草荒，给甘薯的产量及品质带来很大影响。

（三）甘薯田杂草的化学防除

甘薯除草重点是扦插后至封垄前，此阶段及时有效的除草对甘薯的优质高产至关重要。

1. 禾本科杂草的化学防除

在禾草单生，而没有阔叶草和莎草的地块，可用氟乐灵、喹禾灵、拿捕净防除。常用的防除方法如下：每亩用48%的氟乐灵乳油80~120ml，对水40kg，于整地后栽插前喷雾注意在30℃以下，下午或傍晚用药，用药后立即栽薯秧。也可用氟乐灵与扑草净混用，每亩用喹禾灵乳油60~80ml，对水50kg，于杂草三叶期田间喷雾。用药时田间空气湿度要大，防除多年生杂草适当加大剂量，用药后2~3h下雨不影响防效。每亩用12.5%拿捕净乳油60~90ml，对水40kg，于禾草2~3叶期喷雾注意喷雾均匀，空气湿度大可提高防效。以早晚施药较好，中午或高温时不宜施药。防除4~5叶期禾草，每亩用量加大到130ml。防除多年生杂草时，在施药量相同的情况下，间隔3个星期分2次施药比中间1次施药效果好。

2. 禾草+阔叶草的化学防除

在以禾草与阔叶草混生而无莎草的地块，可用草长灭药剂防除。每亩用70%草长灭可湿性粉剂200~250mg，对水40kg左右，栽苗前或栽后立即喷雾。要求土壤墒情好，无风或微风，但要注意不能与液态化肥混用。

3. 禾草+莎草的化学防除

对以禾草与莎草混生而无阔叶草的薯田，可以用乙草胺防除。每亩用50%乙草胺乳油60~100ml，对水40kg，栽薯秧前或栽薯秧后即田间喷雾。要求地面湿润、无风。乙草胺对出苗杂草无效，应尽早施药，提高防效。栽薯秧后喷药宜用0.1~1mm孔径的喷头。

4. 禾草+阔叶草+莎草的化学防除

在三类杂草混生的甘薯田，可用果乐和旱草灵防除。每亩用24%果乐乳油40~60ml，对水40kg喷雾。要求墒情好，最好有30~60mm的降水。喷药时，宜下午4:00后施药，精细整地，不能有大坷垃。

三、甘薯配方施肥技术

甘薯是块根作物，根系发达，吸肥力强，其生物产量和经济产量比谷物类高，栽插后

从开始生长一直到收获，对氮、磷、钾的吸收量总的趋势是钾最多、氮次之、磷最少。一般中产类型的甘薯，每生产 1 000kg 薯块，植株需从土壤中吸收氮（N）3.5kg、磷（P_2O_5）1.8kg、钾（K_2O）5.5kg，三种元素比例为 1：0.51：1.57。

施肥方法。甘薯生长前期、中期、后期吸收氮、磷、钾的一般趋势是：前期较少，中期最多，后期最少。施肥的原则是以农家肥为主，化肥为辅，施足基肥，早施追肥。甘薯属于忌氯作物，应该慎用含氯肥料如氯化铵、氯化钾等。

通过连续 3 年测土结果分析看，多数农户栽植甘薯选择中下等肥力地块，土壤有机质含量在 1%~1.3%，土壤中氮相对丰富，磷中等，钾缺乏。根据上述土样检测和调查结果，目前甘薯高产施肥推荐如下技术。①产量指标，亩产 2 500~3 000kg。②地块选择，中上等肥力，机翻深度 20cm 左右，精细整地。③施肥指标，优质农家肥 3 000~4 000kg，化肥：46% 尿素 15~20kg 或 17% 的碳酸氢铵 40~54kg，14% 过磷酸钙 25~35kg，50% 硫酸钾 20~30kg。

施肥方法。尿素或碳酸氢铵的 70%、硫酸钾的 70% 与过磷酸钙全部混合基施，余下的 30% 尿素或碳酸氢铵、30% 硫酸钾在甘薯栽植后 60d 左右追施，可用玉米人工播种器追施。钾肥的选择，可用干草木灰每亩 100~150kg，用时对水喷洒。在甘薯薯块膨大期，可叶面喷施 0.3% 磷酸二氢钾 2~3 次，每隔 5~7d 喷 1 次。

四、甘薯化学调控技术

以食用甘薯为试验材料，进行大田试验，对比施用不同浓度多效唑和缩节胺效果。多效唑和缩节胺是新型的植物生长延缓剂，具有延缓植物生长，促进分薯，增强抗性、延缓衰老的特点。化控剂对甘薯各生育阶段的茎蔓生长和块根产量的影响结果表明：喷施多效唑和缩节胺，可显著增加甘薯分枝数、茎粗、绿叶数、缩短茎长和单株结薯数，提高块根中干物质的分配率，显著提高块根产量。综合甘薯产量指标，在该试验条件下，喷施多效唑 150mg/kg，对薯的增产效果最好，是适宜当地推广的模式。

多效唑和缩节胺均在夏甘薯封垄期（7 月 25 日）进行第一次喷施，以后每 15d 喷施 1 次，共喷施 3 次。

喷化学调控剂 5d 后开始取样，以后每 15d 取样 1 次。方法：取样区内随机选点，每个点选取 5 株，挖出块根、洗净、称鲜重，重复 3 次；块根切片，地上部分为叶片、叶柄和茎蔓，在 60℃ 下烘至恒重。收获期调查植株生长指标，并考察测产区内块根数量；以小区为单位称块根鲜重，计算平均单株结薯数和单薯重。

结果显示，多效唑和缩节胺对茎长均表现出显著效果；与 CK 相比，T1 和 T2 处理减幅分别达到 17.6% 和 20.4%，达极显著水平；T3 和 T4 处理减幅分别达到 9.1% 和 10.4%；多效唑的作用效果更好。

甘薯块根的形成与膨大与茎叶生长发育有密切的关系。已有研究表明，缩节胺对蔓和块根的干重分配百分率无影响，而用 4 000mg/L、8 000mg/L 处理植株有降低蔓的长度和节数的趋势。试验结果表明，喷施多效唑和缩节胺，有效控制甘薯茎的徒长，增加了绿叶数、分枝数和茎粗,增加了产量。可见,喷施化学调控剂有良好效果,有必要对其在不同肥力条件下的施用技术继续进行研究。

大量研究表明,一定浓度的多效唑可有效抑制甘薯的营养生长,促进生殖生长,增加光合速率,提高根冠比,具有显著的增产作用。缩节胺在甘薯封垄期施用最佳,最适量为75g/hm²,缩节胺可抑制甘薯茎蔓的徒长,增加单株结薯数。刘学庆等研究表明,多效唑可显著增加甘薯分枝数,缩短茎蔓节间和叶柄长,减少营养生长能量消耗,利于建立合理群体,增加产量。试验结果表明,喷施多效唑和缩节胺可显著提高干物质在块根中的分配比率,增加产量。

因此,喷施多效唑和缩节胺对甘薯具有显著的增产效果。在试验条件下,喷施150mg/kg的多效唑增产效果最好,是适宜当地推广的模式。

五、甘薯套种芝麻技术

甘薯套种芝麻技术,是将芝麻套种于甘薯垄沟间,这是短生育期直立作物和长生育期匍匐作物间的搭配,可以充分利用空间、地力和光能,提高单位面积的综合产量和效益。甘薯套种芝麻通常对甘薯产量影响较小,每亩可收获芝麻30~40kg。技术要点如下。

(一)正确选择套种方式,合理密植

甘薯起垄种植,垄宽一般70~80cm,一垄种植1行甘薯;每隔3垄甘薯,在甘薯垄沟间种1行芝麻,每亩留苗2 000~2 500株。

(二)因地制宜选用适宜芝麻品种

选用株型紧凑、丰产性好、中矮秆、中早熟和抗病耐渍性强的芝麻品种,以充分发挥芝麻的丰产性能,减少对甘薯生育后期的影响。

(三)加强田间管理

①整地时施足底肥,每亩施氮磷钾复合肥30~50kg。起垄前,每亩用辛硫磷200ml,拌细土15kg均匀施入田内,防治地老虎、金针虫、蛴螬等地下害虫。②春薯地套种芝麻通常在5月上中旬,麦茬、油菜茬甘薯套种芝麻通常为6月上中旬,甘薯封垄前要及时中耕除草、间定苗、培土。芝麻初花期每亩追施尿素3~5kg,增产效果明显。③芝麻成熟后及早收割。

(四)注意事项

①甘薯垄背半腰间套种芝麻,要抢墒抢种,在种植甘薯的同时或之前种上芝麻。②甘薯封垄后要注意清沟培土,防止渍害。③为预防涝害,可将芝麻套种在甘薯的垄背中下部。

第四节　绿色食品(A级)甘薯生产技术规程

为更好地帮助农民实施规范化生产,进一步提高出口甘薯标准化栽培水平,为农产品加工企业提供安全、优质的产品原料,根据国家农产品安全质量标准GB 18406.1《无公害蔬菜安全要求》和 NY/T 391《绿色食品 产地环境质量标准》等，结合菏泽甘薯生产实际制定本标准。

一、范围

本标准规定了绿色食品（A 级）春甘薯的产地环境、生产技术、病虫草害防治、采收、包装、运输、贮存和建立生产档案等。

本标准适用于菏泽绿色食品（A 级）甘薯的生产。

二、规范性引用文件

下列文件中的条款通过本标准的引用而成为本标准的条款。凡是不注日期的引用文件，其最新版本适用于本标准。

GB 4406　种薯

NY/T 391　绿色食品产地环境技术条件

NY/T 393　绿色食品农药使用准则

NY/T 394　绿色食品肥料使用准则

NY/T 658　绿色食品包装通用准则

NY/T 1049　绿色食品薯芋类蔬菜

三、产地环境条件

绿色食品（A）甘薯的产地要选择地势高燥、排灌方便、地下水位低的地块，以土层深厚、疏松肥沃、2~3 年未种植过旋花科作物、pH 值为 7.5~8 的沙壤土或壤土为宜，环境质量应符合 NY/T 391 的规定。

四、生产技术

（一）品种选择

1. 选择原则

应选用丰产、优质、抗病性和抗逆性强的品种。严禁使用转基因品种。

2. 精选种薯

以幼龄和壮龄的健康块根或脱毒品种做种薯，淘汰形状不规整、表皮粗糙老化及芽眼凸出、皮色暗淡等薯块。种薯质量应符合 GB 4406 中二级良种以上的要求。

（二）育苗

1. 育苗床制作

一般按 60%~70% 未种植旋花科作物的田土、30%~40% 经无害化处理的有机肥的比例配制营养土，每立方米营养土中再加入 1.5kg 过磷酸钙或复合肥，充分拌匀并过筛。于温室、大棚等保护地内设置育苗床，铺 20cm 厚营养土，播前浇足水。每亩栽培面积需育苗床 10m²。

2. 种薯处理

阳光下晾晒种薯 1~2d。将种薯置于 56~57℃ 温水中上下不断翻动 1~2min，然后在 51~54℃ 温水中浸泡 10min。在 36~40℃ 环境中催芽，用稻草等覆盖，保持薯皮湿润，4d 后开始萌发时排种。

3. 排种

3 月上中旬，在育苗床上按薯头朝上、后薯斜压前薯 1/3~1/4 处的方式排放种薯，用营养土填满种薯之间的缝隙，再浇 40℃ 左右温水湿润床土，覆盖 2~3cm 厚营养土，覆盖塑料薄膜等覆盖物。每平方米苗床种薯用量 20~25kg。

4. 苗期管理

出苗前保持 30~35℃ 的苗床温度。出苗后及时揭除床面的塑料薄膜等覆盖物，保持 25~30℃，加强光照，小水勤浇，保持土壤湿润，浇水结合通风。采苗定植前 4~5d 炼苗。

5. 壮苗标准

苗龄 30~35d，叶大肥厚，色泽浓绿，苗长 20~25cm，节间短粗，无病虫害。

（三）定植前准备

1. 肥料使用原则和要求

允许使用和禁止使用的肥料的种类按 NY/T—394 的规定执行。宜以经无害化处理的有机肥为主，结合施用无机肥。

全生育期养分以基肥为主，基肥用量应占施肥总量的 70%~80%，追肥占 20%~30%。

2. 整地作畦

定植前 15~20d，每亩施用经无害化处理的有机肥 3 000kg、硫酸钾 10kg、尿素 3kg、磷酸铵 5kg 的基肥，深翻 25~30cm。定植前 5~7d，肥土混匀，耙碎整平，做成畦宽 1.3m、畦高 20~30cm、沟宽 30cm 的栽培畦。

（四）定植

1. 定植期

春栽，10cm 地温稳定在 13℃ 以上时栽苗，4 月中下旬露地定植。

2. 栽插

阴雨天或晴天 15：00 后，随采苗随插苗，每畦斜插 2 行，行株距（70~80）cm×（20~25）cm，每亩栽插 3 200~4 000 株。插苗后浇透水。

（五）田间管理

1. 查苗补苗

栽插一周后查苗补苗，去除弱苗、病虫为害苗；选用壮苗补苗，并浇透水。

2. 中耕、除草、培土

活棵后至封垄，结合浇水追肥，中耕除草 2~3 次，中耕深度由深至浅，结合中耕进行培土，也可用 15%精稳杀得乳油喷雾除草，用药量为 50ml/亩。

3. 追肥

栽插后的 1 个半月内，根据苗情，结合中耕适时追肥，每亩施尿素 10kg，硫酸钾 10~15kg，或穴施经无害化处理的有机肥 1 000~1 500kg，以促进茎叶生长，搭好丰产架子。

4. 浇水

缓苗期不旱不浇水，幼苗期浇小水，从现蕾开始小水勤浇，结薯后期保持土壤湿润，收获前 1 周停止浇水。雨季防止积水。

5. 摘心提蔓

生长过旺时，可采取摘心、提蔓、剪除老叶等措施。

五、病虫草害防治

（一）主要病害
黑斑病、根腐病和斑点病等。

（二）主要虫害
蚜虫、甘薯天蛾、茎线虫和地下害虫等。

（三）主要草害
一年生禾本科杂草。

（四）防治原则
坚持"预防为主，综合防治"的植保方针，优先采用"农业防治、物理防治和生物防治"措施，配套使用化学防治措施的原则。

（五）防治方法

1. 农业措施
实行 2~3 年轮作；选用抗病品种；创造适宜的生育环境条件；培育适龄壮苗，提高抗逆性；应用测土平衡施肥技术，增施经无害化处理的有机肥，适量使用化肥；采用深沟高畦栽培，严防积水；在采收后将残枝败叶和杂草及时清理干净，集中进行无害化处理，保持田间清洁。

2. 物理防治
采用黄板诱杀蚜虫、粉虱等小飞虫；对于甘薯天蛾，在幼虫盛发期，可人工捏除新卷叶虫的幼蛾或摘除虫害包叶，集中杀死，应用频振式灭虫灯诱杀成虫。

3. 生物防治
保护利用天敌，防治病虫害；使用生物农药。

4. 化学防治
（1）药剂使用原则和要求 严格按照 NY/T 393 的规定执行；不准使用禁用农药，严格控制农药浓度及安全间隔期，注意交替用药，合理混用。
（2）黑斑病 用 50%多菌灵可湿性粉剂 1 000~2 000 倍液，或用 50%托布津可湿性粉剂 500~700 倍液浸茎基部 6~10cm 深 10min，随后扦插，防治黑斑病。

（3）根腐病　可用 77%氢氧化铜可湿性粉剂 500 倍液喷雾防治，安全间隔期为 10d。

（4）斑点病　发病初期用 65%代森锰锌可湿性粉剂 400~600 倍液或 20%甲基托布津可湿性粉剂 1 000 倍液喷雾防治，每隔 5~7d 喷 1 次，共喷 2~3 次。

（5）蚜虫　宜每公顷用 50%抗蚜威可湿性粉剂 300g 对水 360kg 喷雾防治，安全间隔期 10d。

（6）甘薯天蛾　用 90%晶体敌百虫 800~1 000 倍液，或 40%乐果乳油 1 000~1 200 倍液、50%辛硫磷乳剂 1 000 倍液、80%敌敌畏乳油 2 000 倍液喷雾防治。

（7）茎线虫病　可用药剂 40.7%毒死蜱乳油或 40%辛硫磷乳油 600 倍液浇施，安全间隔期为 20d。

（8）地下害虫　薯田内地下害虫主要有地老虎、蛴螬等，可用辛硫磷 50%乳油 150~200g 拌土 15~20kg，结合后期施肥一同施下。

（9）杂草　可结合中耕培土除草，也可用 15%精稳杀得乳油喷雾除草，用药量为 50ml/亩。

六、采收

10 月中下旬进入收获期，选择晴好天气陆续采收。采挖过程中尽量注意块根的完整，采收后放在阴凉处，统一包装。产品质量应符合 NY/T 1049 的要求。

七、包装、运输和贮存

（一）包装

1. 包装

应符合 NY/T 658 的要求。包装（箱、筐、袋）应牢固，内外壁平整。包装容器保持干燥、清洁、透气、无污染。

2. 每批甘薯的包装规格、单位净含量应一致

包装上的标志和标签应标明产品名称、生产者、产地、净含量和采收日期等，字迹应清晰、完整、准确。

（二）运输

1. 甘薯收获后及时包装、运输。

2. 运输时要轻装、轻卸，严防机械损伤。运输工具要清洁卫生、无污染、无杂物。

（三）贮存

1. 临时贮存。应保证有阴凉、通风、清洁、卫生的条件。防止日晒、雨淋以及有毒、有害物质的污染，堆码整齐。

2. 短期贮存。应按品种、规格分别堆码，要保证有足够的散热间距，温度以 11~

14℃、相对湿度以 85%~90% 为宜。

八、建立生产技术档案

应详细记录产地环境条件、生产技术、病虫害防治和采收、包装、运输、贮藏等各环节所采取的具体措施。

第十一章　谷子绿色增产技术与应用

第一节　谷子生产概括

谷子，古称稷、粟，亦称粱。一年生草本，茎秆粗壮、分蘖少，叶片狭长披针形，有明显的中脉和小脉，具有细毛；穗状圆锥花序，长 20~30cm，每穗结实数百至上千粒；谷穗一般成熟后金黄色，卵圆形籽实，粒小多为黄色，脱皮后俗称小米。谷子在农业生产中具有重要地位，广泛栽培于欧亚大陆的温带和热带，中国黄河中上游为主要栽培区，其他地区也有少量种植。

谷子起源于我国，是世界栽培最古老的作物，距今已有 8 000 多年历史，具有节水抗旱、耐贫瘠、耐储藏、粮饲兼用的特点，在整个中华民族的发展历史中，对我国农耕文化发展和社会文明进步，均发挥着重要的作用。同时，谷子还是营养均衡作物，含有多种维生素、蛋白质、脂肪、糖类及钙、磷、铁等人体所必需的营养物质，特别符合我国居民饮食结构的需求。

谷子在我国分布广泛，目前，有统计面积的多达 23 个省区，主要分布在山西、河北、内蒙古、宁夏回族自治区（以下简称宁夏）、辽宁、陕西、河南、黑龙江、山东、甘肃、吉林，上述十一个省区谷子面积占全国的 96.9%。主产省区为河北、山西和内蒙古，总产量分别占全国总产量的 25.3%、17.9% 和 15.0%，三省区合计占 58.2%。按行政区分，华北、东北、西北，谷子面积分别占 64.3%、15.6% 和 13.9%；按经济区分，中部、东部和西部，谷子面积分别占 55.6%、32.1% 和 13.2%；按生态区分，西北春谷生态类型区、华北夏谷生态类型区、东北春谷生态类型区，种植面积分别占全国种植面积的 60%、23% 和 17%。

全国通过绿色食品认证并注册的小米产品已有 103 家，其中，山西 10 个，黑龙江 12 个，辽宁 39 个，吉林 15 个，内蒙古 8 个，河北 8 个，山东 7 个，河南 2 个，陕西 1 个；认证的品牌有 83 个，其中，山西和黑龙江各 10 个，辽宁 26 个，吉林 14 个，内蒙古 7 个，河南 2 个，山西 1 个；并在谷子生产优势地区形成了多个谷子规模化生产的基地，如内蒙古的赤峰、河北的武安和易县、山西的沁县和汾阳、辽宁的建平县等。这必将进一步促进谷子产物的区域优势和产业化的形成。

第二节　谷子绿色增产模式及技术

一、谷子绿色增产模式

随着社会经济发展和人民生活水平的不断提高，食品安全与营养平衡越来越被重视，绿色食品、有机食品及健康保健食品等越来越受人们青睐。谷子绿色增产模式也显得越来越重要。当前，谷子绿色增产模式主要围绕选用优质高产抗逆品种、轮作倒茬、深耕整地、绿色配方施肥、地膜覆盖、病虫害绿色防控等。

（一）选用优质高产品种

选用良种是经济有效的增产措施。选用品种要根据当地气候、品种生育期、播种期等综合考虑。品种的生育期必须适应当地的气候条件，既要能在霜前安全成熟又不宜过短，充分利用生长季节提高产量。杂交新品种凤杂4号表现为高产优质抗旱抗倒伏抗叶斑病、抗丝黑穗病抗蚜虫等优良性状，平均公顷产量在9 000kg以上。

（二）轮作倒茬

谷子不宜连作，因连作一是病害严重，特别是谷子白发病，重茬的发病率是倒茬的3~5倍，综合发病率可达到20%以上。二是杂草严重，"一年谷，三年草"，谷地伴生的谷莠草易造成草荒，水肥充足更有利于杂草的生长。三是谷子根系发达，吸肥力强，连作会大量消耗土壤中同一营养要素，致使土壤养分失调。只有通过合理的轮作倒茬才能调节土壤养分，恢复地力，减少病虫害的问题。前茬以豆类作物最佳，麦茬、马铃薯、玉米亦是较好的前茬。在菏泽，种植夏谷其轮作方式主要有以下几种。

豆类→小麦→谷子（夏谷）；小麦→玉米（或大豆）→大蒜→谷子（夏谷）；小麦→玉米（或大豆）→小麦→谷子（夏谷）。

（三）整地保墒

谷子根系发达，需要土层深厚，质地疏松的土壤。因而，种植谷子需要整好地。整地应遵循的原则是：耕深耙透，达到深、细、绵、实的要求，保住地中墒，保证根系下扎。

（四）增施基肥

谷子吸收肥力强，对施肥反应敏感，增施肥料既是谷子高产的保证，也是提高谷子品质的重要的物质基础。因此，推行绿色配方施肥，提高施肥技术水平是夺取谷子高产的重要措施。据测定，每生产100kg一般需要从土壤中吸收氮素2.5~3kg、磷素1.2~1.4kg、钾素2~3.8kg，氮、磷、钾比例大致为1∶0.5∶0.8。

施肥要做到增施农家肥，依产量目标要求进行配方施肥；以有机肥为主，化肥为辅；基肥为主，追肥为辅。

二、谷子绿色增产技术

（一）地块、茬口的选择

谷子适应性虽然很强，菏泽绝大部分耕地适宜种植谷子，但要做到高产，地块选择很重要。好品质的谷子要选择无污染的生态环境良好的地区，避开工业和城市污染，没有工业"三废"、农业废弃物、城市垃圾和生活污水的影响等，地块要平整，排水浇水设施完善，避开风口。谷子种植不能重茬连作，连作会增加病害的发生，而且易生杂草；再有连作会大量消耗土壤中的同种营养元素，地力不易恢复。谷子前茬作物最好是豆类、薯类、麦类、玉米、油菜、大蒜等茬口。

（二）耕地和整地

地块选好后，在前茬作物采收结束，要适时进行翻耕。对一年两作或二年三作的地区来说，种植谷子地块，前茬作物秋播时要深耕或深松，打破犁底层熟化土壤，改善土壤结构，起到保水保墒的作用。另外，深耕也有利于小麦（其他越冬作物）和谷子根系的发育，促进植株健壮和高产优质。夏谷播种前也要及时施肥、灭茬整地。

（三）选择优良品种

根据菏泽当地的气候条件和近几年谷子生产经验，济谷、豫谷、冀谷、中谷系列适应菏泽地力情况。选用优良品种时，有条件的乡村可以进行异地换种，因为大多数作物在同一地区连种几年后会出现产量衰减的规律，同一品种异地换种既能够减轻病害，又能够增加结实率，有明显增产作用。另外，随着谷子生产全程机械化的迅速推进，要力争选择适合机械化生产的常规品种，如豫谷18、豫谷19、中谷1、中谷2、冀谷19、保谷18、保谷19、沧谷5号、济谷16、济谷19、济谷20等，全力提高谷子生产机械化水平。化学除草的区域，尽量选用抗除草剂品种，如冀谷31、冀谷33、冀谷36、衡谷13、济谷15、豫谷21、保谷20、中谷5等，推进谷子简化栽培，降低生产成本，提高谷子生产效益。

（四）种子处理

品种选好后，要对种子进行精选，可以通过过筛或过水的办法来精选种子，过筛能把一些小粒的种子去掉，过水能去掉秕粒，这样就能把饱满、成熟的种子整齐一致的选出来进行播种。精选好种子后，在播前要把种子放在太阳下晒2~3d，然后用水浸泡1d。晒种可以进行杀菌消毒，促进种子后熟；水浸能促进种子内部生发，增强胚的活力，促进发芽。晒好的种子还可在用多菌灵或百菌清混合辛硫磷等一些杀菌杀虫药剂进行拌种，也可用包衣剂包衣，晾晒后播种，以防止白发病和黑穗病等病害及地下害虫的危害。

（五）播期、播量及播深的确定

大蒜、马铃薯、油菜茬要5月下旬播种，夏谷播种期应在6月上旬或中旬，个别早熟品种可根据生产实际，播期推迟到6月底。播种量也要根据土壤墒情、品种特性、种子质量、播种方法和地力因素等情况酌情掌握，以一次保全苗、幼苗分布均匀为原则，一般每亩用种量约1kg，播深在3~4cm，播后要及时镇压，以利种子吸水发芽。

（六）施肥技术

谷子的施肥同其他作物一样，也要把握好基肥、种肥、追肥3个环节。基肥施用量要根据产量确定，亩产400~500kg，每亩应施优质农家肥5 000kg以上，还应增施30~50kg磷肥；亩产200~300kg，应施优质农家肥2 000~3 000kg，磷肥25kg。

种肥主要是指一些复合肥和氮肥，一般都是播种时施在种子侧下方，相距8~10cm，种肥量不宜过多，过多会造成浪费并且容易烧芽。因谷子苗期对养分要求很少，种肥用量不宜过多，每亩硫酸铵以2.5kg为宜，尿素1kg为宜，复合肥3~5kg为宜，农家肥也应适量。

追肥增产作用最大的时期是在谷子的孕穗-抽穗阶段，需要追施速效氮素化肥、磷肥或经过腐熟的农家肥。拔节后到孕穗期结合培土和浇水每亩追施尿素15~16kg、硫酸钾1~1.5kg。灌浆期每亩用2%的尿素溶液和0.2%磷酸二氢钾溶液50~60kg叶面喷施；齐穗前7d，用300~400mg/kg浓度的硼酸溶液100kg叶面喷洒，间隔10d可再喷1次。高产田不加尿素，只喷磷、硼液肥。或喷施或追施，要视具体情况来定。

（七）田间管理技术

一是苗期管理。苗期的管理要以保全苗为原则，所以疏苗要早，定苗要缓，查苗要及时，发现缺苗要及时补种。当幼苗长到4~5叶时，先疏1次苗，留苗量要比计划多3倍，6~7叶时再定苗，温度高时肥水充足往往会出现幼苗徒长的现象，这时要控制水肥进行蹲苗，或深中耕，这样可以加强谷子根系生长，增强抗倒伏能力。

二是灌溉与排水。谷子苗期不灌水，谷子是苗期耐旱，拔节后耐旱性逐渐减弱，特别是从孕穗到开花期是谷子一生中需要水分最多、最迫切的时期，这个时期水分供应充足与否对谷子的穗长、穗码数、穗粒数等产量性状影响很大，若水分供应不足极易造成"胎里旱"和"卡脖旱"，严重影响产量，所以拔节后到开花、孕穗、抽穗、灌浆这一时期要及时灌水，保证谷子生长发育所需水分。灌浆后到成熟基本不再灌水。谷子生长后期怕涝，在谷田应设置排水沟渠，避免地表积水。谷子一生对水分要求的一般规律可概括为早期宜旱，中期宜湿，后期怕涝。

三是中耕与除草。中耕可以疏松土壤，改变土壤结构，起到保水保墒的作用，同时还能除去一部分田间杂草，这都能为谷子生长创造条件，利于谷子的发育，整个生长期到采收一般要进行3~4次中耕，幼苗期、拔节期、孕穗期要各进行1次，谷田中的杂草很多，主要以谷莠子、苋菜等最多，中耕可以去除一些，但还要结合翻耕、轮作倒茬等进行去除，现在多用除草剂进行除草，在应用除草剂时，要结合天气情况来进行，注意应用的方法和用量。

四是后期管理。谷子抽穗以后，要注意排水和浇水，因为这个时期的谷子不耐旱也不耐涝，生育后期要控制氮肥的用量，避免只长叶和茎，植株贪青而影响成熟期，同时也要注意倒伏现象产生。

五是病害的防治。谷子多发病害为白发病、黑穗病、红叶病，要做到早发现、早预防、早治疗，综合采用农业、生物、化学等手段，多方位立体防治模式进行总体把管控。减少病害的发生，确保高产稳产。

六是收获时期。要注意把握好收获时间，不能过早也不能过晚，过早谷粒还没完全成熟，籽粒不硬，水分大，出谷率不高，而且品质不好；收获过晚，容易发生落粒现象，损失很大，当谷子蜡熟末期或完熟初期应及时收获。这时上部叶黄绿色，茎秆略带韧性，谷粒坚硬，收获后进行脱粒，要及时进行晾晒和干燥保存工作。

第三节　绿色食品谷子生产技术标准

一、范围

本标准规定了绿色食品谷子生产的要求、播前准备、播种要求、田间管理、收获、记录控制与档案管理的技术要求。

本标准适用于 A 级绿色食品常规谷子的大田生产。

二、规范性引用文件

下列文件对于本文件的应用是必不可少的。凡是注日期的引用文件，仅所注日期的版本适用于本文件。凡是不注日期的引用文件，其最新版本（包括所有的修改单）适用于本文件。

GB 4404.1　粮食作物种子　第 1 部分：禾谷类

NY/T 391　绿色食品 产地环境技术要求

NY/T 393　绿色食品 农药使用准则

NY/T 394　绿色食品 肥料使用准则

NY/T 658　绿色食品 包装通用准则

NY/T 1056　绿色食品 贮藏运输准则

DB13/T 840　无公害谷子（粟）主要病虫害防治技术规程

三、要求

（一）基本条件

1. 产地环境条件

产地环境条件应符合 NY/T 391 的规定。

2. 气候条件

年无霜期 130d 以上，年有效积温 2 800℃ 以上，常年降雨量在 400mm 以上。

3. 土壤条件

4. 储存条件

有足够的、适宜的场地晾晒和贮存，并确保在晾晒和贮存过程中不混入沙石等杂质，保证不发霉、变质，不发生二次污染。

（二）品种选择原则

选择已审定（鉴定）推广的高产优质、抗病、抗倒能力强、商品性好的适合于本地积温条件的优良品种。种子质量应符合 GB 4401.1 的规定。

（三）农药使用准则

选择的农药品种应符合 NY/T 393 的规定。在生物源类农药、矿物源类农药不能满足 A 级绿色食品谷子生产的植保工作需要的情况下，允许有限度地使用部分中低等毒性的有机合成农药，每种有机合成农药在整个谷子生长期内只使用一次，采用农药登记时的剂量，不能超量使用农药。严禁使用剧毒、高毒、高残留的农药品种，详细见附录 A。严禁使用基因工程品种（产品）及制剂。

（四）肥料使用准则

选择的肥料种类应符合 NY/T 394 的规定。允许使用农家肥料，农家肥卫生标准，见附录 B。禁止使用未经国家或省级农业部门登记的化学和生物肥料，禁止使用重金属含量超标的肥料。

四、播前准备

（一）选地、整地

1. 选地

一般选择地势平坦、保水保肥、排水良好、肥力中上等的地块，要与豆类、薯类、玉米、高粱等作物，进行 2~3 年轮作倒茬。

2. 整地

种植谷子主要结合秋种深耕深松，深度一般要在 20~25cm，做到深浅一致、扣垄均匀严实、不漏耕。夏播谷子，应在前茬作物收获后，及时进行灭茬、耕耙、播种，亦可应用一体机贴茬播种。

3. 造墒

有水浇条件的，在播前 7~10d 浇地造墒，适时播种。无水浇条件的，视节气等雨播种。

（二）施底肥

中等地力条件下，结合整地施入充分腐熟有机肥 30~45m³/hm²；化学肥料可施磷酸二铵 120~150kg/hm²，尿素 150~225kg/hm²，硫酸钾 45~75kg/hm²。根据不同地区土壤肥力的不同，可作相应的调整。

（三）备种

1. 品种选择

选择适合菏泽生产条件、优质、高产、抗病性强的品种，并注意定期更换品种。

2. 种子处理

（1）精选种子　采用机械风选、筛选、重力选择等方法选择有光泽、粒大、饱满、无虫蛀、无霉变、无破损的种子，或采用人工方法：在播前用10%的盐水溶液对种子进行严格精选，去除秕粒、草籽和杂质，将饱满种子捞出，用清水洗净，晾干待播。

（2）浸种、拌种与包衣　执行DB13/T 840中的规定，选择符合绿色食品允许使用的种衣剂进行包衣。

（3）晒种　在播前10~15d，于阳光下晒种2~3d，提高种子发芽率和发芽势，禁止直接在水泥场面或铁板面上晾晒，避免烫伤种子。

五、播种要求

（一）时期

春播谷当耕层5~10cm处地温稳定通过10℃、土壤含水量≥15%时即可播种。一般年份，适播期为5月10日前后。夏播谷一般为6月20日至7月1日。

（二）播种方式

采取等行距、条播方式。种植行距为40cm。播种垄沟深度为3~4cm，覆土厚度为2~3cm，覆土要均匀一致，并及时镇压。

（三）播种量

春播谷为10~15kg/hm²，夏播谷为15~22.5kg/hm²。

（四）适宜密度

春播谷子株距为4.8~5.6cm，留苗密度为45万~52.5万株/hm²。夏播谷子株距为3.3~3.7cm，留苗密度为67.5万~75.0万株/hm²。

六、田间管理

（一）化学除草

可在播后苗前用44%谷友（单密·扑灭）WP 1800g/hm²，对水750L进行土壤处理，防除谷田单、双子叶杂草。

（二）适时定苗

3~4叶期间苗，5~6叶期定苗，间苗时要注意拔掉病、小、弱苗，做到单株、等株距定苗。

（三）中耕、培土

1. 春播谷田

一般中耕锄草三遍。第一遍结合间定苗进行浅锄。第二遍在谷子拔节后、封垄前进行，根据天气和墒情进行深锄培土。第三遍在谷子抽穗前进行，中耕培土，防止倒伏，且尽量不伤根。

2. 夏播谷田

一般在谷子封垅前后进行中耕培土，尽量不伤根。

（四）灌水

要求灌溉用水符合 NY/T 391 中的规定。在抽穗前 10d 左右，如果无有效降雨、发生干旱，需浇水一次，保证抽穗整齐一致，防止卡脖旱，且保证正常灌浆。在多雨季节或谷田积水时应及时排水。

（五）追肥

对肥力瘠薄的弱苗地块或贴茬播种地块，在拔节后孕穗前，结合中耕培土，适当追施发酵好的沼气肥或腐熟的人粪尿、饼肥。也可施尿素 $120 \sim 150 \mathrm{kg/hm}^2$。

（六）病虫害防治

尽量先利用害虫的成虫趋性，使用黑光灯、频振式杀虫灯诱杀，利用糖醋液、调色板诱杀或人工捕捉害虫等物理措施，可以使用生物源类农药、矿物源类农药进行防控，慎用有机合成农药，严格执行 NY/T393 的有关规定。主要病虫害参见附录 C。

七、收获

（一）适时收割

一般在 9 月下旬，当籽粒变硬、籽粒的颜色变为本品种的特征颜色（如黄谷的穗部全黄之时）、尚有 2~3 片绿叶时适时收获，不可等到叶片全部枯死时再收获。

（二）及时脱粒

收获后及时晾晒、脱粒，严防霉烂变质。禁止在沙土场、公路上脱粒、晾晒。

（三）包装、贮藏和运输

包装应符合 NY/T 658 的规定。贮藏和运输应符合 NY/T 1056 的规定，确保验收的谷子贮藏在避光、常温、干燥或有防潮设施的地方，确保贮藏设施清洁、干燥、通风、无虫害和鼠害，严禁与有毒有害、有腐蚀性、发潮发霉、有异味的物品混存混运。

八、记录控制

（一）记录要求

所有记录应真实、准确、规范，字迹清楚，不得损坏、丢失、随意涂改，并具有可追溯性。

（二）记录样式

生产过程、检验、包装标识标签等应有原始记录，记录样式参见附录 D。

九、档案管理

（一）建档制度

绿色食品谷子生产单位应建立档案制度。档案资料主要包括质量管理体系文件、生产计划、产地合同、生产数量、生产过程控制、产品检测报告、应急情况处理等控制文件。

（二）存档要求

文件记录至少保存 3 年，档案资料由专人保管。

第十二章 高粱绿色增产技术与应用

第一节 高粱生产概况

高粱是全球重要的旱粮作物之一，在非洲、亚洲、大洋洲和美洲的 105 个国家和地区均有种植。高粱抗旱、耐盐碱和瘠薄土壤，具有在恶劣的环境下生长的能力被称为"作物中的骆驼"，对世界干旱和半干旱地区的粮食饲料安全及畜牧业发展起着举足轻重的作用。

高粱具有保健和药用价值。中医认为，高粱性味甘、涩、温，有和胃、健脾、止泻等功效。可用来治疗积食、消化不良、湿热、下痢、小便不利等病症。人们常用甘蔗汁来熬高粱粥，具有生津、益气的功效，这对老人痰多咳不出、口干舌燥等病症有显著疗效。由于高粱中含有鞣酸，有消食、止泻的作用，因此慢性肠炎患者可以常用高粱煮粥食用。另外，高粱的营养价值及功效方面的营养还可以体现在对各种疾病的食疗方上，可用来调理四肢无力、消化不良、高血压、腹泻、小便不通等。

2015 年，世界高粱平均每公顷产量 1.58t。中国高粱种植面积排世界第 16 位，总产居世界第 8 位，单产是世界平均单产的 3 倍。近两年，随着种植制度改革不断深入，高粱规模化种植迅速崛起，涌现一批高粱种植专业乡镇、专业村队和高粱种植专业合作社。2017年，菏泽曹县侯集镇、倪集镇集中种植高粱面积近万亩。

国际高粱市场需求增大。在国际市场上，随着酿造业、畜牧业及营养保健食品业的不断发展，对高粱的需求量也会迅速增加。

第二节 高粱绿色增产模式

一、坚持良种优先模式

根据不同区域、不同作物和生产需求，科学确定育种目标。重点选育和推广种植高产优质、多抗广适、熟期适宜、宜于机械化的高粱新品种。

二、坚持耕作制度改革与高效栽培优先

根据不同粮食生产特点、生态条件、当地产业发展需求，选择合理的耕作制度和间作、轮作模式，集成组装良种良法配套、低耗高效安全的栽培技术。

三、坚持农机农艺融合优先

以全程机械化为目标，加快开发多功能、智能化、经济型农业装备设施，重点在深松

整地、秸秆还田、水肥一体化、化肥深施、机播机插、现代高效植保、机械收获等环节取得突破，实现农机农艺深度融合，提高农业整体效益。

四、坚持安全投入品优先

重点推广优质商品有机肥、高效缓释肥料、生物肥、水溶性肥料等新型肥料，减少和替代传统化学肥料。研发推广高效低毒低残留、环境相容性好的农药。

五、坚持物理技术优先

采取种子磁化、声波助长、电子杀虫等系列新型物理技术，减少化肥、农药的施用量，提高农作物抗病能力，实现高产、优质、高效和环境友好。

六、坚持信息技术优先

利用遥感技术、地理信息系统、全球定位系统，以及农业物联网技术，建立完善苗情监测系统、墒情监测系统、病虫害监测系统，指导平衡施肥、精准施药、定量灌溉、激光整地、车载土壤养分快速检测等，实现智能化、精准化农业生产过程管理。

第三节　高粱绿色增产技术

绿色高粱生产要求生态环境质量必须符合 NY/T391 绿色食品产地环境技术条件，NY/T393 绿色食品农药施用准则，NY/T394 绿色食品肥料使用准则，且在生产过程中限量使用限定的化学合成生产资料，按特定的生产技术操作规程生产。

（一）选用早熟良种

按照订单生产的要求，选择生长期短，全生育期 100d 左右早熟品种，如鲁杂 7 号、鲁杂 8 号、鲁粮 3 号、冀杂 5 号、晋杂 11 号等。

（二）抢时早播

麦收后，抢时灭茬造墒，于 6 月上中旬播种，最迟不要超过"夏至"，以早播促早熟，此期温度高，一般 3d 左右就可全苗。播种不可太深，一般掌握在 3~5cm 即可。

（三）合理密植

高粱种植密度应以地力和品种不同而异。中等肥力地块一般每亩留苗 7 000~8 000 株；高肥力地块可亩留苗 8 000~9 000 株。株高 3m 以上的品种每亩可留苗 5 000 株；株高 2~2.5m 以及以下的中秆杂交种，每亩可留苗 7 000 株左右，如鲁杂 8 号等；而像鲁粮 3 号等株高在 2m 以下的杂交种，每亩可留苗 8 000 株左右。

（四）以促为主抓早管

齐苗后及早间定苗；定苗后要中耕灭茬，除草松土，促苗生长。追肥佳期有三个：一是提苗肥：一般定苗后亩追提苗肥尿素 7~8kg，过磷酸钙 15~20kg；二是拔节期肥。也就是 10 片叶左右时，亩追尿素 15~20kg；三是孕穗肥。亩施尿素 5~10kg。原则是：重施拔节肥，不忘孕穗肥。高粱的需水规律是：前期需水少，遇到严重干旱时可小浇；中期需水较多，应及时浇水；后期浇水要防倒。浇水应与追肥相结合，以充分发挥肥效。后期遇大雨要注意排涝。

（五）及时防治病虫害

防治蝼蛄、蛴螬、金针虫等地下害虫，可于播种前用 50% 的辛硫磷乳油按 1:10 的比例与已煮熟的谷子拌匀，堆闷后同种子一起播种或苗期于行间撒毒谷防治；蚜虫可用 40% 氧化乐果乳油 1 500~2 000 倍液喷雾防治；防治钻心虫可于喇叭口期用 50% 辛硫磷乳油 1kg 对细砂 100kg 拌成毒砂，每亩 2.5kg（每株 2~3 粒）撒于心叶；开花末期，高粱条螟、粟穗螟等发生时，可用 20% 速灭杀丁 2 000 倍液喷雾防治。治虫时，不要使用敌敌畏、敌百虫等农药，以防发生药害。

（六）及时收获

高粱籽粒在蜡熟期干物质积累已达最高值，其标志是穗部 90% 的籽粒变硬，手掐不出水。此时收获，产量最高，品质最好。收后经 2~3d 晾晒、脱粒，待籽粒含水量小于 13% 后，即可入库贮存。

第四节　高粱绿色生产技术标准

一、范围

本标准规定了高粱生产的产地环境、品种选择及其处理、选地，选茬与整地、播种、施肥、田间管理、病虫害防治、收获等技术规程。

二、规范性引用文件

下列文件中的条款通过本标准的引用而成为本标准的条款。凡是注日期的引用文件，其随后所有的修改单（不包括勘误的内容）或修订版均不适用于本标准，然而，鼓励根据本标准达成协议的各方研究是否可使用这些文件的最新版本。凡是不注日期的引用文件，其最新版本适用于本标准。

GB 3095　大气环境质量标准

GB 4404.1　粮食作物种子禾谷类

GB 15618　土壤环境质量标准

三、产地环境

（一）气候条件

无霜期 140d 以上，≥10℃活动积温 2 800℃以上，年降雨量在 400mm 以上。

（二）土壤环境

土壤环境质量应符合 GB 15618 要求。

（三）空气质量要求

空气中的各项污染物限值应符合 GB 3095 大气环境质量标准。

四、品种选择及其处理

（一）品种选择

根据生态条件，因地制宜地选择经审定推广的优质、高产、抗逆性强的品种。种子质量要达到 GB4404.1 规定的一级良种标准。

（二）种子处理

1. 晒种

播前 15d 将种子晾晒 2d。

2. 发芽率

播前 10d，进行 1~2 次发芽试验。

3. 浸种消毒

播种前 2d，用 45~55℃温水浸种 3~5min 晾干，用 25% 粉锈宁可湿性粉剂 40~80g，或 40% 拌种双可湿性粉剂 400g 拌种子 100kg，阴干后播种。

五、选地、选茬与整地

（一）选地

选择耕层深厚、肥力中上、保水保肥及排水良好的地块，土壤有机质含量应在 1% 以上，pH 值为 7.5~8。

（二）选茬

前茬选择未使用剧毒、高残留农药的大豆、小麦、玉米茬，不宜重、迎茬，一般轮作周期 3~4 年。

（三）整地

春高粱要尽早秋耕、晒伐、蓄墒，经冻融达到地面平整，土壤细碎。夏高粱麦收后及时灭茬，达到待播状态。

六、播种

（一）播期时间

春播土壤表层 5cm 深度的地温稳定通过 10℃时为适宜的播种期。一般 5 月下旬为宜。

（二）播种密度

垄距 50~60cm，采用机械精量点播。高秆杂交品种保苗 6 500~7 000 株/亩。中矮秆杂交种在高水肥条件下，保苗 8 000~10 000 株/亩。

（三）播深

镇压后播深达到2cm，做到深浅一致，覆土均匀。

（四）播种量

一般1~1.55kg/亩。

七、施肥

（一）农肥

亩施腐熟的农家肥2 500~30 000kg/亩。

（二）化肥

播种时施磷酸二铵8~10kg/亩、硫酸钾3.5~5.0kg/亩或高浓度三元复合肥，养分含量为35%~45%，15kg/亩做种肥。施肥时种子与肥保持3~5cm距离，防止烧种。

八、田间管理

（一）查苗补种

出苗后及时查苗，发现缺苗及时用催芽的高粱种坐水补种或坐水移栽。

（二）间苗

3~4片叶时，进行间苗除双，5~6片叶时定苗，去掉劣病苗、小苗、弱苗，留健壮苗。

（三）中耕除草

结合定苗，浅锄一次，拔节前深中耕一次。

（四）施拔节肥

结合浇水追施尿素20~25kg/亩。

（五）浇水

在拔节至抽穗期，遇干旱时应浇拔节水和孕穗水。

（六）中耕培土

在拔节至孕穗期，追肥后及时进行中耕培土。

（七）肥水管理

1. 肥的管理

抽穗后视高粱长势情况补施粒肥，一般3.5~5.0kg/亩尿素。

2. 水的管理

遇干旱浇灌浆水，雨多时，应及时排水。

九、病虫害防治

（一）农业防治

因地制宜选用抗逆性强的优良品种；采用合理耕作制度、轮作倒茬等措施。

（二）生物防治

1. 在高粱螟虫产卵期，应放赤眼蜂 1 万~2 万头/亩进行防治。

2. 用总孢子量 10~12 万亿个，按 1∶10 比例与煤渣或细沙混匀的颗粒剂，向喇叭口撒施，或用 Bt 颗粒剂撒入心叶里，0.5~0.75kg/亩进行防治。

（三）化学防治

1. 地下害虫

高粱的主要地下主要害虫有蝼蛄、蛴螬。采用 5%辛硫磷颗粒剂 2.0kg/亩播种期撒施。可选用 40%乐斯本乳油 400ml/亩拌毒土穴施。或 40%的甲基异柳磷乳油。拌种：500ml 加水 50kg 拌 500k~600kg 种子；毒土：用药 150~200ml/亩，以 1∶50∶150（药、水、土）比例拌毒土，穴施；毒饵：用药 100~150ml/亩，以 1∶50∶150（药、水、土）比例拌麸皮、玉米粉制成毒谷，穴施。

2. 主要地上害虫

（1）黏虫　可选用 50%高效低毒低残留农药辛硫磷乳油，30~50ml/亩、10%氯氰菊酯乳油 10~40ml/亩、2.5%溴氢菊酯乳油 30~40ml/亩，对水 30k~50kg 喷施。

（2）蚜虫　可选用吡虫啉、抗蚜威等杀虫剂防治或选用 2%苏·阿可湿性粉剂，用量 50~60g/亩，对水 30k~50kg 喷雾防治。

3. 主要病害防治

（1）高粱丝黑穗病　可用 2%立克秀按种了重量的 0.1%~0.2%拌种（米汤拌种）或 50%禾穗胺按种了重量的 0.5%拌种子。或用 20%粉锈宁乳油 100ml，加少量水，拌种 100kg，摊开晾干后播种。或 5%烯唑醇拌种剂 300~400g 拌 100kg 高粱种子。

（2）高粱紫斑病　播种前用 15%粉锈宁拌种，每千克种子拌粉锈宁 4g。

十、收获

9 月末 10 月上旬，在高粱籽粒达到蜡熟末期时，为最佳收获期。机械化收获要边收边及时晾晒，避免发酵或霉变。

第十三章　绿豆绿色增产技术与应用

第一节　绿豆绿色增产模式与技术

一、绿豆地膜覆盖绿色增产模式

绿豆地膜覆盖栽培包括起垄覆膜、平覆膜、双沟覆膜、膜侧种植等多种方式，随着农业机械化程度的提高，绿豆地膜覆盖种植可一次实现耕翻、整地、起垄、铺膜、播种、覆土等机械化作业，实现农机与农艺的完美结合，且操作简便，机具简单，省工省时，增产增收效果显著，具有广阔的推广前景。

（一）绿豆间作套种绿色增产模式

绿豆对光照不敏感，较耐阴，生育期短。利用其株矮、根瘤能固氮增肥的特点，与玉米、高粱等高秆作物间种可以达到一地两收、一年多收、肥田增效的作用。常见的有玉米/绿豆间作、高粱/绿豆间作、绿豆/西瓜间作、绿豆/地瓜间作、绿豆/花生间作等多种间作套种模式。

（二）绿豆绿色生态增产模式

主要包括选用优质高产抗病良种、换茬轮作、平衡配方施肥，推行病虫害生物及物理防治技术等，在此不再细述。

二、绿豆绿色增产技术

（一）播种时间

一般春播在 4 月中下旬到 5 月上中旬。夏播绿豆要尽量早播，一般在 6 月中下旬播种，要力争早播。

（二）密度

绿豆喜欢单株生长，不论点播或条播都不能留簇苗、双苗。单一种植宜条播或点播。株行距（15~17）cm×（40~50）cm，播种量一般大于所需苗数的 3~4 倍，亩播 1.5~2kg，密度 8 000~10 000 株。出苗后早间定苗，亩播种量一般 1.5~2kg。株距 13~16cm，行距 40cm 左右，每亩留苗 1 万~1.25 万苗。采用直立型和丛生型品种，行距为株高的 1~1.2 倍，株距为株高的 1/4~1/3，每亩为 6 000~15 000 株，半蔓生为 4 000~6 000 株/亩，蔓生为 3 000~4 000 株/亩。

第二节　绿豆绿色生产技术标准

在 A 级绿色绿豆标准化生产过程中，产地环境应符合《NY/T 391—2000》绿色食品产地环境技术条件的规定，农药使用应符合《NY/T 393—2000》绿色食品农药使用准则的规定，肥料使用应符合《NY/T 394—2000》绿色食品肥料使用准则的规定。

一、选地整地

（一）地块选择

绿豆绿色生产地应选择生态环境良好，无或不直接受工业"三废"及农业、城镇生活、医疗废弃物污染，远离公路主干道，无与土壤、水源有关的地方病的农业生产领域。符合国家 NY/T 391《绿色食品产地环境质量条件》标准规定。要求土层深厚、有机质含量较高、近两年没种过绿豆的中壤地。

（二）整地施肥

整地要做到上虚下实，地面平整。施用的肥料品种应符合国家 NY/T 394《生产绿色食品的肥料使用准则》有关标准规定，达到绿色无公害要求。施肥原则上应以有机肥和无机肥配合施用。春播区要进行秋深耕，亩施有机肥 5 000 kg 左右，早春进行三墒整地，做到疏松适度，地面平整，满足绿豆生长发育的需要。夏播区多在麦后复种，收麦后要争时间，抢速度及早浅犁灭茬，整地下种。

二、轮作倒茬

绿豆连作，根系分泌的酸性物质增加，不利于根系生长，若多年连作，土壤噬菌体繁衍，抑制根瘤菌的活动和发育。因此种绿豆的地块必须进行轮作倒茬。实践证明，一般轮作 2~3 年为宜，最好前茬是禾谷类作物的小麦、玉米、高粱及马铃薯等。

三、选种拌种

（一）选用优质高产良种

选用高产、优质、早熟、抗病、抗虫品种，借以避免或减少施农药，确保无超量残留。目前状况下，尚无完全抗病虫品种，应选用中绿 1 号、豫绿 2 号、豫绿 3 号、冀绿 2 号等品种为宜。播前对绿豆种子要进行精选，清除秕籽、小粒、杂粒，选用大粒、饱粒作种子。选出之后摊在席子上晒 1~2d，以增强活力，提高发芽势。

（二）搞好药肥拌种或包衣

绿豆根有共生根瘤，可以固定空气中的游离态氮，播种前每亩用 80g 根瘤菌拌种或 5g 钼酸铵拌种可增产 10%~20%；另外用 1%的磷酸二氢钾拌种，也能增产 10%左右。

四、适期播种

绿豆的生育期短，播种期较长。一般春播区于4月底到5月初下种，夏播区于收麦后至6月底下种。播种方法有条播、穴播或撒播三种，大面积种植以机械条播为主，小面积种植以穴播为宜。播种量要依据种子质量、播期和播种方式确定，一般条播田或穴播田亩播2~2.5kg，撒播田每亩4~5kg。一般条播行距20~27cm，穴播田行距27cm，每穴3~4粒，播后要视情镇压。

五、田间管理

（一）前期管理

苗期主要以长根、茎、叶为主，应主攻全苗壮苗。重点抓好一锄二定三追肥。即出苗后至开花前要中耕2~3次，提温、疏土、灭杂草；当第二片真叶展开后要进行定苗，去弱留壮，实行单株管理。一般直立型品种，亩留苗0.8万~1.2万株，半蔓生型品种亩留苗0.6万~1.0万株；高水肥地亩留0.7万~0.9万株，中水肥地亩留0.8万~1.1万株，瘠薄地亩留1.1万~1.4万株。幼苗期根瘤还未形成，亩追2~3kg尿素和适量过磷酸钙，有利幼苗的生长发育。

（二）中期管理

蕾花期是生长最旺盛的时期，也是营养生长和生殖生长同时并进的时期，应以保花保荚为中心，抓好中期培土和抗旱排水工作。在封垄前结合中耕进行培土，可起护根防倒、促根生长的作用。如遇夹秋旱时，水地要浇水一次，可延长开花时间，以促进籽粒饱满。若于雨涝积水时要及时排水，以减少病害发生。

（三）后期管理

生长后期根、茎、叶已逐渐衰老，应以保叶、保花、增粒重为主，适时防旱排涝加强管理，喷施叶面肥，防治病虫灾害。

六、防治病虫

绿豆生育时期的主要病害有根腐病、病毒病、叶斑病、白粉病等；主要虫害有地老虎、蚜虫和红蜘蛛等。应以农业防治和生物防治为主，药剂防治为辅。

（一）农业防治

选用抗病品种和无病种子；与禾本科植物倒茬轮作，做到不重茬，不迎茬；深翻土地，清除田间病株。

（二）生物防治

注意保护瓢虫、食蚜蝇及草蛉等蚜虫天敌，防治蚜虫为害。

（三）药剂防治

用种子量0.3%的百菌清可湿性粉剂和种子量0.1%的50%辛硫磷乳油混合拌种，既可防病，又可治虫。用 75% 百菌清可湿性粉剂 600 倍液，或用 50% 多菌灵可湿性粉剂 600 倍液喷洒，可防治上述病害；苗期亩用 90% 的敌百虫 100g 喷粉防治地老虎，亩用 40% 乐果乳油 75ml 对水 50kg 喷雾防治蚜虫，亩用 50% 马拉硫磷乳油 75ml 1 000 倍液防治红蜘蛛；花荚期亩喷 10% 氯氰菊酯乳油 40ml 2 000 倍液，可防治螟虫类害虫。

药剂防治时，施用的农药必须符合国家 NY/T 393《生产绿色食品的农药使用准则》和农药安全标准，且在整个生育期内只允许喷施 1 次，以防农药残留量超标。农药喷洒器具，要采用符合国家标准要求的器械，保证农药施用效果和使用安全。

七、适时收获

绿豆有分期开花、结实、成熟的特性，有的品种还多出现"炸荚落粒"现象，因此适时收获非常重要。一般在植株上有 60%~70% 的豆荚成熟时，可开始收摘，以后每隔 6~8d 收摘 1 次。对于大面积生产的绿豆地块，人工采摘有困难，则应选用熟期一致、成熟时不炸荚的绿豆品种如豫绿 3 号等，待 70%~80% 的豆荚成熟后，在早晨或傍晚时收获。

第五篇　粮经饲协调发展技术

第十四章　粮经饲多元结构发展状况

第一节　膳食结构的改变引导种植结构多元化

民以食为天，在人民温饱未解决之前，传统膳食主要指粮食，而把蔬菜、肉蛋奶鱼等动物食品视为次要。随着商品经济的发展，社会主义市场经济体制的建立，大农业经济结构的形成，人民温饱问题的基本解决，膳食结构已发生了显著的变化，全国人均口粮消费量稳定，畜产品需求增加。满足需求就要发展畜牧业，要优先发展饲草饲料产业。种植业结构就要由二元结构调整为三元结构。

一、三元结构的概念

"粮经饲"三元种植结构是在以粮食作物为主、经济作物为辅的二元结构的基础上，把饲料生产从粮食生产概念中分离出来，安排一定面积土地和适当的作物茬口来生产饲料，逐渐使饲料生产成为一个相对独立的产业，将人畜共粮的种植模式改变为人畜分粮，粮食作物、经济作物和饲料作物生产协调发展的种植模式。从种植制度上说，就是要安排一定的饲料作物生产面积和饲料作物茬口，粮食作物、经济作物和饲料作物三种作物茬口合理配置。而在生产方式安排上，可采用粮、经、饲作物多熟复种轮作和多元间作套种，发展多用途、多功能作物。

在我国已经具备较强的粮食生产能力和国际粮食大流通已经形成的条件下，2017 年年初，我国提出了优化农业结构和加快农业现代化，并出台多个文件支持深化农业结构调整。这其中就包括国家号召广大种植户积极探索"粮经饲"三元种植模式，将"粮食—经济作物"二元结构逐步转向"粮食—经济作物—饲料作物"三元结构，进而促进草食畜牧业加快发展。

二、国民消费变化引导种植结构调整

据华南农业大学研究，改革开放以来，特别是进入 21 世纪以来，伴随着我国经济的

快速发展，城乡居民收入水平大幅度提高。其中，我国城镇居民的家庭人均可支配收入由 2000 年的 6 280 元提高至 2015 年的 31 790 元，扣除物价上涨因素后实际增长约 5.01 倍；农村居民的家庭人均纯收入由 2000 年的 2 253.4 元提高至 2015 年的 10 772 元，扣除物价上涨因素后实际增长约 4.73 倍。城乡居民的实际购买能力大大提高，人民生活水平得到了显著提升。城镇居民的恩格尔系数由 2000 年的 39.4% 下降至 2015 年的 34.8%，持续保持在富裕阶段；农村居民的恩格尔系数由 2000 年的 49.1% 下降至 2015 年的 37.1%，实现了由小康阶段向富裕阶段的跨越。我国食品消费结构在过去的 30 多年间也发生了巨大变化。

1985—1990 年肉类、水果和鸡蛋具有较高的支出弹性；王恩胡等分析了 1981—2004 年我国城乡居民的食品消费结构演进，发现粮食消费量不断下降，肉、奶、蛋等动物性食品和果蔬等园艺产品的消费量持续增加；我国食品消费结构的地域性差异，吴林海等分析发现东部发达地区的水产品和奶制品，西部地区的肉禽及其制品，中部地区的粮食以及东北地区的酒类消费量最高，并认为经济发展水平和消费习惯的差异是导致食品消费结构地域差异性的主要原因；胡冰川等考察了城镇化背景下我国食品消费的演进路径，观察到我国的食品消费不仅具有典型的区域特征，在空间上还呈现渐次递进的特点；王德章等提出食品消费结构升级的方向不仅仅是各类食品消费比重的变化，另一个非常重要的表现是无公害、绿色、有机食品消费量的提升。而食品来自于农业，那食品消费结构变迁对农业产业发展有巨大的影响。如黄宗智在《中国的隐性农业革命》一书中提出，改革开放以来中国农业的发展虽相对滞后于第二、第三产业，但仍取得了非常瞩目的成绩，农业产业结构也发生了根本性变化，而其主要的动力是国民经济发展特别是非农部门收入提高后所引致的人民消费需求结构的变化，特别是畜、禽、鱼和菜、果需求的大幅度提升，这种需求结构的变化导致了农业结构的转化及农业本身的一系列变化，并将其称之为"隐性农业革命"，称之为"隐性"的原因在于这种由食品消费结构转化所引起的农业产业发展本身不易被察觉。

三、二十一世纪以来我国副食品消费增加

（一）城乡居民主要食品消费量趋于稳定

食品消费结构的变化是一个动态演化的过程，在不同的经济发展阶段呈现出不同的特点。2000 年之后，城镇居民家庭平均每人全年购买主要农产品数量发生变化。粮食消费由 82.3kg 下降至 2012 年的 78.8kg，降幅缓慢；猪肉消费从 2002 年开始稳定在 20kg 附近；牛羊肉消费一直维持在 3.0~4.0kg；家禽消费在 2000—2007 年期间波动上升，从 2009 年开始保持在 10kg 以上；水产品消费的增长幅度稍高，由 2000 年的 11.7kg 波动增长至 2012 年的 15.2kg；鲜奶消费在 2008 年之前经历了一个先增长后缓慢下降的过程，2008 年之后保持在 14kg 左右；鲜菜、水果、食用植物油和鲜蛋的消费波动较小；酒类消费由 2000 年的 10kg 下降为 2012 年的 6.9kg，下降幅度较大，这一方面可能与城镇居民更加注

重身体健康有关，另一方面特别是 2010 年之后，也与公安交警严抓酒驾和酒驾入刑密切相关。

总体上来看，2008 年之前，水果、猪肉、家禽、水产品和鲜奶的消费量呈现出小幅波动状态，我国城镇居民食品消费结构处在一个相对稳定期；2008 年前后，受经济危机的影响，物价普遍上涨，通货膨胀较为严重，对城镇居民食品消费造成了一定冲击，粮食、水果、家禽、水产品等的消费明显降低；2008 年之后，城镇居民食品消费结构波动进一步缩小，进入了基本稳定期。

我国农村居民的食品消费结构变化，农村居民家庭平均每人主要食品消费量，一方面具有结构调整期的特征，即消费涨跌幅度较大，例如，粮食（原粮）的消费从 2000 年的 250.2kg 下降持续至 2012 年的 164.3kg，降幅达 34.33%；蔬菜消费由 106.7kg，下降至 84.7kg，降幅约 20.62%；水产品的消费由 3.9kg 上升至 5.4kg，涨幅约为 38.46%；酒类消费由 7.0kg 增长至 10.0kg，增幅达 42.86%；奶制品消费由 1.1kg 逐年上升至 5.3kg，增长超 5 倍多，变化尤为明显。另一方面又具有食品消费结构变化中相对稳定期的特征，例如肉禽及制品的消费量由 18.3kg 上升至 23.5kg，蛋及制品消费由 4.8kg 上升至 5.9kg，水产品消费由 3.9kg 上升至 5.4kg，瓜果及制品消费由 18.3kg 上升至 22.8kg，坚果及制品消费由 0.7kg 上升至 1.3kg，均呈现小幅度波动上升趋势，食油和食糖的消费基本稳定在 7kg 和 1kg 左右。

（二）城乡居民食品消费动物类食品增加，膳食结构不断优化

在主要食品消费量不断趋向稳定的同时，城乡居民食品消费的膳食结构也不断合理化。就城镇居民而言，2000—2012 年粮食、鲜菜、水果等植物性食品的消费量呈现小幅波动下降的状态，与此相对，猪肉、家禽、水产品、鲜奶等动物性和高蛋白类食品的消费量一直小幅波动上升；就农村居民而言，其膳食消费结构的整体变化趋势与城镇居民类似，即在粮食（原粮）、蔬菜等食品消费下降的同时，肉禽及制品、蛋及制品、奶及制品、水产品的消费也在不断上升。总体上，我国城乡居民食品消费已实现从数量型向质量型的转变，进入了更为注重营养均衡、膳食合理的新时期。

（三）城乡居民食品消费结构差距逐渐缩小

受城乡居民收入水平差异的影响，我国城乡居民食品消费结构的差距必然存在，并且在短期内这种差距也不可能完全消除，但随着我国城乡一体化进程的加快，可以预测，城乡居民生活水平和消费结构的差距也将会越来越小。2012 年之后我国城乡居民人均主要食品消费量显示，2013—2015 年城乡居民在粮食（原粮）、蔬菜及食用菌、奶类及鲜干瓜果类食品上的差距仍然较大，人均消费量分别相差 57.2kg、13.2kg、11.4kg 和 21.6kg，但不难看出，这种差距逐渐慢慢缩小。另外，肉类、禽类、水产品和蛋类消费的差距已较小，食用油和食糖消费城乡居民基本持平。

（四）加工类食品消费需求快速攀升

伴随着城乡居民消费结构由生存型消费向享受型消费的转变，人们对各类加工食品的需求也在逐步攀升，《中国食品工业年鉴》的统计数据显示，2000 年我国食品工业的总产值仅有 0.66 万亿元，到 2010 年就达到了 6.1 万亿元，2015 年更是突破了 11.34 万亿。另外，近年来，新型的休闲食品、功能性食品、冷冻食品、旅游食品等也越来越受到消费者的青睐。以休闲食品为例，其所在行业产值规模不断扩大，其中，肉制品及副产品加工的产值由 2006 年的 1 205.2 亿元增长至 2011 年的 3 235.3 亿元；蔬菜、水果和坚果加工产值由 2006 年的 920 亿元增加至 2011 年的 3 351.3 亿元；方便食品、烘焙食品、糖果、巧克力及蜜饯制造、鱼糜制品及水产品干腌制加工产业也均实现较大幅度增长，各类休闲食品产值规模逐年提升。

（五）绿色食品需求量和消费量持续提升

随着城乡居民食品安全消费意识和人均收入水平的逐步提高，更多的消费者开始选择价格稍高的绿色食品。近十几年来，我国绿色食品发展迅速，年销售额、内销额、当年认证绿色食品的企业数、有效使用绿色食品标志的企业总数、当年认证绿色食品的产品数、有效使用绿色食品标志的产品总数均实现大幅度提升，其中绿色食品的内销额由 2000 年的 383.4 亿元增长至 2015 年的 4 241.2 亿元，增长约 11 倍，也从侧面反映出我国消费者对绿色优质食品需求量和消费量不断提升的趋势。

四、我国食品消费结构与农业产业发展关系分析

人们收入的增加导致了食品消费结构的变化，为了分析食品消费量的变化与我国农业产业发展的关系如何，我们对《中国统计年鉴》2001—2015 年和《中国农村统计年鉴》2001—2015 年中，2000—2014 年的相关数据作了进一步探究。将我国居民人均粮食消费量、果蔬消费量、肉禽及制品消费量以及水产品消费量分别与谷物及其他作物产值、果蔬产值、畜牧业产值和渔业产值（按当年价格计算）做相关分析。2012 年之前，人均粮食消费量以城镇居民人均粮食消费量和农村居民人均粮食（原粮）消费量的平均值代替；人均果蔬消费量以城镇居民人均鲜菜、水果消费量和农村居民人均蔬菜、瓜果及制品消费量的平均值代替；人均肉禽及制品消费量以城镇居民人均猪肉、牛羊肉、家禽、鲜蛋、鲜奶消费量和农村居民人均肉禽及制品、蛋及制品、奶及制品消费量的平均值代替；人均水产品消费量以城镇居民人均水产品消费量和农村居民人均水产品消费量的平均值代替。2012年之后，人均粮食、果蔬、肉禽及制品、水产品消费量则均直接来自于《中国统计年鉴》中全国居民人均主要食品消费量相关数据。

分析结果有三个特点。

（一）粮食、果蔬消费与我国农业产业发展的关系负相关

根据分析结果，人均粮食消费量与谷物及其他作物产值的相关系数为 -0.746 3，具有统计学意义，故认为谷物及其他作物的产值与人均粮食消费量之间存在负相关关系；人均果蔬消费与果蔬产业产值的相关系数是 -0.929 5，表明果蔬产值与人均果蔬消费量之间存在显著的强负相关关系，即随着城乡居民粮食和果蔬人均消费量的下降，谷物及其他作物

的产值、果蔬业产值不但没有下降，反而呈现出不断上升的趋势，这说明粮食类和蔬菜类的消费对农业产业发展所带来的影响是极为有限的，因人均粮食消费量、人均果蔬消费量的降低对农业产业发展带来的负面影响，已经被其他促进农业产业发展的因素所抵消。因此，进一步促进粮食和果蔬产业的发展，关注点不应该集中在城乡居民的消费量上，而是应该探寻影响粮食和果蔬产业产值迅速增长的其他关键因素。

（二）肉禽及制品消费与我国畜牧业产业发展呈正相关

人均肉禽及制品消费量与畜牧业产值的相关系数是 0.818 2，在 1%的水平显著，说明人均肉禽及制品消费量与畜牧业产值之间存在强正相关关系。一方面，猪肉、牛羊肉、家禽及蛋、奶制品等动物性食品属于高附加值产品，人均消费量的增长，推动了我国畜牧产业的快速发展；另一方面，畜牧业产业的快速发展也为消费者提供了更多种类丰富、品质优良的产品。因此，肉禽及制品消费结构的变化和畜牧业产业的发展属于一种相互促进、协调演进的关系。

（三）水产品消费与我国渔业产业发展呈正相关

人均水产品消费量与畜牧业产值的相关系数是 0.815 06，在 1%的水平显著，说明人均水产品消费量与渔业产值之间存在强正相关关系。水产品不仅味道鲜美，营养价值也极高，能够为人体提供易被消化吸收的优质蛋白，同时其富含人体所需各种维生素和矿物质，脂肪、胆固醇、钠含量又不高，因有益于身体健康而受到消费者的欢迎。根据《中国食物与营养发展纲要（2014—2020 年》，到 2020 年人均水产品消费量要达到 18kg，而当前全国居民人均水产品消费量只有 10kg 左右（其中农村居民只有 7kg 左右），另外，随着人们消费观念的转变，越来越多的消费者开始食用冰鲜冷冻水产品，加之外出就餐越来越常态化，因此未来几年我国人均水产品消费量还有较大提升空间。

五、食品消费结构变迁对我国农业产业转型的影响启示

总的来说，当前我国食品消费结构已经实现由数量型向质量型、由生存型向享受型的转变。城乡居民食品消费需求将进一步朝着多样化、优质化、安全化的方向发展。食品消费结构变迁是农业产业转型的重要推动力，今后我国农业产业的转型和优化也需与食品消费结构协调发展，顺应食品消费结构的变化趋势。

第一，顺应多样化的食品消费需求，大力发展农产品加工业。通过对我国食品消费的分析可知，城乡居民的食品消费不仅呈现出对粮食、果蔬、肉禽、水产、蛋、奶等多样化的需求，而且对各种各样加工食品的需求量也在不断攀升。因此，促进我国农业产业转型升级发展就要顺应这种消费趋势的变化，提高农产品初加工和深加工水平，延长农业产业链，提高农产品的附加值，同时还要大力培育农民专业合作社、农业加工龙头企业，推进农业的产业化经营，进而扩展我国农业产业发展的深度和广度，提升农业发展的空间。

第二，顺应优质化的食品消费需求，重点发展畜牧肉禽水产产业。从上述分析可知，无论是城镇居民还是农村居民，对肉、禽、鱼、奶、水产品等优质高蛋白类动物性食品的

消费量、边际消费倾向和需求收入弹性等均较高，需求量较大，而粮油、蛋类、果蔬消费基本趋于稳定。因此，在保障粮食、果蔬等基本供应量的前提下，可以集中更多优势农业资源来重点发展畜牧、肉禽、水产这几类技术和劳动力密集型的高附加值产业。既可以满足消费者的消费需求，又可以增加农民收入，促进农业增产增效。

第三，顺应安全化的食品消费需求，积极发展绿色有机食品产业。几年来，一系列食品质量安全事件严重打击了我国消费者的食品消费信心，也使得相关农业产业蒙受了巨大的经济损失。在消费者越来越注重食品质量安全的今天，大力推动绿色、有机食品产业的发展，解决优质农产品的供给问题是一种必然的趋势，对于全面提高食品的质量安全水平，保障消费者的身体健康和生命安全、促进农业现代化和我国农业产业的转型升级具有重要意义。

第二节　粮经饲多元结构发展现状

粮经饲三元结构的内涵，就是把饲料作物从现行种植业粮食作物和经济作物二元结构中分化出来，形成粮、经、饲三元种植结构。这是产业进化的要求，也是产业分化的必然结果。因为只有这种三足鼎立的种植结构才是支撑大农业农牧（渔）生态经济系统物质循环和能量转换的最稳定的基本种植结构。因此探讨粮、经、饲三元结构的途径是当前和今后十几年、几十年农业结构调整的重点内容之一。

我国大农业农牧（渔）经济结构建立之后，牧渔业有了较快增长，可是种植业还没有彻底跳出二元结构的圈子，始终是在粮、经（含菜）或水旱作物之间变动，没有真正分化出饲料种植业来。这种结构性的隐患，曾经一度使饲料用粗粮价格刚性增长，饲料用粮食价格左右了粮食市场。对饲料种植业若不给予名正言顺的位置，则难以使大农业发展有个稳固的种植业支持结构，难于适应国民消费结构的变化，干扰了农牧（渔）业生态经济系统的良性循环，必将导致制约整个农业经济的健康发展。

饲草是畜牧业生存的基础，是一切畜产品安全生产的源头，是保障畜牧业可持续发展的根本动力，饲草产业对于畜牧业的发展具有十分重要的战略意义。我国草地面积居于世界首位，但是我国的牧草行业发展与发达国家相比仍处于初级阶段，随着近几年国内畜产品加工业的快速发展，以及对牧草行业的带动，我国草业已经从单纯的草原畜牧业，逐步发展成为涵盖资源与生态保护、草地畜牧业、草地农业、城乡绿化、草业科技教育以及草产品生产经营等多领域的新兴产业。饲草产业化也因具有广阔的市场空间与巨大的发展潜力已逐步被各界人士所看好。推进我国草业的发展，对于促进我国农村经济的可持续发展和农村生态环境的改善有着重要的现实意义。

世界上畜牧业发达的国家大多数以粮食为后盾，而我国粮食产量虽然位居世界前列，但由于人口众多，人均占有粮食并不多，若将大量粮食留作饲料粮，就会造成畜与人争粮的紧张局面。因此，如何解决饲料问题，就成为当前畜牧业发展亟需解决的重要问题。根据国家提出的畜牧业发展的重点来看，要在稳定生猪和禽蛋生产的基础上加快发展牛羊肉和禽肉生产，并突出发展奶业和羊毛生产，也就是要大力发展草食动物生产。从这个角度上来说，今后畜牧业的发展对饲草有着很大的依赖性，发展牧草产业在畜牧业中有着十分重要的战略意义。同时饲草产业的发展，不仅肩负着保障畜产品安全卫生的重任，还促进了粮食的增值转化，带动了农业经济结构调整。不论在农民增收、农业附加值增效还是养殖产品竞争力增强等方面都发挥着尤为重要的作用。

牧草还是生态环境保护与建设的物质基础，草地生态系统具有丰富的生态价值，我国西部地区草原退化现象十分严重，在西部大开发战略中也是将生态环境建设放在首位。一大批以植被恢复、风沙源治理、退耕还林还草以及退牧还草为重点的生态建设工程正在相继实施。此外，牧草作物不仅可以净化空气吸收噪声、减少水土流失和土地荒漠化，而且对于保持生物多样性功能、改良土壤提高地力，以及在涵养水源、调节小气候固碳释氧等方面起到积极的作用。有研究表明，苜蓿种植 3~5 年后，根可以深扎土壤 2m 左右，同时苜蓿与粮食作物轮作能有效改善土壤孔隙度，提高土壤通透性和后茬作物的水分利用效率。在全国的环境整治中，草类植被也为城市绿化、美化环境方面做出了突出的贡献。因此集水土保持、绿化和环保于一体的草业产品成为这些环境建设工程的物质基础，对生态环境的可持续发展发挥着不可替代的作用。

我国草地牧区大多数位于经济落后、交通欠发达地区，同时长期以来我国在农业生产上重农轻牧、重粮轻饲，这使得牧草及饲料作物的育种以及畜牧业发展工作都受到很大影响。国家对草地建设投资也少，草地牧区的畜牧业相关设施简陋，草产品加工机械设备落后。特别是我国对草场利用仍然处于原始的粗放状态，一些草场由于没能得到及时有效的治理，退化现象极其严重，草地牧区大多未能得到足够的科学合理地开发与利用。因此这种基本上靠天养畜的草地畜牧业经营方式，使得饲草生产力水平低，抵御灾害性天气的能力差，产业化经营程度低，远远不能满足畜牧业发展的需求，这在很大程度上限制了我国草业畜牧业的健康发展。

牧草种子产业滞后。自新中国成立以来，我国牧草育种已取得很大成就，初步完成了我国牧草品种资源的考察收集、鉴定评价、入库保存的工作。据统计我国现有牧草野生种质资源有 28 科、18 属，67 种，共计 3 296 份材料具有保护、引种和育种价值。至 2002 年年底，全国有牧草品种近 600 个，其中育成品种 93 个，现有种质资源近 10 000 万份。但是由于我国牧草育种工作起步较晚，广泛开展始于 20 世纪 70 年代，现有常用的牧草作物大多是在 20 世纪 80 年代培育的品种，优质牧草品种种子生产技术相对滞后，多数牧草品种已经不能满足现代畜牧业的需求。

我国牧草种植面积约为 1 600 万 hm^2，其中苜蓿种植面积近 360 万 hm^2，苜蓿产量约为 2 510 万 t，但商品草仅为 1 万 t。就苜蓿产品而言，其主要市场在日本、韩国和东南亚等地，而日本、韩国的草产品市场多数已经被美国、加拿大占有，我们的产品即便是质优价廉也要面临着激烈的竞争。从国内市场来看，对牧草产品需求量较大的主要是配合饲料生产厂家和规模较大的草食牲畜饲养企业等。随着我国配合饲料产量以每年 10% 的速度增加，对牧草产品的需要量也将以每年 70 万 t 左右的速度增长。全国草产品加工企业有 300 余家，其中年加工 5 万 t 以上的有 33 家。总设计生产能力为 500 多万 t，总实际生产加工量只有 180 多万 t，占设计生产能力的 36%，不及国内正常需求量的 1/10。此外，我国农业结构具有趋同性，在本地消化环节还没有达到一定水平的情况下，外销牧草受到了销路和价格双方面的冲击。同时由于受到牧草加工效益高的驱使，个别加工企业抬高收购价格、竞压销售价格的无序竞争行为，使得一些正规的牧草加工企业雪上加霜，面临转产或破产的局面。

因此，今后的饲草产业发展要逐步走向规模化、集约化和现代化，将产学研相结合，这样才能增强饲草产业的核心竞争力；提高饲草生产企业的科技含量，提高饲料行业的整体竞争力，才能够增强抵御市场风险的能力。我国正处于种植业结构从传统的二元到"粮、经、饲"三元种植结构调整的变化时期，首先要加大对饲草产业的宣传力度，提高农牧民的科学种草意识，利用闲置的农田资源种草养畜，这样不但能有效利用资源使其产生经济效益，还能有效解决农田生态环境问题，同时还有效地促进饲草、畜牧以及生态环境的和谐发展，从而推动我国整体饲草产业的发展。使饲草产业经济逐步步入自我发展、自我积累、自我约束、自我调节的良性发展轨道，实现集经济、科研、教学相结合的产业发展趋势，促进高效型饲草畜牧业的大发展。

第十五章　粮经饲多元结构模式及技术

第一节　粮油饲模式及栽培技术

一、玉米大豆带状复种

（一）技术来源

四川农业大学副校长杨文钰教授，围绕品种搭配、株行配置、播期协调、施肥、病虫害防治和机播机收等关键技术进行了深入系统的研究，形成了"玉米—大豆带状复合种植技术"。玉米—大豆带状复合种植（简称玉豆带状复种）是在传统的玉米间混大豆和玉米间套甘薯的基础上创新发展而来，采用宽窄行田间布置方式，充分利用边行优势，实现2行玉米与2行大豆带状间作套种，年际间玉米带与大豆带交替轮作，达到适应机械化作业、玉米大豆和谐共生的一季双收种植模式。

（二）模式及优点

该模式包括两种类型，一种是玉米大豆同时播种的玉米大豆带状间种；另一种是玉米先播，在玉米生长的中后期套播大豆的玉米大豆带状套种。玉豆带状复种有以下三大好处。

一是一季双收，在保证玉米不减产的前提下，每亩多收100多千克大豆，多收500元钱。二是培肥土壤，大豆是固氮作物，每亩可减少使用尿素4.5kg。三是省工省力，东方红SG400-1四轮拖拉机和广大农村都有的微耕机可在1.6m的宽行中整地、播种和施肥，中小型玉米大豆收割机在1.6m的宽行中机收也没问题。完全突破了传统间套作不能机械化这个魔咒。

（三）示范情况

玉米大豆带状套种主要在西南和华南地区推广，四川面积最大有600多万亩，广西壮族自治区（以下简称广西）有近300万亩，重庆、湖南、湖北、陕西、云南和广东等地均在示范推广。玉米大豆带状间作技术连续6年在菏泽牡丹区、鄄城、东明试验示范，连年示范取得了成功，玉米亩产450~700kg，大豆亩产70~135kg。2013年秋，全国农技推广中心组织全国大豆生产、科研、推广、教学方面的专家汇集试验场，参观指导试验场示范推广的玉米大豆带状复种情况，与会6名院士给予了极高的评价。

（四）技术要点

经示范，玉米大豆带状复合种植技术要点；一是选择对路品种。选好品种是该模式的第一个关键技术，玉米应选用紧凑或半紧凑型、株高250cm以内的耐密、抗倒、单株生产潜力大的高产良种；大豆应选用耐阴、耐密、抗倒、中早熟的高产良种。二是采用宽窄行种植，扩大宽行距离，扩大玉米与大豆间的距离。玉米宽行160cm，窄行40cm，在玉米宽行内种2行大豆，行距40cm，大豆行与玉米行间的距离60cm。三是缩小玉米、大豆穴株距，达到净作的种植密度，一块地当成两块地种植。玉米大豆穴距12～15cm，玉米密度每亩4 500株以上，穴留1株，大豆密度每亩9 000～13 000株，穴留2株。

除了抓好选品种、扩间距和缩株距这三个关键技术外，还要抓好烯效唑干拌种、除杂草、巧施肥、控旺长和防病虫等配套技术。这样才能实现玉米大豆双高产。

（五）综合评价

国家大豆产业技术体系首席专家、中国农业科学院作物科学研究所研究员韩天富介绍，应用玉米—大豆带状复合种植技术，相当于在玉米净作密度的基础上增加了一季净作密度的大豆，可使大豆增产90～110kg，这与目前国内外普遍应用的替代式间套作模式有着本质区别。这一种植模式通过大豆根瘤固氮，减少了氮肥使用，利用间套作生物多样性，有效控制了病虫害发生，减少了农药使用，具有高产出、可持续、机械化、低风险等优点。玉米—大豆带状复合种植技术的推广应用，将可望有效解决菏泽农业高产不高效、长期单一作物种植土壤肥力过度消耗和劳动效率过低等问题。

二、玉米花生带状复种

（一）总体思路

农业产业结构的调整是现代农业发展的必然趋势，是提高经济效益，增加粮食产量，增加农民收入的需要。传统的种植方式由于田间小气候恶化，病虫害严重，土、肥、光不能充分利用，产量难以进一步提高，推广增产减灾关键技术、实现良种良法配套、优化结构、依靠科技、提高品质、主攻单产、增加总产，推进区域化、集约化生产，稳步提高粮食综合生产能力。摸索小麦—玉米、花生高效立体种植模式，使小麦产量、夏玉米产量稳定在千斤以上，亩增收花生200～300kg。

（二）目标任务

以粮食稳定增产、农民持续增收为目标。深入贯彻落实中央、省、市关于发展粮食生产的一系列政策措施，坚持把发展粮食生产作为推进"三化"协调科学发展的首要任务，坚守耕地"红线"不动摇、坚守生态"绿线"不含糊、坚守粮食底线不懈怠，在菏泽范围内，稳步推广夏玉米花生套种稳粮增油高效栽培技术。

（三）试验方案

1. 土壤选择

选择耕层深厚，排水性好，有机质丰富，富含钙质，疏松易碎的土壤类型。

2. 种植模式

小麦纯作，玉米田施行每一间作套种带宽2.4m，种植3行玉米，4行花生。玉米小行距30cm，大行距170cm，株距20cm，亩种植4 000株；大行种植花生1～2垄4行，大畦沟宽 1m（内种玉米 3 行），净畦面 1.2~1.4m，垄高 15~20cm，行距 30cm，株距 14~17cm，每亩 0.9 万~1.1 万穴。

3. 茬口安排

10 月下旬播种小麦。翌年 5 月底至 6 月初小麦收获后，及时铁茬或灭茬整地播种夏玉米，起垄机播夏花生，9 月下旬至 10 月上旬收获玉米、花生。

（四）栽培要点

1. 首季是小麦

选早熟、矮秆、耐肥、抗倒伏的济麦 22、洧麦 20、峰川 9 号等高产品种。前茬作物收获后，每亩施有机肥 2 000 kg、纯氮 13~15kg，五氧化二磷 6~7kg，氧化钾 5~6kg，硫酸锌 1~1.5kg，硼肥（硼砂）0.5~1kg。施肥方法上为底施和追施相结合，即有机肥、氮肥总量的 70% 和全部磷、钾、微肥做底肥。耕翻整地后播种小麦。翌年小麦返青后追施剩余 30% 的氮肥作拔节孕穗肥，灌浆期可叶面喷施尿素、磷酸二氢钾和微肥。适时防治病虫草害。具体措施为：一是适时收秋腾茬整地：玉米最迟在 9 月底收完腾完；花生在 10 月 5 日前收完腾完茬。按照"秸秆还田必须深耕，旋耕播种必须耙实"的要求，精细整地。二是土壤药剂处理：重点防治野燕麦、土传病害和地下害虫。防治野燕麦，可用 40% 野麦畏每亩 300ml 对水 40~50kg，小麦全蚀病发生重的地块亩用 50% 福美双可湿性粉剂每亩 3kg，用 30kg 细土拌匀，地下害虫、吸浆虫危害严重的地块，每亩用 3% 辛硫磷颗粒剂 2.5~3kg 加细土 25~30kg，或用辛硫磷乳油 200~250ml 制成毒土 25~30kg，翻耕后均匀撒于垡头，然后随耙地将药剂与土壤混匀。三是适期适量匀播：因地制宜，推广"二晚"技术。在 10 月底前高质量完成播种任务，亩播 9~10kg，误期晚播麦田，要选用弱春性品种，每晚播 2d，亩增加播量 0.5kg。麦播期间，严把防疫关，防止危险性病虫传播，推广种子包衣、药剂拌种技术。四是科学应变管理。第一，冬前和冬季管理。麦田冬前和冬季管理的主要任务是培育壮苗，保证苗全、苗匀，实现安全越冬。小麦出苗后要注意及时查苗补种、剔稠补稀，确保苗足、苗匀、苗全。小麦分蘖后至越冬前，根据苗情和墒情变化，有针对性的采取中耕、镇压、追肥、化控等措施，促弱控旺，争取壮苗越冬，同时搞好冬前化除和病虫害防治工作。冬季要根据苗情变化，合理调控群体结构，适时搞好冬灌、追肥和中耕。第二是春季管理。春季以中耕划锄和肥水运筹为重点，实行分类管理，促进苗情转化升级。拔节前对所有小麦中耕一遍。对旺长和群体较大的麦田要深锄断根，控制旺长。对弱苗麦田应浅耕、细耕，尽量避免伤根，促其快速生长发育；在肥水管理上对群体不够、个体较小的麦田，在返青至起身期结合浇水亩施尿素 8~10kg，以促弱转壮，增加春季分蘖，巩固冬前分蘖，增加亩有效穗数。对地力水平中等、冬前群体较足的二类麦田，可在起身至拔节初期进行肥水促进；对地力基础较好、群体大的一类田，返青起身期控水控肥，控制春生分蘖发生，基部节间生长过长，加速分蘖两极分化，防止后期倒伏。到拔节中后期再进行肥水促进，促使大分蘖生长，提高分蘖成穗率，实现穗大粒多，提高产量。应用化控调优技术，小麦起身后拔节前，对有倒伏危险的麦田要及时选用吨田宝、壮丰胺等进行化控防倒。第三是中后期管理。后期管理的重点是养根护叶，适时浇好扬花、灌浆水，及时拔除杂草和散黑穗植株，结合病虫害防治，搞好叶面喷肥。小麦拔节至灌浆期，可多次叶面喷施磷酸二氢钾溶液，每次100g，间隔7d左右，根据苗情酌量加入尿素，既能延长叶片功能期预防早衰、减轻干热风的危害，又能加速植株茎、叶营养物质向籽粒运转、提高灌浆强度，增粒增重，改善品质。五是综合防治病虫草害。坚持"预防为主，综合防治"，搞好预测预报，制定落实防治预案及统防统治措施。以防治小麦条锈病、纹枯病、赤霉病、白粉病和蛴螬、蝼蛄、金针虫、吸浆虫、蚜虫、黏虫、猪秧秧、燕麦等为重点。麦播时重点防控纹枯病、根腐病、黑穗病、全蚀病、黄花叶病、地下害虫。小麦返青至孕穗期，重点搞好小麦条锈病、白粉病、纹枯病和吸浆虫、麦蚜、麦蜘蛛的防治工作。抽穗至灌浆期多种病虫害往往交替发生，搞好"一喷三防"，特别是要在齐穗至扬花期防控赤霉病，灌浆期防控蚜虫。推广高效、低残留、无公害化学除草剂，科学防除杂草。六是防灾抗灾减灾。小麦生育期间，旱涝、冻害、干热风等自然灾害发生频繁，要树立抗灾夺丰收的思想，制定完善防灾减灾预案。加强干旱、洪涝、冻害、病虫害等灾害监测预警。加强分类指导，推广"四水一旱"技术，提高抗灾应变能力。七是测产与收获。按10点随机取样测产，测产方法：用事先做好的6平方尺测产框（长3尺，宽2尺），随机套取小麦穗子，计算亩穗数。在取样点从根部握取20株以上小麦查总穗粒数，计算出每穗平均粒数。亩穗数＝6平方尺测产框内穗数×1 000。产量计算：理论产量（kg/亩）＝亩穗数×平均穗粒数×千粒重（被测品种前三年平均数）×85%。最适宜的收获期，蜡熟末期，全株变黄，茎秆仍有弹性，籽粒黄色稍硬，含水量20%~25%，茎秆含水量30%~50%。完熟期叶片枯黄，籽粒变硬，呈品种本色，含水量在20%以下，茎秆含水量20%~30%。人工收获宜在蜡熟中期到末期进行；使用联合收割机宜在蜡熟末期至完熟期进行，以减少损失，便于脱粒和保证质量，同时也为下茬玉米、花生争取农时。留种用的麦田应在完熟期收获。

2. 第二季玉米、花生套种

一是玉米贴茬播种后整地种花生。

（1）选择玉米品种　选择早熟、矮秆、株型紧凑、高产优质、抗逆性强的优良品种先玉335、晋单51号等。6月上旬收麦后抢墒（或抗旱）贴茬直播，要确保一播全苗。玉米出苗后灭茬松土，适时间苗定苗。根据玉米长势追施苗肥，促进平衡生长，每亩施碳铵60kg、过磷酸钙50kg、硫酸钾20kg。穗肥于播后40d施，每亩施碳铵80kg或尿素20kg，墒情差时适当灌溉。及时防治叶斑病、玉米螟。

（2）选择花生品种　选择高产、早中熟、抗逆性强的直立型品种鲁花9号、白沙、罗汉果、宛花2号和驻花2号等品种。小麦收获后，先在茬地内亩施复合肥50kg、有机肥1 500 kg、过磷酸钙20kg，结合耕翻熟化耕层，及时耕地保墒起垄。垄高15~20cm，垄面宽20~100cm。单垄面上种2~4行花生，点播，每穴2粒。在播种前种用25%多菌灵可湿性粉剂拌种，预防苗期立枯病、炭疽病等。播后整平垄面，喷施除草剂。在花生初花期适时喷施多效唑化控防旺长，后期叶面喷肥防早衰，注意防治叶斑病。及时防治花生青枯病、锈病、蚜虫、蛴螬等病虫害。

二是统一整地后直播种玉米花生。

（1）品种利用和种子处理　品种利用同前。播前7~8d将玉米、带壳花生晒种3d以上，然后用手工剥壳，大小粒分开。播前用50%辛硫磷100ml加50%多菌灵粉剂100g，对水3~4kg喷拌50kg花生种，防治倒秧病和地下害虫。

（2）施足基肥，整地作垄　腾茬后立即进行耕翻，并结合亩施入有机肥2 000 kg或商品有机肥50~100kg、48%复合肥50kg、尿素20kg、磷肥50kg、氯化钾15kg。精细耕整耙平后放线作垄，要达到垄土细松，垄面平整。作垄时可每亩施适量农药，防治地下害虫。1m宽大垄沟中间按30cm行距播种玉米3行，垄面种花生4行。

（3）化学除草　除草分两次进行，一次在播种后每亩用乙草胺150ml对水40kg均匀喷洒进行封闭除草地；二次在生育期内，针对杂草各类不同，分别在玉米和花生田喷施专用除草剂。

（4）及时化调　玉米在9~10片可见叶时，花生盛花后期，下针初期或株高达30cm时，每亩分别用玉米控旺剂、花生壮饱安粉剂20g对水30kg喷雾。旺长田块，第一次用药15d后再化控一次，确保株高控制在45cm以下。

（5）适时追肥　在施足基肥基础上，花生结荚期要施好饱果肥，每亩用尿素10kg在垄上打洞追施。玉米喇叭口期亩施尿素15kg作穗肥。根外喷肥很重要，玉米吐丝—灌浆期、花生中后期每亩用壮丰安或海藻酸精30g对水15kg喷雾，也可用尿素0.5kg加磷酸二氢钾100g对水50kg喷雾。

（6）浇灌关键水　苗期保持田间持水量60%左右，灌溉关键要做到两点：一是播种时足墒，出全苗；底墒不足时播后要浇蒙头水。二是玉米大喇叭口期到抽雄后25d这一时期内，若田间持水量不足80%时，要浇好三水（即大喇叭口水、抽穗水、灌浆水；花生田盛花期、扎针期、保果期），确保穗（果）数和穗粒（单株果荚）数、提高灌浆强度。

（7）防病治虫　玉米在拔节期可用农用链霉素+多菌灵或三唑酮防治青枯病、纹枯病和大小斑病；可用50%消菌灵50g加水30kg喷雾，防治细菌性叶枯病；在喇叭口期用吡虫啉、辛硫磷、甲维盐等防治玉米螟、棉铃虫、甜菜夜蛾等；对花生田发生黄化苗田块，用硫酸亚铁+高钙防治。初花期可用50%消菌灵40g加水40kg喷雾，防治青枯病、灰霉病；可用20%粉锈宁30g对水50kg喷雾防治锈病；为防治后期地下害虫，亩用辛硫磷0.5kg对水400kg灌根效果较好。

（8）玉米去雄　在玉米授粉后15d进行削头处理，只保留穗上部1~2张叶片，既防养分消耗，又能增强光的通透性，提高玉米、花生田光合、灌浆速率。

（9）适时收获　对于玉米，按10点随机取样测产，每点测量玉米11行距离求10行平均行距，在10行中选取有代表性的一行51株，计算株距，计穗数，求得结穗率和每亩穗数。在每个样点（段）内连续取20果穗，测定穗粒数（每穗有代表性的一行行粒数×

穗行数）。产量计算：理论产量（kg/亩）＝亩穗数×穗粒数×千粒重（被测品种前三年平均数）×85%。对于花生，按 10 点随机取样测产，每点测量花生 21 行距离，求 20 行平均行距，在 21 行中选取有代表性的 1 行 21 穴，测定穴距，计算每亩穴数；在每个代表性样段内连续挖 10 穴，逐穴数荚果数，计算平均穴荚果数。百果重按照品种常年平均百果重计算。理论产量（kg/亩）＝每亩穴数×每穴荚果数×百果重×85%。

（10）玉米适期收获是提高玉米产量、品质的重要措施　籽粒成熟的标准是：植株茎叶变黄，果穗苞叶枯白，籽粒变硬发亮、乳线消失，黑色层出现。通常中早熟品种在授粉后 45d 收获，中晚熟品种在授粉后 45~52d 收获较为适宜；花生植株顶端停止生长，上部叶片变黄，基部和中部叶片脱落即可收获，也可根据市场需要，采收鲜果（棒）上市出售。

第二节　粮饲兼用模式及技术

一、推广粮饲兼用技术的意义

我国城乡各类动物性产品消费水平差别较大。以 2007 年为例，我国人均猪牛羊肉消费量、家禽产品消费量和水产品消费量的城乡比例分别为 1.48、2.49、2.63。根据国家统计局课题组的分析预测，我国城镇化率在 2005 年 43% 的基础上，2010 年之前以每年 0.8% 的速度增长，2010 年以后将以每年 0.6% 的速度增长。城镇人口的增多必将促进动物性产品消费的增长，特别是牛羊肉、禽肉、牛奶等城镇居民相对农村居民消费水平要高得多的食品。随着人均 GDP 的增长，城乡居民人均动物性产品的总消费量分别从 1995 年的 47.2kg、27.6kg，上升到 2006 年的 73.7kg、33.7kg。但国外经验表明，当人均 GDP 增长到一定水平后，人均动物性产品总量会稳定在一定的水平。从城乡居民收入弹性系数来看，城镇居民收入弹性系数以牛羊肉、奶类和禽肉为最高，这表明城镇居民的猪肉和禽蛋消费已基本饱和。农村收入弹性系数最大的是牛羊肉，禽蛋和奶类居中，最后是猪肉和禽肉。

伴随着我国经济的高速发展，人民生活水平的进一步提高，畜产品增长水平日益提高，已经超过粮食的增长率。国外发展的经验告诉我们，畜牧业发展是以粮食生产高速增长做后盾的。鉴于我国国情，保证粮食安全，稳定有效供给，发展粮饲兼用作物是一有效途径。自从优质高蛋白玉米问世以来，国内外对其营养品质作了大量的研究。据有关试验表明，用优质高蛋白玉米喂猪，猪的日增重量较喂普通玉米高 1.27 倍，每增加 1kg 体重节省 2.13kg 饲料；另有实验表明用高蛋白玉米喂鸡较喂普通玉米平均日多增重 14% 左右，产蛋量提高 15% 左右。种植玉米的经济效益，主要取决于如何利用收获的玉米及其副产品。若仅作为粮食用，玉米的市场单价为 1.6 元/kg。按亩产 450kg 计，每亩产值为 720 元，若作为饲料或工业原料用，将收获的籽粒连同秸秆进行综合利用，用于饲喂奶牛，每头奶牛每天可增产鲜奶 2.5~4kg，仅优质增产一项每天可增收 8 元左右，1 年按 270d 挤奶期计算，每头奶牛年增收可达 2 000 元左右，其经济效益能成倍增长。按我国每年需要饲料粮 13 800 万 t，饲料中蛋白饲料的缺口 1 800 万 t。因此大力发展优质蛋白玉米对促进我国种植业、养殖业协调持续发展具有战略意义。

二、粮饲兼用玉米品种及栽培技术

（一）选用专用品种

2001 年被农业部确定在全国重点推广并获国家专利的品种，是中国农业科学院选育的中原单 32，籽粒和秸秆营养丰富，籽粒含蛋白质 12.77%，比商品玉米含 7.9%~8.0% 高 4.7%~4.8%；收获后秸秆含粗蛋白平均为 9.2%，比普通玉米秸秆含蛋白质高 3.3%~6.2%。比对照掖单号和酒单平均增产蛋白质 72kg/亩以上。中原单 32 另一大特点是高产、稳产、适应性强，在中上等水肥条件下，夏播亩产籽粒 500~600kg，秸秆 4~6t；一般夏播生育期 80~90d，春播生育期 110d 左右，适宜在黄淮海地区夏播。2000 年示范种植 8 000 亩，平均亩产秸秆 5~6t，饲喂奶牛 5 000 头，种植业和养殖业 2 项共增收 800 万元。其中种植业增收 240 万元，养殖业增收 560 万元，头均增加效益 1120 元。3 年来，仅中原单 32 玉米一项就增加直接经济效益近 3 000 万元。受到广大农民和农技推广工作者的欢迎。2001 年该区推广面积已达 1 万多亩。据统计，全国每年青饲玉米种植面积约 500 万亩，中原单 32 号玉米就达到 100 多万亩。

（二）高产栽培技术

1. 轮作倒茬

选择土壤肥沃，且前茬为马铃薯、西瓜、豆茬的地块为宜，连作不宜超过 2 年。

2. 种子处理

播前精选籽粒饱满、大小均匀的种子，晒种 2~3d，以提高发芽出苗率，并在播前统一进行包衣或拌种。

3. 配方施肥

中原单 32 是高蛋白粮饲兼用玉米品种，底肥应多施农家肥或氮肥，并在播前结合浅耕一次施入，一般施农家肥 75t/hm²，玉米专用肥亩 45~50kg。重施攻秆肥，少施攻穗肥，并注意氮磷、钾三要素配合施用。

4. 合理密植

该品种株型紧凑，又为粮饲兼用玉米品种，所以和普通玉米相比，应适当加大种植密度，保苗 6.6 万株/hm²。

5. 加强田间管理

3~4 叶间苗，5~6 叶定苗，去除病、弱、小、杂苗，选留匀苗、壮苗；定苗前后适当蹲苗，促进根系下扎，防止后期倒伏，拔节期追施尿素 150kg/hm²，抽雄前追施尿素 300kg/hm² 亩，授粉结束后追施尿素 120kg/hm²，在整个生育期及时除草，减少地力消耗。

6. 病虫害防治

病害主要有丝黑穗病、大斑病。丝黑穗病用 16% 粉锈宁可湿性粉剂按种子量 0.1% 的用量拌种，防治大斑病用50%退菌特可湿性粉剂800倍液或80%代森锰锌可湿性粉剂800倍液喷雾防治，两种药剂最好交替喷施，每隔10d喷1次。虫害主要有黏虫、玉米螟、蚜虫，黏虫发生时用吡虫啉喷雾防治。防治玉米螟用50%辛硫磷乳油200倍液灌心防治，幼虫蚜虫可用10%吡虫啉可湿性粉剂2 000~3 000倍液喷雾防治。

7. 适时收获。中原单32为绿叶活秆成熟，为了青贮秸秆，果穗成熟后应及时收获。

第三节　粮药模式及栽培技术

一、玉米全膜双垄沟春播青食玉米套种天南星栽培技术

天南星，别名掌叶半夏。为天南星科多年生草本。块茎味苦辛、性温，有毒。有祛风、化痰、散结、消肿的功能。天南星喜阴，可与果树或高秆作物套种。因此，为了提高土地利用率和经济效益，我们近几年在鄄城中药材市场周围进行了天南星与玉米间作套种模式试验。玉米全膜双垄沟播，套种中药材天南星，平均产玉米7 500~9 150 kg/hm²、天南星3 000~4 500 kg/hm²，较对照单种玉米增加产值3万~6.75万元/hm²，具有明显的增收作用，其栽培技术如下。

（一）玉米全膜双垄沟播整地与施肥

选择质地轻壤，肥力中上等，灌溉方便，地势缓平的地块，前茬选用豆类、油菜、小麦等，播前深耕、精细整地，达到疏松、细碎、平整，结合播前整地基施腐熟农家肥90 000 kg/hm²、N 150~180kg/hm²、P_2O_5 120~150kg/hm²、K_2O 75~150kg/hm²、$ZnSO_4$ 15~22.5kg/hm²。

（二）覆膜

10月下旬前茬作物收获后至土壤封冻前的秋季起垄或翌年3月上中旬顶凌起垄覆膜。先用40%辛硫磷乳油7.5kg/hm²加细沙土450kg/hm²，拌成毒土撒施地表进行土壤消毒，再用齿距小行宽40cm，大行宽70cm的划行器进行划行，大小行相间排列，东西向起垄，大垄宽70cm，高10cm，小垄宽40cm，高15cm，起垄后用50%的乙草胺乳油1 500~2 250 g/hm²对水600~750kg/hm²喷施垄面进行化学除草，然后用宽120cm、厚0.008mm的超薄地膜覆膜。膜与膜相接于大垄中间，取下一垄沟表土压住地膜，覆膜时地膜与垄面、垄沟贴紧，每隔2~3m横压土腰带，防止大风揭膜和拦截垄沟内的降水径流。

（三）选用良种

选择叶片上冲、茎秆粗壮、不易倒伏、抗病性强、稳产高产、增产潜力大的杂交糯玉米新品种。

（四）播种

春播土壤表层5cm深处地温在覆膜后达到8~10℃时即可播种，一般是4月中下旬播种。播深4~5cm，比同等条件下露地直播玉米浅1~2cm。密度视土壤肥力和品种生育期，

株距 30~40cm，保苗 52 500~60 000 /hm² 株，土壤肥力好，品种生育期长，密度小些。用玉米点播器将种子破膜点播在垄沟内，每穴 2~3 粒，点播后用细砂土或牲畜圈粪、草木灰等疏松物封好播种孔，防止板结影响出苗。

（五）田间管理

玉米 2~3 片真叶时，选择无风的天气，在上午 9:00~12:00 和下午 4:00 至傍晚，用小刀或竹片，在播种穴上方，对准苗子划十字或一字小孔，将苗引出膜，随即用细湿土将膜孔封严；3~4 片真叶间苗，5~6 片真叶定苗。间苗、定苗时，遵循"四去四留"的原则，即去弱苗，留壮苗。去大苗、小苗，留齐苗。去病苗，留健壮苗。去混杂苗，留苗色、苗势一致的苗；6~8 片真叶时，及时打杈；大喇叭口期，及时追肥灌水，一般用尿素 150~225kg/hm² 进行追施，施肥后及时浇水。玉米生长期间，主要易受玉米螟的为害，可在玉米大喇叭口期用 1.5% 辛硫磷颗粒剂按 22.5~30kg/hm² 用量灌心，防治效果明显。

（六）天南星套种方法

天南星有两种套种方法：①块茎播种：把年前收获贮藏于窖内的健壮、完整无损、无病虫害的中、小块茎于翌年 4 月上旬，按行距 25cm，株距 15cm 栽植于大垄垄面。用点播棍三角形开穴，穴深 4~6cm，放入块茎，并使芽头朝上，栽后覆盖细沙土，压平封好膜孔。②移栽：于年前 8 月上旬左右将成熟的种子，在整好的浇透水的苗床上，以每 100cm² 有 3~5 粒种子，均匀地撒入畦面，然后覆盖 1.0~1.5cm 厚的过筛细干土，再覆盖浸湿的麦草，草上再覆盖薄膜保湿，小苗出土后将覆盖物揭去，冬季来临时，用腐熟的细碎的厩肥覆盖苗床，使幼苗安全越冬。翌年春季幼苗出土后，再撒施厩肥，当苗高 6~9cm 时即可移栽。即 4 月下旬至 5 月上旬，选择阴天，将生长健壮的小苗，稍带泥团按行距 25cm、株距 15cm 移栽于大垄垄面，栽后浇水，水渗后，用细沙土封严膜孔。

（七）天南星田间管理

1. 除草追肥

苗高 8~12cm 时，膜孔如有杂草，及时拔除。7 月下旬正值天南星旺盛生长期，选择晴天上午，用 0.4% 磷酸二氢钾溶液喷施，用量为 825kg/hm²。8 月下旬，结合除草，在大垄垄面中间地膜连接处，每隔 20cm 打孔施入氮、磷、钾复合肥，施后及时封孔，用量为 375~450kg/hm²。

2. 摘除花穗

5—6 月天南星肉穗状花序从鞘状苞片内抽出时，除留作种外，应及时剪去，以减少养分的消耗，有利增产。

3. 防治病虫害

中药材天南星易感病毒病，其防治方法为：一是选择抗病品种；二是选留无病单株留种；三是加强田间管理，增强植株抗病力；四是及时用植病灵配合赤霉素喷雾。虫害主要是红蜘蛛，防治方法为：一是冬季清园；二是 7—9 月如有红蜘蛛为害，用阿维菌素 3 000 倍液喷雾或用 40% 乐果乳油 1 000 倍液喷雾；三是忌连作。

（八）适时收获

玉米授粉结束 28d 以后，根据市场行情，及时收获上市，秸秆青贮或者作为青饲料喂牛羊等饲草动物。天南星如用块茎播种的，当年秋分至寒露叶片枯黄时采挖；用种子育苗移栽的二年后采挖。割去蔓茎，挖出块茎，抖去泥土，除去须根，将大块茎装入麻袋内（装量占麻袋的 1/3 即可）放在木板上搓去外皮，再用清水冲洗，用竹刀将凹陷处的皮刮净，也可应用改装后的脱毛机脱皮，晒干后收藏或出售。留母株及中、小块茎作繁殖材料。

二、夏玉米大田里套种夏枯球、丹参、白芷模式及栽培

在夏玉米大田里套种夏枯球、丹参、白芷等中药材，既可节省土地，又有利于药材小苗生长。玉米采收后药材即可迅速成长。

（一）夏枯球

特性及用途。夏枯球是一年生草本植物，全草和球穗均可入药。近年来随保健凉茶的流行，使夏枯球和夏枯草用量大增。种植夏枯球以当年的新种子随采随播较好。

种植方法。前茬玉米一般以接大蒜或油菜籽茬为好。5 月下旬及时整地施肥，大小行播种玉米，大行距 90~100cm，小行距 40~60cm，玉米单粒精播，种肥异位同播，亩施玉米缓释肥 40~50kg。芽前封闭除草。

适期套种。至 6 月夏枯球种子产新后，在玉米高 100cm 左右时，选择在雨前或雨后种植，每亩用种 2kg，种植时掺细土均匀地撒播在玉米大行里。

收获。9 月中下旬收获玉米，清除田间玉米和杂草，夏枯球即可迅速生长，第二年即可收获，一般每亩产夏枯球 150kg、夏枯草 250kg。

（二）丹参

1. 播种技术

玉米种植方式采用大小行，大行距 90~100cm，小行距 40~60cm，玉米单粒精播，种肥异位同播，亩施玉米缓释肥 40~50kg。芽前封闭除草。丹参以种子育苗移栽为主，具有周期短、效益高、好种植、易管理、丹参酮有效成分含量高等优点。丹参花期 6 月，果期 7 月，种植以 8 月当玉米高 80cm 以上时，选择连阴雨天气，将丹参种子掺细土均匀地撒播在玉米大行内，每亩用种 6kg 左右，一般 3~4d 即可出齐苗。播前要注意杀灭玉米田里的昆虫和地下害虫，防止其吃丹参种子。11—12 月丹参种苗上部枯萎时，即可移栽，一般每亩产丹参种苗 20 万~30 万株，可以移栽 0.6~0.8hm^2 大田。

2. 施肥及扩繁技术

丹参为深根性植物，根系发达，深可达 60~80cm，故土层深厚，质地疏松的砂质土最利于根系生长，黏土和盐碱地均不宜生长。忌连作。一般待秋作物收获后整地，每亩施农家肥 3 000kg 作基肥，深耕、耙平，做成 1.3m 宽的畦，以利排水。分根繁殖。于秋季收获时，留出部分地块不挖，到第 2 年 2—3 月起挖，选择直径为 0.7~1cm，健壮、无病虫

害、皮色红的根作种根，取根条中上段萌发能力强的部分和新生根条，剪成长 5cm 左右的节段，按株行距 25cm×30cm 开穴，穴深 5~7cm，每穴放入根段 1~2 段，斜放，使上端保持向上，注意应随挖随剪随栽，栽后覆土约 3cm，每亩用种根 50~60kg。如果是扦插繁殖，于 4—5 月植株生长旺期，取丹参地上茎，剪成 10cm 左右的小段，剪除下部叶片，上部叶片剪去 1/2，然后在做好的苗床上按株行距 6cm×10cm，斜插入土 1/2~1/3，做到随剪随插，插后浇水遮阴保湿，待根长至 3cm 左右时即可移栽大田。在无种根的情况下，亦可用种子繁殖，方法是用当年收的种子秋播，每亩用种子 1kg 左右。

3. 田间管理

一是中耕除草。分根繁殖者，常因盖土太厚，妨碍出苗，因此 3—4 月幼苗出土时要进行查苗，如发现因盖土太厚或表土板结的，应将穴土挖开。苗高 6cm 时进行第一次中耕除草，中耕要浅，避免伤根。第二次在 6 月，第三次在 7—8 月进行，封垄后停止中耕。二是追肥。结合中耕除草追肥 2~3 次，第一次以氮肥为主，以后配施磷钾肥，最后一次要重施，以促进根部生长。三是排灌。苗期要经常保持土壤湿润，以利出苗和幼苗生长。雨季要及时排水，以免烂根。四是病虫害防治。①根腐病。5—11 月发生，尤在高温高雨季节严重，为害根部，严重时植株枯萎死亡。防治方法：雨季注意排水；轮作，发病初期用 50%托布津 800~1 000 倍液浇灌。②根结线虫病。砂性重的土壤，因透气性好，易发病。防治方法：水旱轮作；用 80%二溴氯丙烷 2~3kg，加水 100kg，在栽种前 15d 均施入土中并覆土。③中国菟丝子。生长期及时铲除病株；清除菟丝子种子。④棉铃虫。幼虫钻食蕾、花、果，影响种子产量。可在蕾期喷 50%辛硫磷乳油 1 500 倍液或 50%西维因 600 倍液防治。⑤银纹夜蛾。幼虫咬食叶片，夏秋多发，可在幼龄期用 90%敌百虫 800 倍液或 40%氧化乐果 1 500 倍液喷施。此外，还有蛴螬、蚜虫等为害。五是采收与加工。春栽于当年 10—11 月地上部枯萎或翌年春萌发前采挖。先将地上茎叶除去，在畦一端开一深沟，使参根露出，顺畦向前挖出完整的根条，防止挖断。挖出后，剪去残茎。如需条丹参，可将直径 0.8cm 以上的根条在母根处切下，顺条理齐，曝晒，不时翻动，70%~80%干时，扎成小把，再暴晒至干，装箱即成"条丹参"。如不分粗细，晒干去杂后装入麻袋者称"统丹参"，有些产区在加工过程中有堆起"发汗"的习惯，但此法会使有效成分含量降低故不宜采用。

（三）白芷

播种技术要求。玉米播种技术。玉米种植方式采用大小行，大行距 90~100cm，小行距 40~60cm，玉米单粒精播，种肥异位同播，亩施玉米缓释肥 40~50kg。芽前封闭除草。玉米田间管理同一般大田生产。白芷种子一般 8 月上旬产新，种植时应随采随播，过晚种植冬季容易冻死，隔年陈种又不易发芽。白芷发芽较慢，在适宜的温度下，一般 18~20d 方可出苗，大田种植往往采取遮阴保墒方法。种植时选当年的新种子播种，亩用种 3kg，在玉米高 80~100cm 时，将白芷种子撒播在玉米田里，有条件的最好将种子覆土 0.5cm 左右，一般 18~20d 即可出苗。

玉米收获后，及时清除田间玉米秸秆和杂草，第二年春季结合追肥进行定苗，7月即可收获，一般亩产白芷500kg左右。

白芷田间管理技术。一是间苗。早春幼苗返青高5~8cm时，去掉过密的弱苗，苗高10~15cm时定苗，每穴留苗1~2株，条播的按株距17cm留苗。定苗时，应将生长过旺、叶柄呈青白色的植株拔除。二是中耕除草。每次间苗都要同时进行中耕除草。第一次苗小宜用手拔草，第二次中耕可稍深，第三次要彻底除草一次，以后植株郁闭，就不便中耕除草。三是控制水肥。白芷虽喜水肥，但在幼苗前期不应多用，冬前春后一般不浇水，以防幼苗冬前旺长。正常情况下，立夏以后，陆续浇水四次追肥1~2次，第一次浇水在5月中旬，并随水施人粪尿1 000kg，5月下旬进行第二次浇水，第三次浇水安排在6月上旬，同时追施人粪尿2 000~2 500kg，并施饼肥40kg或硫酸铵20kg，6月下旬视土壤墒情再安排第四次浇水。植株闭郁后，要注意防止地内积水，特别是在雨水集中的季节，尤要适时排水。四是摘心晾根。冬前生长8~10片真叶的白芷，春后易长早发，形成生长中心。对此，在5—6月，应采取摘心晾根来控制其长势。摘心应在茎尖形成明显生长点时，选晴天上午用竹刀将茎心芽摘去（约1cm），以去掉顶芽为好，摘心后切忌马上浇水，浇水追肥应要安排在摘心后的3~5d，以防腐烂和死亡并中断其抽薹条件。晾根是为控制植株过早由营养生长向生殖生长转化，以达减少抽薹，即对有明显抽薹的白芷，先深锄一次，选晴天扒土晾根5~7d，深度为根茎的1/3，但不得伤主根或摇动幼根，然后封根浇水施肥，晾根应在6月中旬花序分化以前进行，以达防止抽薹的目的。五是拔除早抽薹苗。早抽薹苗，影响其他植株生长，并易使根茎木质化，粉性差，质量产量均会下降，发现早抽薹苗，务要及时拔除。七是选育良种。白芷必须专门培育良种，也是防止早抽薹的重要措施，有原地留种和选苗培育两种培育方法。原地留种是在第二年采收时，留下部分不挖，第三年开花结籽。选苗培育是在第二年采收的同时，选择主根直、无病、粗细中等的种苗移栽于土层深厚、肥沃、疏松的土壤中，第三年种子成熟后，分批采收留种。为了保证优良品种的培育，原地留种和选苗培育均要加强田间管理，除合理浇水施肥、中耕除草等常规丰产措施外，重要环节是对植株合理修枝。方法：剪去主茎和二、三级枝上的花序，保留一级枝花序，使其供养得到保障，以达到优种的种胚发育成熟一致，缩小种子个体差异的目的。八是病虫害防治。第一病害防治方法。主要有黑斑病（也称斑枯病）和根结线虫病。黑斑病为害叶片，叶上病斑初起暗绿色，扩大后呈灰白色，病斑上生小黑点，并会形成多角形大斑，斑硬脆易破裂。①收获后选种时集中处理病残株选留无病的种子；②发斑初期摘除病叶，并用1∶1∶120波尔多液或50%退菌特800倍液喷洒。根结线虫病为害根茎，影响正常膨大，使细根丛生，造成地上部生长不良。防治方法：种植前半月用阿维菌素处理土壤，每亩用药液40~60kg沟施，施药后，立即覆土掩盖。第二虫害防治方法。主要有蚜虫、红蜘蛛、钻心虫、黄凤蝶幼虫等为害。蚜虫防治：①彻底清除杂草减少其迁入机会；②注意保护和培养、利用天敌，如利用七星瓢虫等捕食，还可利用有翅蚜虫喜向黄色运动的习性，在田间挂黄色塑料板涂机油进行诱杀；药剂防治要使用高效低毒农药。红蜘蛛于

5 月下旬至 6 月上旬发生，发生后用吡虫啉或啶虫脒喷洒。黄风蝶幼虫、钻心虫于 8 月发生，可喷 90% 敌百虫 800~1 000 倍液毒杀。九是收获加工。第一收获。秋播的第二年叶子变黄，心部叶未抽出时采挖收获。在 8 月下旬。收获时选晴天，先割去茎叶，然后深挖刨起根部，避免挖断、挖伤。第二加工。挖出根部后去掉地上部分，抖净泥土，置阳光下曝晒干燥，干燥过程中切忌雨淋，收获时如雨水过多，应用火烘干。

（四）小麦玉米油用牡丹高效种植模式

油用牡丹是一种药食名贵中药材，其生长周期长，产量高，经济效益稳定可观，近年来市场需求量不断加大，为了提高经济效益，我们借鉴四川农业大学研究的玉米大豆带状复种技术，多年试种成功了油用牡丹和小麦、玉米间作套种的新技术，其方法如下。

一是种植规格。带宽 220cm，划分 100cm 和 120cm 两带。秋种时在 120cm 带内播种 6 行小麦，行距 20cm；在 100cm 的另一带栽植两行油用牡丹，行距 40cm，其中一行牡丹距边行小麦 10cm，另一行牡丹距下一带小麦边行 50cm，油用牡丹株距 35cm，亩栽植 1 700 株左右；小麦带收获后在带中间单粒精播两行玉米，小行距 40cm，株距 13cm，亩留苗 4 500 株左右，玉米与牡丹间距 60cm。

二是油用牡丹育苗方法。油用牡丹通常采用种子育苗移栽，育苗期以 8~12 月为宜。油用牡丹一般采用条播方式，在整好的畦面上按行距 10~15cm，株距 5~7cm 开 3~4cm 深的沟，将种子点播在沟内，然后盖上一层潮湿的细土搂平后稍微镇压，覆盖地膜后再盖上一层 5~10cm 厚的麦草以利保墒，每亩用种子 50~60kg。第二年解冻后，于"雨水"至"惊蛰"之间将盖草去掉，当幼苗出土达 80% 左右时即可用 1：200 倍的波尔多液喷洒在幼苗的茎秆及叶子顶部，进行苗床消毒，促进根系生长，以备秋季移栽。

三是油用牡丹移栽方法。油用牡丹一般在 9—11 月进行移栽。在整好的田地里按小麦、玉米、油用牡丹间作套种的模式，油用牡丹行距 40~50cm，株距 35cm 挖坑。为了提高产量，每坑可栽 2 棵，其方法为，一手拿两棵苗稍微分开，另一手向坑内填土，当土填到满坑时，将苗子向上稍微一提，使根部顺直但顶芽不应超出地面，然后将苗周围的土填满，捣实并覆土 10cm 厚以备越冬。

四是间作套种时期。油用牡丹前 3 年生长缓慢，为了充分利用土地增收，采用间作套种，经济效益十分可观。前 3 年实行小麦玉米间套作油用牡丹，小麦玉米单产几乎等同纯作，第 4 年油用牡丹开始有产量，可适当调减玉米密度，减少小麦行数。以后年份，可根据市场情况确定套种模式和搭配作物，力保土地产出效益和农民收入。

第四节　粮食与郓半夏间套作模式及技术

一、玉米与郓半夏套作栽培技术

（一）郓半夏特点与发展

郓半夏是山东省菏泽市郓城县的特产。郓城汉石桥一带地势低洼，气候温和，适于半夏生长。因此郓城半夏以其色白、质实、个大而名扬海内外。郓半夏，又名麻疙瘩、老鹳眼、芋头、天落星、无心菜，为天南星科植物的干燥块茎。半夏入药始于《神农本草经》，《本草纲目》中有"五月半夏生，盖当夏之半也，故名"。郓半夏、性辛温、有毒。其功效主要有祛湿化痰，降逆止呕，消痞散结，主治湿水饮，胸膈胀满，呕吐，咳喘等症。半夏是郓城传统地道药材之一。以资源丰富，色白、质实、个大而闻名，历史悠久。明朝弘治年间，户部尚书佀钟（郓城人），曾将郓城产半夏带进宫廷，受到赏识，自那时起，郓城产半夏名闻全国，号称"郓半夏"。根据郓半夏20年的田间实践栽培研究观察，单从半夏生长的叶型上可分为竹叶型、似竹叶型、柳叶型（研究所称为"狭三叶"）、杏叶型、手掌叶型等几类。竹叶型、杏叶型分布较广，在全国半夏主产地均有发现；似竹叶型、手掌叶型分布在贵州、云南、四川、湖南、江西等省的部分地区和长江流域；"狭三叶"半夏主要原产地山东菏泽，现已引种扩展到山西的南部、河南的中北部、甘肃、陕西、河北、安徽、江苏等省的部分地区。

郓半夏的发展。由于郓半夏人工栽培是从20世纪80年代中期开始恢复发展的，恢复时间较短，再加上半夏的特性、价格和其他因素的影响，所以，截至目前还没有正式通过国家审定的优良品种。

基于平均地温在10℃左右时，半夏萌发出苗；平均气温达15~27℃时，半夏生长最茂盛。在7月中旬开始，随着气温上升，最高温度经常超过35℃，郓半夏生长受到严重影响，没有遮阴条件的半夏地上部分相继死亡，形成夏季大倒苗。半夏生长的适宜温度为23~29℃。郓半夏不耐旱，喜爱在湿度较高的土壤中生长的特性，郓半夏与玉米套种，田间小气候适宜郓半夏生长发育。

（二）玉米与郓半夏间套作技术

一是选地及玉米品种。由于郓半夏根浅，喜温和、湿润气候，怕干旱，忌高温。耐阴、耐寒，块茎能自然越冬。要求土壤含水量保持在20%~30%、pH值呈中性至微碱性、田间排灌良好的壤质土壤，前茬以豆科植物为好。玉米品种宜选择适于粮饲兼用的青食糯玉米品种为好。

二是郓半夏催芽技术。种茎选好后，将其拌以干湿适中的细沙土，贮藏于通风阴凉处，一般2月底至3月初，"雨水"至"惊蛰"间，当5cm地温达8~10℃时，催芽种茎的芽鞘发白时即可栽种（不催芽的也应该在这时栽种）。适时早播，可使半夏叶柄在土中横生并长出珠芽，在土中形成的珠芽个大、并能很快生根发芽，形成一颗新植株，并且产量高。

三是整地施肥播种。一般在秋收后土壤封冻前，将选好的地块深耕20~25cm，以便减轻地下害虫来年的危害，翌年春天，施腐熟厩肥3 500~4 000kg/亩，过磷酸钙45~50kg/亩，耙细整平，然后根据地形不同，分别做成高畦或者平畦。"谷雨"前后，采用宽窄行种植玉米，扩大宽行距离，扩大玉米与郓半夏间的距离。玉米宽行180cm，窄行40cm，在玉米宽行内种3行郓半夏，行距30cm，郓半夏边行与玉米行间的距离60cm。玉米单粒精播，缩小玉米株距，达到净作的种植密度，一块地当成两块地种植。玉米株距12~15cm，玉米密度每亩4 500株左右。玉米大行之间种植3行郓半夏，玉米半夏间距60cm，株距10cm，亩留苗9 000~10 000株。玉米播种时采用种肥异位同播，亩施玉米专用缓释肥45~50kg，但要注意避免种子与化肥直接接触。玉米田间管理同一般大田生产。玉米授粉结束28d后，择期收青食玉米上市，玉米秸秆作优质饲草。

四是郓半夏田间管理技术要点。①中耕除草。郓半夏植株矮小，在生长期间要经常除草。除草宜在齐苗后进行，松土可用二齿小耙操作，深度不超过5cm，避免伤根。同时，因半夏在与杂草的竞争中处于劣势，在其生长期尤其是在苗期，要及时拔除杂草，力争做到除早、除小、除了，避免草荒。②排灌。郓半夏喜湿润，怕积水，出苗后要经常浇水，特别是在5—8月，要使土壤保持湿润，宜促进块根生长；在雨季来临之际，又要注意排水，防止因积水而引起块根腐烂。③摘花蕾。为了使养分集中于地下块茎，促进块茎的生长，有利于增产，除留种外，应于5月抽花葶时分批摘除花蕾。此外，半夏繁殖力强，往往成为后茬作物的顽强杂草，不易清除，因此必须经常摘除花蕾。④水肥管理。郓半夏属喜肥植物，在生长过程中要进行多次追肥；齐苗后进行第1次追肥，一般可按1 000~2 000kg/亩的用量追施腐熟人粪肥；第2次在5月中下旬，当珠芽全部形成时，可重施粪肥、饼肥和尿素，可施腐熟厩肥或草木灰3 500kg/亩，亦可施尿素12kg/亩，以促进块茎迅速生长；第3次在7月中下旬倒苗后，当珠芽露出新芽时，可用1∶10的粪水泼浇，以促进出苗。⑤培土。珠芽在土中才能生根发芽，在6—8月，有成熟的珠芽和种子陆续落于地上，此时要进行培土，从玉米行间中取出细土均匀地撒在畦面上，厚1~2cm。培土后无雨，应及时浇水。⑥郓半夏病虫害防治。叶斑病。初夏季节，半夏叶上出现紫褐色斑点，轮廓不清，为不规则形，由淡绿色变为黄绿，后变为淡褐色，后期病斑上生有许多小黑点，发病严重时，病斑布满全叶，使叶片卷曲焦枯而死。该病常在高温多雨季节发生；发病初期喷1∶1∶120波尔多液，或50%多菌灵800~1 000倍液，或施布津1 000倍液喷洒，每7~10d喷1次，连续2~3次。腐烂病。这是郓半夏最常见的病害，多在高温多湿季节发生，为害地下块茎，造成腐烂，随即地上部分枯黄倒苗死亡。防治方法：选用无病栽种，种前用5%的草木灰溶液或50%多菌灵1000倍液浸种，雨季及大雨后应及时疏沟排水；发病初期，拔除病株后在穴处用5%石灰乳淋穴，防止蔓延。及时防治地下害虫，可减轻为害。食叶蛾类。夏季发生幼虫咬食叶片，发生严重时，可将叶片食光。用 90% 敌百虫 800~1 000 倍液喷洒，每 7~10d 喷 1 次，连续 2~3 次。⑦井水浇灌降温。单县终兴镇一块半夏高产田，平均块茎单产达 1 500 kg。其品种为菏泽产"狭三叶半夏"（郓半夏），全年几乎没有明显倒苗过程，即使在盛夏季节，生长也十分旺盛。主要的措施之一就是夏季坚持每天傍晚用井水沟灌 1 次，这样既保持了土壤湿润，又降低了土温，一举两得。郓半夏既喜水又怕水，当土壤湿度超出一定的限度，反而生长不良，造成烂根、烂茎、倒苗死亡，块茎产量下降。

五是是郓半夏块茎的采收加工和贮藏。一般来说，种子播种 3 年收获，块茎和珠芽繁殖当年或第 2 年收获。可于霜降至立冬，半夏地上茎叶枯萎时采收，过早影响质量，过迟则不易脱皮。采挖时，自畦的一端依次浅翻细翻，将块茎捡起，除去须根，按大小分级，大号加工商品，中小号留作种茎，过小的（直径在 10mm 以下）留于土中继续培养，待次年长大后再采收。采回的生半夏，先拌以石灰粉，堆成厚 15~20cm 的堆，让其发汗，4~5d，待其外皮稍烂易搓时，装入笭筐中，置于流水处，脚穿长筒靴，用脚踩搓，除去外皮使呈洁白色，晾干水气，然后晒干或烘干。一般产量在 400kg/亩左右，鲜品折干率在 30%。郓半夏块茎的贮藏。郓半夏因含有毒成分，需按毒性中药贮藏，装入专用木箱中，并贴上标签，放置于阴凉处。

二、小麦、玉米间作郓半夏高产高效配套技术

（一）地块选择

根据郓半夏怕强光，怕高温（倒苗），喜温和湿润的气候和荫蔽环境，怕干旱，耐寒。因此，选择土层深厚，肥沃疏松，比较潮湿的壤土种植为宜。

（二）栽培技术

1. 整地施肥

地块选择后，每亩施农家腐熟牛羊粪 3~5m³，过磷酸钙 50kg，硫酸钾 20kg（草木灰 150kg），尿素 10kg 做基肥，使有机肥与化肥充分混合，深耕细耙做播种 6 行小麦的条畦待播。留畦宽 1.0m，其中埂宽 0.2m，高 0.15m，埂内再施入磷酸二铵 30kg，硫酸钾 10kg，硫酸锌 2kg，与土壤充分混匀，复埂。

2. 播种方法

郓半夏通常采用块茎繁殖，用 5% 草木灰液浸种 2h，晾干水气即可栽种。可一年三种三收，即 4 月种，7 月收；7 月种，9 月收；9 月种，次年 4 月收。亩用种块数量，因大小块茎而定，一般亩用量 50~100kg。在待播的条畦中，挖三个宽幅沟，沟深 5cm，宽 15cm，用推锄在沟底走一下，把种块均匀撒入沟内，顶芽向上，株距 3~5cm，交叉密度大些可增产，覆土擦平，稍加镇压，喷施乙草胺除草剂封地面。如遇干旱，应先洇地，再耕地播种，温度 20℃左右，15d 可出苗。

（三）间作模式

根据郓半夏怕强光，怕高温，喜温和湿润气候和荫蔽环境的习性，麦收前一周左右，

在备好的畦埂上套种玉米 1 700~2 000 穴，每穴留双棵。亩产量一般在 550kg 左右。9 月底收获半夏、玉米后，按常规的种植模式种植小麦，半夏不用再播种，小麦收获后，按常规的种植模式再播种玉米，玉米 1.5m 一行，为郓半夏多留生长空间，一次投入多年受益。

（四）田间管理

一是肥水管理。幼苗期要经常松土，锄草，并注意及时浇水。在郓半夏生长一个月左右，叶柄上生出株芽，即开始培土，株芽在土中才能生根发芽，并每亩迫施尿素 15kg。郓半夏生长的最适温度为 20~25℃，达到 30℃生长缓慢，达到 35℃开始倒苗。为适应郓半夏生长，麦收高留茬，用麦茬为郓半夏遮阴。进入 7 月可分期喷施叶面肥。郓夏生长后期要剪除花蒂，以免消耗养分，影响块茎生长。二是病虫害防治。郓半夏病虫害主要有块茎腐烂病和天蛾幼虫。如严重年份 7—8 月天蛾幼虫咬食叶片，可使用生物制剂喷治。用 5%草木灰溶液漫种和诱导剂营养液喷洒叶面可有效预防病虫害发生。

（五）收获加工

当气温低于 13℃以下时（寒露），叶子变黄色时即可收刨，此时易去皮，粉性足，产量高，质量优。收刨过晚，难去皮，产量低，质量差。采收时，可犁起过筛收获。仔细挑株，大的入药，小的做种苗。入药的先堆积室内 4~5d，使其发汗便于脱皮。然后装入麻袋，放在木板或地板上，边洒水边穿胶鞋踩，进行脱皮，然后倒入筛子浸入水中，漂去皮渣，也可机械化脱皮，晒干后即可直接出售。一般亩产小麦 450kg 左右，玉米 500kg 左右，郓半夏鲜品 450~800kg。

第十六章　粮经饲多元结构协调发展标准

玉米—大豆带状复合种植技术规程

一、范围

本标准规定了玉米—大豆带状复合种植的适宜区域、栽培管理措施及收获后处理等操作技术规程。

本标准适用于我国西南、黄淮海、东北、西北等玉米主产区的玉米、大豆生产。

二、规范性引用文件

下列文件中的条款通过本标准的引用而成为本标准的条款。凡是注日期的引用文件，其随后所有的修改单（不包括勘误的内容）或修订版均不适用于本标准，然而，鼓励根据本标准达成协议的各方研究是否可使用这些文件的最新版本。凡是不注日期的引用文件，其最新版本适用于本标准。

GB 4285—1989　农药安全使用标准

GB/T 8321.9—2009　农药合理使用准则

GB 4404.1—2008　粮食作物种子　第1部：禾谷类

GB 4404.2—2010　粮食作物种子　第2部：豆类

NY/T 1965.3—2013　农药对作物安全性评价准则　第3部分：种子处理剂对作物安全性评价室内试验方法

NY/T 394—2000　绿色食品　肥料使用准则

三、术语及定义

下列术语和定义适用于本标准。

（一）玉米—大豆带状复合种植

玉米—大豆带状复合种植是在传统的玉米大豆间混作和玉米套甘薯的基础上，玉米采用宽窄行种植，大豆种植于玉米宽行中，充分利用边行优势，实现玉米大豆带状间作套种，年际间交替轮作，达到适应机械化作业、作物间和谐共生的一季双收种植模式。

（二）分带轮作

在玉米—大豆带状复合种植中，第一年玉米、大豆按宽窄行比分带间作或套作；第二年在玉米茬口上种大豆，在大豆茬口上种玉米，实现带内轮作。

四、适宜区域

适宜在我国西南、黄淮海、东北、西北等玉米主产区，大豆适宜种植区种植。

五、栽培管理技术

本条款规定了玉米—大豆带状复合种植的栽培技术措施。本条款没有说明的栽培措施，仍采用常规农艺措施。

（一）种植方式

黑龙江、吉林、辽宁、宁夏、甘肃、陕西、内蒙古、云南、贵州、湖南等春播玉米生产区采用春玉米—春大豆带状间作种植。

河南、山东、安徽等夏播玉米生产区采用夏玉米—夏大豆带状间作种植。

四川、重庆、广西、湖南西部、湖北西部和陕西南部等春玉米生产区采用春玉米—夏大豆带状套作种植。

（二）种子准备

1. 选配良种

根据当地生态条件选择适宜品种，玉米选用紧凑或半紧凑，株高在270cm以下的耐密、抗逆高产良种，大豆选用耐阴、耐密、抗倒、抗病高产良种或地方品种。

2. 精选种子

种子质量标准按"GB 4404.1 4404.2 粮食作物种子禾谷类豆类"执行。

3. 晒种

播种前晒种1~2d，每次晒种3~4h。有条件的地区可采取等离子处理种子。

4. 拌种

玉米选用包衣种子。大豆在播种前采用烯效唑干拌种，每千克种子用5%的烯效唑可湿性粉剂10~12mg在塑料袋或不锈钢盆中混匀拌种。

（三）播前准备

1. 耕整土地

春玉米生产区整地时尽量做到早、深、细，冬春前早耕"晒垡""炕土"，耕深25~30cm。夏玉米生产区，小麦留茬高度不超过15cm，留茬过高可采用灭茬机整地，清除或抛撒开小麦茬。

2. 调节土壤湿度

播前调节土壤湿度以保障播种机正常工作，一般土壤湿度应控制在土壤相对含水量55%~65%。土壤含水率过低应在播种前2~3d灌水或待降雨后及时抢墒播种；土壤含水量过高应及时散墒，待土壤含水率达到要求时及时播种。

（四）播种

1. 播种期

东北、西南、西北等春播玉米间作大豆生产区在耕作层温度稳定通过10℃时适时早播；黄淮海夏播玉米间作大豆生产区在前茬小麦收获后及时抢墒播种；西南春玉米套作大豆生产区玉米在耕作层温度稳定通过10℃时适时早播，大豆在6月上旬及时抢墒播种。

2. 播种方式

符合机械作业的地区采用机械直播，玉米—大豆带状间作选择2BMZJ-4型玉米大豆施肥播种机，玉米—大豆带状套作选择2BYSF-2型玉米或大豆施肥播种机，或选择当地与之相匹配的机型。播前调试机具，确保机播质量。

其他地区可采用人工点播。

3. 田间配置

大型机械化农业生产区采用4∶4或6∶6宽带间作，选用4行或6行玉米、大豆播种机播种，播种玉米时调整缩小玉米边1行和边2行株距，确保玉米边1行和边2行的株数为净作玉米的1.5~2.0倍，大豆按净作密度要求进行。

其他地区均采用2∶2带状间作或套作，带宽2m或2.2m，宽窄行种植，宽行160~190cm，窄行30~40cm，玉米宽行内种2行大豆，大豆行与玉米行的间距60~75cm。适当缩小玉米、大豆株距，确保带状复合种植玉米或大豆的密度与净作密度相当。玉米单粒穴播，株距10~14cm；大豆双粒穴播，穴距10~12cm；土壤肥力高的地块大豆可适当偏稀，反之适当偏密。

（五）田间管理

1. 保苗补苗

播后一个月内，采取多种措施保苗补苗。重点是浇水防旱和排涝防湿，保证播种—出苗期、出苗—分枝期土壤湿度应分别控制田间持水量在75%~95%和60%~75%。

2. 防除杂草

玉米间作大豆播后苗前封闭除草，每亩用90%乙草胺90~140ml混72% 2,4-D丁酯60~100ml或70%嗪草酮20~30g，对水15~20kg均匀喷雾；苗后实施带内定向喷雾，玉米5~6叶期，每亩用20%氨基盖草酮200~250ml，大豆用5%精喹禾灵乳油25ml，对水30kg。有条件的地方可采用机械除草。

玉米套作大豆在玉米3~5叶期，每亩用4%玉农乐（烟嘧磺隆）60ml混38%阿特拉津100ml或2,4-D丁酯20ml，对水15~20kg；大豆播种前每亩用90%乙草胺90~140ml混70%嗪草酮20~30g；玉米收获后每亩用大豆专用除草剂5%精喹禾灵乳油25ml，或12.5%拿捕净80~100ml混48%苯达松（排草丹、灭草松）130~200ml，对水15~30kg均匀喷雾除草。

3. 施肥

重视有机肥的施用，以高效生物有机复合肥为主，两作物肥料统筹施用。玉米—大豆间作模式下玉米底肥亩施纯N 7~9kg、P_2O_5 8~10kg、K_2O 7~9kg；玉米大喇叭口期亩追施纯N 8~10kg；有条件的地方可在播种时施用等氮量的玉米专用控释肥。大豆底肥不需要单独施用氮肥，花期追肥视植株长势而定，亩施纯N 2~3kg。

玉米—大豆套作模式下玉米底肥亩施纯 N 5~7kg、P_2O_5 6~8kg、K_2O 6~8kg；玉米攻穗肥和大豆用肥在大豆播种时通过施肥播种机同时施用，每亩纯 N 7~9kg、P_2O_5 3~5kg、K_2O 3~5kg；玉米收获后或大豆初花期，根据大豆田间长势每亩追施纯 N 2~3kg。

4. 控旺长

对生长较旺的半紧凑型玉米，在 10~12 展开叶时，每亩用 40%玉米健壮素水剂 25~30g，对水 15~20kg，均匀喷施于玉米上部叶片。对生长较旺的大豆，在大豆分枝期或初花期每亩用 5%的烯效唑可湿性粉剂 25~50g，对水 15~30kg 均匀喷施茎叶。

5. 防治病虫

提倡采取农业防治、利用频振式杀虫灯诱杀害虫等物理防治和生物防治等措施，化学防治应按照 "GB 4285 农药安全使用标准" "GB/T 8321.9 农药合理使用准则" 进行。

玉米除按各生态区病虫害发生规律防治外，还应加大对玉米、大豆共生期间玉米害虫的防治，以减少对共生大豆的影响。苗期用 3%辛硫磷颗粒剂撒施或丢窝防治地下害虫；大喇叭口期用辛硫磷颗粒剂或杀虫双大粒剂在有虫株上心叶内撒施防治玉米螟；花后用井冈霉素喷秆或人工剥去病叶防治蜗牛、纹枯病。

大豆播种前每亩地撒 5%毒辛颗粒剂 2~3kg 防治地下害虫。大豆出苗后 7d、14d 施药预防豆秆黑潜蝇（根据发生的严重程度选择防 2~3 次），每亩用 50%辛硫磷乳油 1 000 倍液或 20%菊马乳油 3 000 倍液喷雾；分枝期防治根腐病，每亩用 50%甲基托布津可湿性粉剂或 65%代森锌可湿性粉剂 100g 对水 15kg 茎叶喷雾，对发生较重地区可用 50%福美双可湿性粉剂或 50%多菌灵可湿性粉剂，按种子量的 0.5%拌种；初花期防治大豆病毒病，采用喷药治蚜方式进行防治，20%病毒 A 500 倍液或 1.5%植病灵乳油 1 000 倍液，或者 5%菌毒清 400 倍液，连续使用 2~3 次，隔 10d1 次；结荚鼓粒期防治豆荚螟和大豆食心虫，每亩喷施 50%倍辛硫磷 1 000~1 500 倍稀释液或 20%氰戊菊酯乳油 20~40ml，对水 50~60kg 均匀喷于豆荚上。

六、收获与贮藏

（一）收获机选择

有机收条件的地方采用机械收获，无条件的地方采用人工收获。玉米和大豆可选用 4YZ-2450 型玉米联合收获机和 4LZ-1.0 自走式大豆收割机。玉米—大豆带状间作区可选择当地 2 行玉米收割机和 3 行大豆收割机对玉米大豆同时收获。

（二）收获期

1. 大豆收获期

人工收获时期的确定：在大豆叶片完全脱落，茎、荚、粒呈原品种色泽，豆粒全部归圆，籽粒含水量下降到 20%以下，摇动豆荚有响声时，进行收获。

机械收获时期的确定：当叶片全部落净，豆粒归圆时，进行收获。

2. 玉米收获期

玉米—大豆间作模式先收大豆,再收玉米,或玉米、大豆同时收获。完熟期叶片变黄、乳线消失、顶部显黑层时收获。玉米—大豆套作模式下玉米在黄熟期抢收果穗,如为人工收获则在收获后及时砍倒玉米秸秆原地覆盖。

(三) 晾晒和脱粒

将人工收割后的玉米与大豆移至晒场晾晒脱粒,脱粒后将籽粒晒干。

(四) 安全贮藏

将水分低于13%的籽粒存放在干燥的仓库中。

主要参考文献

陈秋分，李先德.2016.粮食连年增产背景下我国三大主粮的成本变化与差异分解
　　[J].农林经济管理学报，15（5）：500-506.

郭江峰.2015.小麦标准化耕作宽幅播种增产技术[J].中国农技推广，31（8）：
　　21-22.

梁军，张洁.2009.黄淮流域夏作大豆区病虫草害防治技术[J].现代农业科技
　　（12）：112.

刘旭，王济民，王秀东，等.2016.粮食作物产业的可持续发展战略研究[J].中国
　　工程科学，18（1）：22-33.

曲辉英.2005.山东省农作物优良品种[M].济南：山东科学技术出版社.

汤月敏.2010.我国甘薯产业现状及其发展趋势[J].中国食物与营养（08）：23-26.

田昌庚，刘中良，郑建利，等.2017.黄淮地区食用型甘薯高产高效栽培关键技术
　　[J].中国果菜，37（5）：69-70.

田景振.2016.山东道地中药材栽培技术[M].济南：山东科学技术出版社.

佟屏亚.2012.单粒播种推进玉米产业技术变革[J].中国种业（1）：18-19.

闫传胜.1989.菏泽地区土壤[M].北京：高等教育出版社.

闫琰，宋莉莉，王秀东.2016.我国粮食"十一连增"主要因素贡献分析及政策思考
　　[J].中国农业科技导报，18（6）：1-8.

闫琰.2014."四化同步"背景下的我国粮食安全研究[D].北京：中国农业科学院.

闫琰，宋莉莉，王秀东.2014.现代农业建设中面临的问题及解决途径[J].农业展
　　望（7）：31-34.

雍太文，刘小明，刘文钰，等.2015.减量施氮对玉米—大豆套作系统下作物氮素吸
　　收和利用效率的影响[J].生态学报，35（13）：4 473-4 482.

于振文.2017.黄淮海小麦绿色增产模式[M].北京：中国农业出版社.

张承毅，张晓亮，张爱斌，等.2017.黄淮海地区玉米种植新模式探索[J].种子世
　　界（6）：39-42.

赵久然，王荣焕.2012.玉米生产技术大全[M].北京：中国农业出版社.

郑彦平，兴连娥.2015.现代农业实用技术[M].石家庄：河北科学技术出版社.